普通高等学校本科数学规划教材

概率统计

主　编　石业娇　冯　丽　刘　智

东北大学出版社
·沈　阳·

图书在版编目（CIP）数据

概率统计 / 石业娇，冯丽，刘智主编. -- 沈阳 :
东北大学出版社，2024. 8. -- ISBN 978-7-5517-3646-6

Ⅰ. O211

中国国家版本馆 CIP 数据核字第 202442EE99 号

出 版 者：东北大学出版社
地址：沈阳市和平区文化路三号巷 11 号
邮编：110819
电话：024-83683655（总编室）
024-83687331（营销部）
网址：http://press.neu.edu.cn
印 刷 者：辽宁一诺广告印务有限公司
发 行 者：东北大学出版社
幅面尺寸：185 mm × 260 mm
印 张：12.25
字 数：275 千字
出版时间：2024 年 8 月第 1 版
印刷时间：2024 年 8 月第 1 次印刷
责任编辑：刘宗玉 潘佳宁
责任校对：郎 坤
封面设计：潘正一
责任出版：初 茗

ISBN 978-7-5517-3646-6 定 价：35.00 元

前 言

随着高等院校招生规模的扩大，我国高等教育正走在普及化的道路上，需要学习概率统计的学生越来越多. 生活中、社会上，概率统计问题无处不在，无时不有. 概率论与数理统计已经成为理工科专业大学生的一门重要的基础理论课程.

这套教材是根据国家中长期教育改革和发展规划纲要要求编写的，以提高解题能力与解决实际问题能力为出发点，从实例引入抽象的基本概念，从抽象的数学定理又回到具体的应用问题，有助于读者较快地掌握概率统计知识. 本教材可以作为高等院校本科生的教材或参考书，也可以作为广大概率统计应用人员的工具性参考书.

本书为《概率统计》，是这套教材中的一个分册，内容有概率论（预备知识，第一章至第三章）与数理统计（第四章至第七章）两部分. 我们在选材和叙述上，尽量做到联系专业的实际，力图将概念写得清晰易懂，做到便于教学. 在例题和习题的选择上，做到既具有启发性，又有广泛的应用性，并且饶有趣味性. 建议学时在70～80之间.

本书具有以下特点：

1. 突出以应用为目的，加强对学生应用意识的培养；

2. 按探究、合作学习模式对教学内容进行重新整合，以便于进行探究、合作学习及自学；

3. 增加了阅读材料，以提高学生的数学修养；

4. 从实例引入问题，以问题为引线进行数学的应用、概念及其实际意义、数学思想方法等方面的介绍；

5. 适度淡化深奥的数学理论，强化几何直观说明；适度淡化计算技巧的训练，突出等式含义结果的解释；

6. 增加应用与实践内容，引进了数学建模思想，使学生有能力解决实际问题；

7. 配套出版了《概率统计同步训练》，十分有利于学生的复习和巩固；

8. 每节后配有习题，每章后配有复习题，目的是方便教师教学和学生学习.

本书共包括八个部分：预备知识，随机事件与概率，随机变量及其分布，随机变量的数字特征，数理统计的基本概念，参数估计，假设检验，一元线性回归分析. 书末附有习题答案、附录一（重点知识结构图、应用与实践、阅读材料）、附录二等. 带*号的内容供部分专业选学.

本书由石业娇、冯丽、刘智任主编，全书由石业娇统稿.

尽管我们做出了许多努力，但是书中难免有不妥之处，希望使用院校和读者不吝赐教，将意见及时反馈给我们，以便修订改进.

所有意见、建议请发往：453238769@qq.com.

谢谢大家！

编 者

2024年3月

目　录

预备知识

什么是概率论？简略地说，概率论即是论概率，就是讨论、研究概率．“概”的字面意思就是大概、概括；“率”是比率，是指数值之比．概率论就是用数值之比来描述某事情发生的可能性大小的一门数学学科．在实际应用中，一般是透过大量看似表面的偶然性（随机现象），去发现其内在的本质属性（规律），来指导生产、生活和科学的研究及发展等．为学好这门学科，首先学习一些预备知识和基本概念．

一、加法原理

例1 已知从北京到上海的走法有两类：第一类坐火车，若一天由北京到上海有早、中、晚三班火车；第二类坐飞机，若一天由北京到上海的飞机有早、晚两班．问一人在一天内从北京到上海共有多少种走法？

解 北京到上海共有5种走法．它是由第一类乘坐火车的3种方法与第二类乘坐飞机的2种方法相加而成的．

一般地，有下面的分类加法原理．

分类加法原理： 做一件事，有 m 类办法，其中：

第1类办法中有 n_1 种不同的方法；

第2类办法中有 n_2 种不同的方法；

…………

第 m 类办法中有 n_m 种不同的方法．

那么，完成这件事共有

$$N=n_1+n_2+\cdots+n_m$$

种不同的方法．

二、乘法原理

例2 从甲地经乙地到丙地，需分两步到达：第一步，从甲地到乙地的汽车有早、中、晚三趟；第二步，从乙地到丙地的飞机有早、晚两班．

问从甲地经乙地到丙地的交通方法有多少种？

解 从甲地经乙地到丙地的交通方法共有6种．它是由第一步从甲地到乙地的3种方法与第二步从乙地到丙地的2种方法相乘而得到的．

一般地，有下面的分步乘法原理．

分步乘法原理：做一件事，需分 m 个步骤进行，其中：

第1个步骤有 n_1 种不同的方法；

第2个步骤有 n_2 种不同的方法；

…………

第 m 个步骤有 n_m 种不同的方法.

那么，完成这件事共有

$$N=n_1\times n_2\times\cdots\times n_m$$

种不同的方法.

以上两个基本计算原理是解决计数问题的最基本的理论依据. 它们分别给出了用两种不同方式（分类和分步）完成一件事的方法总数的不同计算方法.

在“分类”问题中，各类方法中的任何一种都可以把这件事做完；在“分步”问题中，每一个步骤中的任何一种方法都不能把这件事做完，只有把各个步骤依次全部完成，才能把这件事做完.

例3 一个三层书架的上层放有5本不同的数学书，中层放有3本不同的语文书，下层放有2本不同的英语书.

（1）从书架上任取一本书，有多少种不同的取法？

（2）从书架上任取三本书，要求其中数学书、语文书、英语书各一本，有多少种不同的取法？

解 （1）从书架上任取一本书，有三类不同的取法.

第一类取法：从书架上层任取一本数学书，有5种不同的取法；

第二类取法：从书架中层任取一本语文书，有3种不同的取法；

第三类取法：从书架下层任取一本英语书，有2种不同的取法.

只要在书架上任取出一本书，任务即完成，由分类加法原理，不同的取法共有

$$N=5+3+2=10\text{（种）}.$$

（2）从书架上任取三本书，要求其中数学书、语文书、英语书各一本，可以分三个步骤完成.

第一步取法：从书架上层任取一本数学书，有5种不同的取法；

第二步取法：从书架中层任取一本语文书，有3种不同的取法；

第三步取法：从书架下层任取一本英语书，有2种不同的取法.

由分步乘法原理，不同的取法共有

$$N=5\times3\times2=30\text{（种）}.$$

三、排列（数）

定义1 从 n 个不同的元素中任取 $m(m\leqslant n)$ 个元素，按一定的顺序排成一列，叫作从 n 个不同的元素中取 m 个元素的一个排列. 从 n 个不同的元素中取 m 个元素的所

有排列的个数，叫作从 n 个不同的元素中取 m 个元素的排列数，记作 A_n^m .

根据一个排列的定义，两个排列相同的含义为：组成排列的元素相同，并且元素的排列顺序也相同.

现在来研究计算排列数的公式.

一般情况下，求 A_n^m 的值，可以分 m 个步骤完成.

第一步：从 n 个不同的元素中任取一个占据第一个位置，有 n 种不同的方法；

第二步：从余下的 $(n-1)$ 个不同的元素中任取一个占据第二个位置，有 $(n-1)$ 种不同的方法；

第三步：从余下的 $(n-2)$ 个不同的元素中任取一个占据第三个位置，有 $(n-2)$ 种不同的方法；

…………

第 m 步：从前一步余下的 $[n-(m-1)]$ 个不同的元素中任取一个占据第 m 个位置，有 $(n-m+1)$ 种不同的方法.

根据分步乘法原理，得到排列数 A_n^m 的计算公式为

$$A_n^m=\underbrace{n(n-1)\cdots(n-m+1)}_{m\text{个}}.$$

这里，n ，$m\in\mathbf{N}^+$ ，并且 $m\leqslant n$. 上式叫作排列数公式. 公式右边是 m 个由大到小排列的连续正整数之积，其中最大的因数是 n ，最小的因数是 $(n-m+1)$.

一般地，n 个不同的元素全部取出的一个排列，叫作 n 个不同元素的一个全排列. 这时，在排列数公式中 $n=m$ ，则有

$$A_n^n=\underbrace{n\times(n-1)\times(n-2)\times\cdots\times3\times2\times1}_{n\text{个}}.$$

上式的右边是由1到 n 连续 n 个正整数的乘积. 把正整数由1到 n 的连乘积叫作 n 的阶乘，用 $n!$ 表示. 所以，n 个不同元素的一个全排列公式可以写成

$$A_n^n=\underbrace{n\times(n-1)\times(n-2)\times\cdots\times3\times2\times1}_{n\text{个}}=n!.$$

规定：$0!=1$.

例4 从10个人中任意抽出3个人从左到右排成一排，共有多少种排法?

解 $A_{10}^3=10\times9\times8=720$.

例5 某年全国足球联赛共有12个队参加，每队都要与其他各队在主客场分别比赛一次，共进行多少场比赛?

解 将参加比赛的12个队看作12个元素，每一场比赛即为从12个不同元素中任取2个元素的一个排列. 总共比赛的场次，就是从12个不同元素中任取2个元素的排列数，即

$$A_{12}^2=12\times11=132.$$

四、组合（数）

定义2 从 n 个不同的元素中任取 $m(m\leqslant n)$ 个元素组成一组，叫作从 n 个不同的元素任取 m 个元素的一个组合. 从 n 个不同的元素中任取 $m(m\leqslant n)$ 个元素的所有组合的个数，叫作从 n 个不同的元素任取 m 个元素的组合数，记作 C_n^m.

从 n 个不同的元素任取 m 个元素的一个组合，是不管顺序地并成一组，即与取出的元素的顺序无关，而排列与取出的元素的顺序有关.

现在可以从研究组合数 C_n^m 与排列数 A_n^m 的关系入手，寻找出组合数 C_n^m 的计算公式.

一般地，从 n 个不同的元素任取 m 个元素的排列，可以分两步完成.

第一步：选取元素，即从 n 个不同的元素任取 m 个元素的组合，有 C_n^m 种方法；

第二步：排位置，即将选出的 m 个元素进行全排列，有 A_m^m 种方法.

根据分步乘法原理，得 $A_n^m=C_n^m\cdot A_m^m$. 整理可得组合数公式为

$$C_n^m=\frac{A_n^m}{A_m^m}=\frac{\overbrace{n(n-1)\cdots(n-m+1)}^{m\text{个}}}{m\times(m-1)\times\cdots\times 2\times 1}.$$

这里，n，$m\in\mathbf{N}^+$，并且 $m\leqslant n$.

上面的组合数公式不仅揭示了组合数 C_n^m 与排列数 A_n^m 之间的关系，也表明解某种排列问题时，常常分选元素和排位置两个步骤完成.

例6 从8个人中任意抽出3个人组成一组，共能分成多少组?

解 $C_8^3=\dfrac{8\times7\times6}{3\times2\times1}=56.$

组合数有如下性质：

（1）$C_n^m=C_n^{n-m}$；

（2）$C_n^1=n$；

（3）$C_n^0=1$，$C_n^n=1$.

例7 一口袋中有8个球，从中任取2个球，有多少种取法?

解 任取2个球与所取2个球的顺序无关，故方法数为组合数：

$$C_8^2=\frac{8\times7}{2\times1}=28\,(\text{种}).$$

例8 盒中有5个白球、3个黑球，从中任取3个球，求所取得的3个球中有2个白球、1个黑球的取法有多少种?

解 第一步：在5个白球中取2个，取法有

$$C_5^2=\frac{5\times4}{2\times1}=10\,(\text{种});$$

第二步：在3个黑球中取1个，取法有

$$C_3^1=3\,(\text{种}).$$

由分步乘法原理得，取法共有

$$10\times3=30\text{（种）}.$$

预备知识检测题

1. 填空题

（1）已知 $A_{10}^{m}=10\times9\times8\times7$，则 $m=$__________；

（2）从 n 个不同的元素中任取2个元素的排列数是56，则 $n=$__________；

（3）红球有3个，黑球有4个，白球有5个，从中任取2个球，共有__________种不同的取法；

（4）红球有3个，黑球有4个，白球有5个，从中任取3个球，其中红、黑、白球各1个，共有__________种不同的取法；

（5）四位好朋友约定过年时互寄贺年卡一张，他们一共寄了__________张贺年卡；

（6）五位好朋友约定过年时相互通话，以祝贺新年，他们一共通话__________次；

（7）一个小组有3名女同学、5名男同学，从中任选一名同学参加比赛，共有不同的选派方法__________种；若从中任选一名女同学和一名男同学参加比赛，共有不同的选派方法__________种；

（8）6人排成一排，共有__________种不同的排法；

（9）3个城市之间的所有直达航线的飞机票共有__________种；

（10）计算：

$4!$	C_5^2	C_5^4	A_5^2	A_5^1	C_5^5	$A_5^2C_5^3$	$2!+C_4^2$

（11）已知从 n 个不同的元素中取出2个元素的组合数是15，则 $n=$__________；

（12）已知从 n 个不同的元素中取出2个元素的排列数等于从 $(n-4)$ 个不同的元素中取出2个元素的排列数的7倍，则 $n=$__________；

（13）一个人有3件上衣、2条裤子和4双鞋，每种取一件，那么他可以有__________种不同的装扮.

2. 已知 $\dfrac{A_n^7-A_n^5}{A_n^5}=89$，求 n 的值.

3. 计算：

（1）A_3^2；（2）A_{100}^3；（3）A_5^5；（4）C_6^3；（5）C_4^3；（6）$C_6^2\times C_3^1$；（7）$4!$.

4. 由1，2，3，4，5，6这六个数字可组成多少个：

（1）三位数？

（2）没有重复数字的三位数？

(3) 没有重复数字且末位数字是5的三位数?

5. 从参加乒乓球团体赛的5名运动员中选出3名参加某场比赛，每名比赛一局，有多少种不同的方法排定他们的出场顺序?

6. (1) 将2封信投入4个信箱，每个信箱最多投一封，有多少种不同的投法?

(2) 将2封信任意投入4个信箱，有多少种不同的投法?

7. 某校举行排球比赛，每两个队赛一场，有8个队参加，共需比赛多少场?

8. 有8名男生和5名女生，从中任取6人.

(1) 共有多少种不同的取法?

(2) 其中有3名女生，共有多少种不同的取法?

(3) 其中至多有3名女生，共有多少种不同的取法?

(4) 其中有2名女生、4名男生，分别担任6种不同的工作，共有多少种不同的取法?

9. 从4种不同的蔬菜品种中选出3种，分别种植在不同土质的3块土地上，有多少种不同的种植方法?

10. 一个口袋里装有7个不同的白球和1个红球，从口袋中任取5个球.

(1) 共有多少种不同的取法?

(2) 其中恰有一个红球，共有多少种不同的取法?

(3) 其中不含红球，共有多少种不同的取法?

11. 在产品质量检验时，进行抽取检查. 现在从98件正品和2件次品共100件产品中任意抽出3件检查.

(1) 共有多少种不同的抽法?

(2) 恰有一件是次品的抽法有多少种?

(3) 至少有一件是次品的抽法有多少种?

(4) 恰有一件是次品，再把抽出的3件产品放在展台上，排成一排进行对比展览，共有多少种不同的排法?

第一章 随机事件与概率

概率论是一门研究随机现象（偶然现象）的统计规律性的科学. 它的理论与方法在工农业生产、经济管理、军事和科学技术研究中有着广泛的应用. 本章将在中学数学的基础上，进一步讨论概率的理论、计算方法，为进一步学习数理统计打下基础.

第一节 随机事件

一、随机事件的概念

首先来看下面的几个问题：

（1）“电脑工作时，发热”；

（2）“在标准大气压下，水加热到100℃时，沸腾”；

（3）“在常温下，焊锡熔化”；

（4）“没有水分，种子发芽”；

（5）“某人射击一次，中靶”；

（6）“抛掷一枚硬币，出现正面”；

（7）“某地5月1日下雨”；

（8）“检验某件产品，不合格”.

可以看到：上面的问题（1）和（2）是在一定条件下必然要发生的现象，问题（3）和（4）是在一定条件下不可能发生的现象，把这种“在一定条件下，事先就可以断言必然会出现某种结果的现象”称为确定性现象；问题（5）~（8）则可能发生，也可能不发生，究竟发生哪一种结果事先是不能确定的，把这种“在一定条件下，事先不能断言会出现哪一种结果的现象”称为随机现象.

为了研究随机现象，通常要在条件相同的情况下，对随机现象进行观察或实验. 把对随机现象所进行的观察或实验称为试验，并把具有如下特征的试验称为随机试验：

（1）试验可以在相同条件下重复进行；

（2）每次试验的结果都具有多种可能性，且在试验之前可以知道所有可能的结果；

（3）每次试验必然出现所有可能结果中的一个，但试验前不能确定哪一种结果会出现.

例如，“抛掷一枚骰子，观察出现的点数”是一个随机试验. 因为试验可以重复进行，每次试验的结果都有6种可能，即出现的点数有1，2，3，4，5，6，且必定会出现其中一种，但试验前不能确定哪种结果出现.

在随机试验中，每一个可能出现的结果称为随机事件（简称为事件），通常用大写字母A，B，C，…表示. 例如，抛掷一枚硬币时，“出现正面”是一个随机事件，表示为$A=\{出现正面\}$；再如，抛掷一枚骰子时，“出现i点”（$i=1$，2，3，4，5，6）是一个随机事件，用$A_i=\{出现i点\}$表示，“出现偶数点”也是一个随机事件，用$B=\{出现偶数点\}$表示.

从上面的抛掷一枚骰子的试验可以看出：事件B包含“出现2点”“出现4点”“出现6点”3种情况，或者说，事件B可分解为事件A_2，A_4，A_6，即当事件A_2，A_4，A_6中有一个发生时，就意味着事件$B=\{出现偶数点\}$发生了；而事件A_1，A_2，A_3，A_4，A_5，A_6是试验中最简单的结果，它们都不能分解为其他事件了.

一般地，把随机试验中不能再分解的事件称为基本事件，把由两个或两个以上的基本事件组成的事件称为复合事件. 如抛掷骰子试验中，A_1，A_2，A_3，A_4，A_5，A_6都是基本事件，事件$B=\{出现偶数点\}$是复合事件.

通常，把由所有基本事件组成的集合称为基本事件空间，记作Ω. 把确定性现象看成随机现象的一种特殊情形，并把在一定条件下必然要发生的事件称为必然事件，也记作Ω；把在一定条件下不可能发生的事件称为不可能事件，记作$\varnothing$. 问题（1）和（2）都是必然事件，问题（3）和（4）都是不可能事件.

例1 从3件一等品a_1，a_2，a_3和2件二等品b_1，b_2中任取3件，求该随机试验的基本事件的个数，并写出所有的基本事件.

解 试验是从5件产品中任取3件，即每3件产品的一个组合便是试验的一个基本事件. 从5件产品中任取3件的组合数为$C_5^3=10$，所以，共有10个基本事件. 它们是：

$A_1=\{a_1,a_2,a_3\}$，$A_2=\{a_1,a_2,b_1\}$，$A_3=\{a_1,a_2,b_2\}$，$A_4=\{a_1,a_3,b_1\}$，$A_5=\{a_1,a_3,b_2\}$，

$A_6=\{a_2,a_3,b_1\}$，$A_7=\{a_2,a_3,b_2\}$，$A_8=\{a_1,b_1,b_2\}$，$A_9=\{a_2,b_1,b_2\}$，$A_{10}=\{a_3,b_1,b_2\}$.

二、事件间的关系与运算

1. 包含关系

在一次射击试验中，设$A=\{命中8环\}$，$B=\{至少命中6环\}$. 显然，当事件A发生时，事件B也一定发生，就说事件B包含事件A.

如果事件A发生必然导致事件B发生，则称事件B包含事件A，记作$A\subseteq B$或$B\supseteq A$.

通常，用矩形表示基本事件空间Ω，用一个圆来表示一个随机事件. $A\subseteq B$或

$B \supseteq A$ 可用图1–1表示.

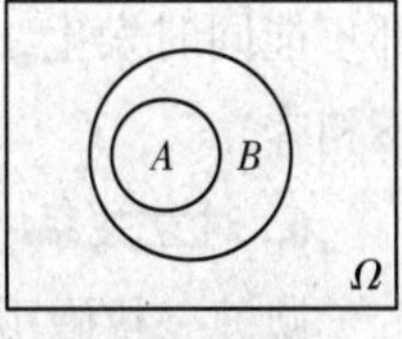

图1–1

显然，对任何事件A，都有 $A \subseteq A$， $A \subseteq \Omega$ 成立，并规定 $\varnothing \subseteq A$.

如果 $A \subseteq B$ 同时 $B \subseteq A$，则称事件A与B相等，记作 $A = B$. 例如，在射击试验中，事件 $A = \{$命中的环数不少于9环$\}$，事件 $B = \{$命中9环或10环$\}$，显然，$A = B$.

2. 并事件

假设试验是甲、乙二人向同一目标射击，$A = \{$甲击中目标$\}$，$B = \{$乙击中目标$\}$，$C = \{$击中目标$\}$. 当事件A或B中有一个发生时，便意味着“击中目标”，即事件C发生.

把“事件A与B至少有一个发生”这一事件称为事件A与B的并事件（或称和事件），记作 $A \cup B$，或 $A + B$，如图1–2所示.

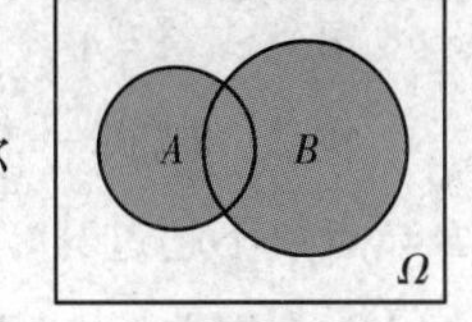

图1–2

显然，$A \subseteq A \cup B$，$B \subseteq A \cup B$.

类似地，“事件 $A_1, A_2, \cdots, A_n$ 至少有一个发生”这一事件称为n个事件 $A_1, A_2, \cdots, A_n$ 的并事件（和事件），记作

$$A_1 \cup A_2 \cup \cdots \cup A_n = \bigcup_{i=1}^{n} A_i \quad 或 \quad A_1 + A_2 + \cdots + A_n .$$

3. 交事件

假设试验是从一副扑克牌中任取一张牌，$A = \{$取得的牌是方块$\}$，$B = \{$取得的牌是K$\}$，$C = \{$取得的牌是方块K$\}$. 显然，事件C正好是“事件A与B同时发生”的结果.

把“事件A与B同时发生”这一事件称为事件A与B的交事件（或积事件），记作 $A \cap B$，或 AB，如图1–3所示.

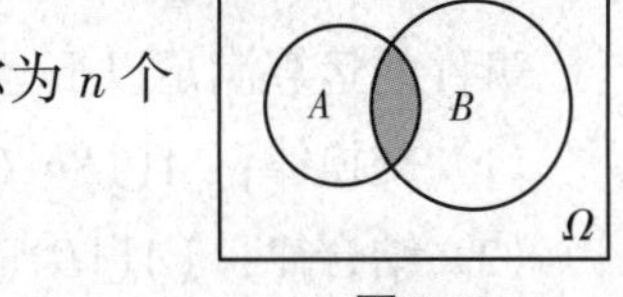

图1–3

类似地，“事件 $A_1, A_2, \cdots, A_n$ 同时发生”这一事件称为n个事件 $A_1, A_2, \cdots, A_n$ 的交事件（或积事件），记作

$$A_1 A_2 \cdots A_n = \bigcap_{i=1}^{n} A_n .$$

4. 差事件

在抽取5件产品进行检验的试验中，设 $A = \{$有奇数件次品$\}$，$B = \{$次品不多于3件$\}$，$C = \{$5件全是次品$\}$. 事件C正好是“事件A发生而B不发生”的结果.

把“事件A发生而事件B不发生”这一事件称为事件A与B的差事件，记作 $A - B$，如图1–4所示.

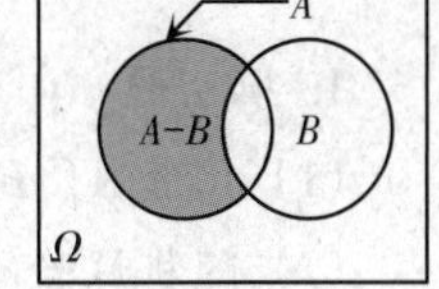

图1–4

5. 互斥关系

在一次射击试验中，$A = \{$命中8环$\}$，$B = \{$至少命中9环$\}$，显然，事件A与事件B不能同时发生.

如果事件A与事件B不能同时发生，则称事件A与B互斥（或称互不相容），记作 $A \cap B = \varnothing$ 或 $AB = \varnothing$，如图1–5所示.

显然，在一次试验中，任何两个基本事件都是互不相容事件.

在一次试验中，若 n 个事件 A_1，A_2，…，A_n 的任何两个事件都不能同时发生，则称事件 A_1，A_2，…，A_n 两两互斥（或称两两互不相容）.

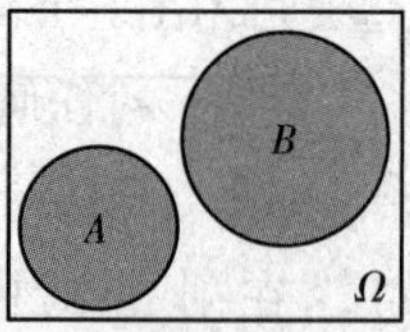

图1-5

6. 对立关系

抛掷一枚硬币时，$A=\{正面向上\}$，$B=\{正面向下\}$，显然，事件A与B不能同时发生（即互不相容），并且A与B中必有一个发生.

在一次试验中，如果事件A与B不能同时发生，但必有一个发生，即 $A\cap B=\varnothing$ 且 $A\cup B=\Omega$，则称事件A与B是对立事件（或互逆事件）.

当B是A的对立事件时，记为 $B=\bar{A}$，并称 $\bar{A}$ 是 A 的对立事件（或逆事件），如图1-6所示.

显然，$\bar{\bar{A}}=A$，$A\bar{A}=\varnothing$，$A\cup\bar{A}=\Omega$.

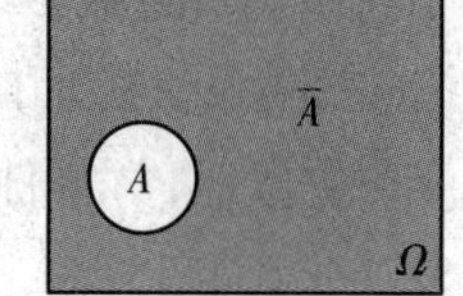

图1-6

例 2 抛掷一枚骰子，观察出现的点数，设 $A=\{奇数点\}$，$B=\{点数不超过3\}$，$C=\{点数大于2\}$，$D=\{点数是5\}$，试写出 $A\cup B$，$B\cup C$，AB，BD，$\bar{A}$，$A-B$，$B-A$.

解 由于

$$A=\{1,3,5\},\ B=\{1,2,3\},\ C=\{3,4,5,6\},\ D=\{5\},$$

则

$$A\cup B=\{1,2,3,5\},\ B\cup C=\{1,2,3,4,5,6\},$$
$$AB=\{1,3\},\ BD=\varnothing,\ \bar{A}=\{2,4,6\},$$
$$A-B=\{5\},\ B-A=\{2\}.$$

事件的运算满足以下运算律：

（1）交换律：$A\cup B=B\cup A$，$A\cap B=B\cap A$；

（2）结合律：$(A\cup B)\cup C=A\cup(B\cup C)$，$(A\cap B)\cap C=A\cap(B\cap C)$；

（3）分配律：$A\cap(B\cup C)=(A\cap B)\cup(A\cap C)$，$A\cup(B\cap C)=(A\cup B)\cap(A\cup C)$；

（4）对偶律：$\overline{A\cup B}=\bar{A}\cap\bar{B}$，$\overline{A\cap B}=\bar{A}\cup\bar{B}$.

习题1-1

1. 填空题

（1）记号 $A\cap B$ 表示的含义是：__________；

（2）随机试验的结果叫__________；

（3）所有基本事件组成的集合称为__________；

（4）如果事件A发生必然导致事件B发生，此时A与B的关系是__________；

（5）事件A与事件B不能同时发生，此时A与B的关系是__________；

(6) 事件运算满足的结合律是：________________;

(7) 事件运算满足的对偶律是：________________.

2. 判断对错（正确的打“√”，错误的打“×”）

(1) 随机试验是指在相同的条件下可以重复进行的试验；（　）

(2) 随机试验的可能结果是不可能知道的；（　）

(3) 随机试验的所有可能结果在试验前是可知的；（　）

(4) 随机试验不可以重复；（　）

(5) 每次随机试验出现的所有可能结果是知道的，但在一次试验之前，不能确定会出现哪一个结果；（　）

(6) 随机事件是每次随机试验的结果，是最基本的事件.（　）

3. 设三个随机事件A，B，C，用A，B，C的关系和运算表达下列事件：

(1) 只有B发生；

(2) A，C都发生，但B不发生；

(3) A，B，C至少有一个发生；

(4) A，B，C都发生；

(5) A，B，C至少有两个发生；

(6) 恰有一个事件发生；

(7) A发生，B，C都不发生；

(8) A与B发生，C不发生；

(9) A，B，C都不发生；

(10) A，B，C至多有2个发生.

4. 指出下列事件中哪些是必然事件、不可能事件和随机事件：

(1) 当x是实数时，$x^2\geqslant 0$；

(2) 某地12月1日刮东风；

(3) 手机在没电池时，能通话；

(4) 一个剧场某天的上座儿率超过80%；

(5) 某人上街买一张彩票中奖.

5. 指出下列事件的包含关系：

(1) $AB=A$；(2) $A+B=A$；(3) $A+B+C=A$.

6. 设随机事件$A=\{$甲产品畅销，乙产品滞销$\}$，指出事件$\overline{A}$.

7. 从一只装有许多个红色、白色乒乓球的袋子中任取3个观察它们的颜色，写出试验的所有基本事件.

8. 设$A=\{$三件产品中至少有一件次品$\}$，$B=\{$三件产品都是正品$\}$，则$A\cup B$，AB各表示什么事件？

9. 设A，B为事件，试指出下列各事件的含义：

（1）$\bar{A}\cup B$；（2）$\bar{A}\cup\bar{B}$；（3）$\bar{A}\cap B$；（4）$\bar{A}\bar{B}$；（5）$\bar{A}A$；（6）$\overline{A\cup B}$.

10. 若要击落飞机，必须同时击毁两个发动机或击毁驾驶舱，设 $A_i=\{$击毁第i个发动机$\}$ $(i=1,2)$，$B=\{$击毁驾驶舱$\}$，试用 A_1，A_2，B 表示事件“飞机被击落”.

11. 对飞机进行两次射击，每次一弹，设 $A_i=\{$第i次射击击中飞机$\}(i=1,2)$，试用 A_1，A_2 及其对立事件表示下列事件：

$$B=\{\text{两弹都击中飞机}\},\ C=\{\text{两弹都没击中飞机}\},$$

$$D=\{\text{恰有一弹击中飞机}\},\ E=\{\text{至少有一弹击中飞机}\},$$

并指出B，C，D，E哪些是互不相容的？哪些是对立的？

第二节　随机事件的概率

由本章第一节可知，随机试验有多种可能的结果，现在来研究随机试验各种结果发生的可能性大小的问题——随机事件的概率.

一、概率的统计定义

在中学里，曾知道“频率”这一名词，关于随机事件发生的频率，有如下定义：

定义1　设随机事件 A 在 n 次试验中发生了 m 次，则称比值 $\frac{m}{n}$ 为随机事件 A 在 n 次试验中发生的频率（简称频率），记为 $f_n(A)$，即

$$f_n(A)=\frac{m}{n}.$$

频率具有如下性质：

（1）$0\leqslant f_n(A)\leqslant 1$；

（2）$f_n(\Omega)=1$；

（3）$f_n(\varnothing)=0$.

历史上，蒲丰（Buffon）等人就“抛掷硬币，出现正面向上”的可能性大小的问题进行了大量重复试验，表1-1是他们试验的数据记录.

表1-1

试验者	抛掷的次数n	正面向上的次数m	频率 $\frac{m}{n}$
蒲丰(Buffon)	4040	2048	0.5069
皮尔逊(K. Pearson)	12000	6019	0.5016
皮尔逊(K. Pearson)	24000	12012	0.5005
维尼	30000	14994	0.4998

从表1-1中容易看到，当试验次数 n 增大时，事件 $A=\{$正面向上$\}$ 发生的频率总在

0.5附近摆动，而且随着试验次数的增多，这种摆动越来越小，即事件A发生的频率逐渐稳定于常数0.5.

定义2　在相同条件下进行大量的重复试验，如果事件A发生的频率$\frac{m}{n}$总是在某一个常数p附近摆动，则把常数p称为事件A的概率，记作$P(A)$，即

$$P(A)=p.$$

概率从数量上反映了一个事件发生的可能性大小，它是客观存在的，与试验次数无关. 如抛掷一枚硬币的试验中，事件$A=\{正面向上\}$的概率$P(A)=0.5$，是指“出现正面向上”这一事件发生的可能性为50%.

根据定义2，容易得到概率的如下性质：

性质1　$0\leqslant P(A)\leqslant 1$；

性质2　$P(\Omega)=1$；

性质3　$P(\varnothing)=0$.

二、概率的古典定义

在解决实际问题时，往往无法根据概率的统计定义得到事件的概率，而是把进行大量重复试验时，事件发生的频率作为概率的近似值. 例如，要知道一批种子发芽的概率是多少时，可从这批种子中任取200粒进行试验，若这200粒种子发芽的频率为0.93，则认为该批种子发芽的概率为0.93.

但是，对于某些随机试验，并不需要进行大量重复试验，而只需根据试验本身的特点进行分析就可以直接计算事件的概率.

例如，从一副52张（不含大王、小王）的扑克牌中任取一张牌，事件$A=\{取得的扑克牌是A\}$. 由于每张牌被取的机会是均等的，从52张牌中任取一张，共有52种取法，即有52个基本事件，又由于52张牌中4张是A，即事件A包含4个基本事件，因此，“取得的扑克牌是A”的可能性是$\frac{4}{52}$，即事件A的概率为$\frac{4}{52}$.

这类问题是概率论最早研究的内容，这种类型的概率问题也称为古典概型.

定义3　如果随机试验具有如下特点：

（1）基本事件的总数是有限的，

（2）每个基本事件发生的可能性相同，

那么称这种随机试验为古典概型.

定义4　对于古典概型，如果随机试验的基本事件的总数为n，而事件A包含的基本事件的个数为m，那么事件A的概率为

$$P(A)=\frac{A\text{包含的基本事件的个数}}{\text{基本事件的总数}}=\frac{m}{n}.$$

计算古典概型的概率时，常需用到排列、组合知识来计算基本事件的总数和事件A

包含的基本事件数.

例1 一盒中装有3个白球、2个红球，白球依次编号为 B_1，B_2，B_3，红球依次编号为 H_1，H_2，现进行从盒中任取一个球的试验.

(1) 写出试验的所有基本事件，并计算基本事件的总数；

(2) 计算事件 $A=\{$所取的球是红球$\}$ 的概率.

解 (1) 试验的基本事件如下：

$A_1=\{取得B_1\}$，$A_2=\{取得B_2\}$，$A_3=\{取得B_3\}$，$A_4=\{取得H_1\}$，$A_5=\{H_2\}$.

由于从5个球中任取一个球的每一种取法都对应一个试验的基本事件，即有多少种取法就有多少个基本事件，因此，基本事件的总数 $n=C_5^1=5$；

(2) 事件 $A=\{$所取的球是红球$\}$ 包含的基本事件数 $m=C_2^1=2$，因此

$$P(A)=\frac{m}{n}=\frac{2}{5}.$$

例2 将n个球随机地装入N（$N\geqslant n$）只盒子中去，问每只盒子至多装一个球（这一事件记为A）的概率（设盒子容量不限）.

解 将n个球装入N只盒子中去，每一种装法是一基本事件. 易知本题是古典概率模型. 因每一个球都可以装入N只盒子中的任一只盒子，每个球有N种装法，n个球共有$N\times N\times\cdots\times N=N^n$种装法，即$N(S)=N^n$. 而每只盒子至多装一个球，则第一个球共有$N$种装法，第二个球有$N-1$种装法（因第一个球已占去一个盒子），…，第$n$个球有$N-(n-1)$ 种装法（因前$n-1$个球已占去$n-1$只盒子），故$N(A)=N(N-1)\cdots(N-(n-1))$，于是

$$P(A)=\frac{N(A)}{N(S)}=\frac{N(N-1)\cdots(N-n+1)}{N^n}.$$

特别地，若盒子数N与球数n相等，即将n个球随机地装入n只盒子中去，则每只盒子恰有一个球的概率为

$$p=\frac{n!}{n^n}.$$

一般来说，这一概率很小. 例如，当$n=6$时，概率$p=6!/6^6\approx 0.01543$. 这意味着若将一颗骰子掷6次，要得到各次出现的点数各不相同是多么不容易.

例3 住房公积金卡上的密码是一组六位数字的号码，每位上的数字可以在0~9这10个数字中选取，问：

(1) 使用住房公积金卡时，如果随意按下一组六位数字的号码，正好按对这张住房公积金卡的密码的概率为多少？

(2) 某人未记准住房公积金卡的密码的最后一位数字，他在使用这张住房公积金卡时，如果随意按下密码的最后一位数字，正好按对密码的概率是多少？

解 (1) 由于住房公积金卡的密码是一组六位数字的号码，且每位上的数字有0~9这10种取法，这种号码共有10^6组. 又由于是随意按下一组六位数字的号码，按下其中

哪一组号码的可能性都相等，因此正好按对这张住房公积金卡的密码的概率为

$$P_1=\frac{1}{10^6};$$

（2）按六位数字号码的最后一位数字，有10种可能的按法，由于最后一位数字是随意按下的，0~9中的每个数字被按的可能性相等，因此，按下的正好是密码的最后一位数字的概率为

$$P_2=\frac{1}{10}.$$

例4　（福利彩票）一种福利彩票称为幸运35选7，即购买时从1，2，…，35中任选7个号码；开奖时从1，2，…，35中不重复地选出7个基本号码和1个特殊号码. 中奖规则见表1-2.

表1-2

一等奖	七个基本号码全中
二等奖	中6个基本号码及特殊号码
三等奖	中6个基本号码
四等奖	中5个基本号码及特殊号码
五等奖	中5个基本号码
六等奖	中4个基本号码及特殊号码
七等奖	中4个基本号码或中3个基本号码及特殊号码

试求若购买一张福利彩票，中奖的概率是多少？

解　设A_i表示中i等奖，$i=1, 2, \cdots, 7$.

$$P(A_1)=\frac{C_7^7\cdot C_1^0\cdot C_{27}^0}{C_{35}^7}\approx 1.4871\times 10^{-7},$$

$$P(A_2)=\frac{C_7^6\cdot C_1^1\cdot C_{27}^0}{C_{35}^7}\approx 1.0410\times 10^{-6},$$

$$P(A_3)=\frac{C_7^6\cdot C_1^0\cdot C_{27}^1}{C_{35}^7}\approx 2.8106\times 10^{-5},$$

$$P(A_4)=\frac{C_7^5\cdot C_1^1\cdot C_{27}^1}{C_{35}^7}\approx 8.4318\times 10^{-5},$$

$$P(A_5)=\frac{C_7^5\cdot C_1^0\cdot C_{27}^2}{C_{35}^7}\approx 1.0961\times 10^{-3},$$

$$P(A_6)=\frac{C_7^4\cdot C_1^1\cdot C_{27}^2}{C_{35}^7}\approx 1.8269\times 10^{-3},$$

$$P(A_7)=\frac{C_7^4\cdot C_1^0\cdot C_{27}^3+C_7^3\cdot C_1^1\cdot C_{27}^3}{C_{35}^7}\approx 3.0444\times 10^{-2}.$$

中奖的概率为：

$$P(A_1)+P(A_2)+\cdots+P(A_7)\approx 0.033481.$$

这就说明：虽然设立了这么多奖项，中奖的概率也仅为0.033481. 一百个人中约有3个人中奖，而中一等奖的概率只有1.4871×10^{-7}，一千万个人中约有2个人中一等奖.

小概率事件在一次实验中几乎是不可能发生的，买彩票中奖的概率很低，中一等奖的概率甚至比飞机坠毁的概率还要低，所以同学们毕业后只能靠辛勤地工作获得丰厚的物质回报，不能把买彩票中奖看得很重.

既然中奖的概率那么低，所以购买彩票要有平常心，期望值不宜过高，纯当作福利，故称为“福利彩票”.

习题1-2

1. 填空题

（1）已知随机事件A，则$P(A)$的范围为__________；

（2）在古典概型中，随机事件A的概率计算公式为__________.

2. 选择题

（1）若A，B是两个任意事件，且$P(AB)=0$，则（　　）；

A. A与B互斥　　B. AB是不可能事件

C. $P(A)=0$或$P(B)=0$　　D. AB未必是不可能事件

（2）掷两枚均匀的硬币，出现一正一反的概率为（　　）.

A. 1/2　　B. 1/3

C. 1/4　　D. 3/4

3. 判断题（正确的打“√”，错误的打“×”）

（1）概率为零的事件是不可能事件；（　　）

（2）概率为1的事件是必然事件；（　　）

（3）不可能事件的概率为零；（　　）

（4）必然事件的概率为1；（　　）

（5）若A与B互不相容，则$P(AB)=0$.（　　）

4. 从1，2，3，4，5这五个数字中任取3个组成一个三位数，求：

（1）所得三位数为偶数的概率；

（2）所得三位数为奇数的概率.

5. 在一个口袋中，装有7个红球和3个白球，现从中任取一球，观察它的颜色后放回口袋中，然后再从袋中任取一球，观察其颜色，求：

（1）第一次、第二次都取得红球的概率；

（2）第一次取得红球、第二次取得白球的概率；

（3）两次当中，一次取得红球、一次取得白球的概率；

（4）第二次取得红球的概率.

6. 在10件同类型的产品中，有6件一等品、4件二等品，现从中任取4件，求下列事件的概率：

$A=\{4件都是一等品\}$；$B=\{4件中有一件二等品\}$；$C=\{4件中二等品不超过一件\}$.

7. 房间里有4个人，问至少有2个人的生日是在同一个月的概率是多少？

8. 设袋中有4个白球和3个红球，从袋中任取2个球，求取得2个白球的概率.

9. 在编号为1，2，3，…，n 的 n 张赠券中，采取不放回方式抽取，试求在第 k 次（$1\leqslant k\leqslant n$）抽到2号赠券的概率.

10. 从6双不同的手套中任取4只，求恰好有一双配对的概率.

11. 一部五卷的选集，按任意顺序放到书架上，求各卷自左至右或自右至左的卷号顺序恰好是1，2，3，4，5的概率是多少？

第三节 概率的计算公式

一、概率的加法公式

先来看下面的例子.

例1 在一个盒子内放有10个大小相同的小球，其中有7个红球、2个白球、1个黄球，从中任取一个球，观察它的颜色，并记 $A=\{取到的是红球\}$，$B=\{取到的是白球\}$，求事件 $A\cup B$ 的概率是多少.

解 从盒中任取1个球有10种等可能的取法，每种取法对应于一个基本事件，即共有10个基本事件.

事件 $A\cup B$ 表示“取到的是红球或白球”，而红球与白球共7+2个，即事件 $A\cup B$ 包含7+2个基本事件，所以

$$P(A\cup B)=\frac{7+2}{10}.$$

又因为 $P(A)=\frac{7}{10}$，$P(B)=\frac{2}{10}$，从而

$$P(A\cup B)=P(A)+P(B).$$

从例1可以看到：两个互不相容事件 A，B 之和 $A\cup B$ 的概率等于它们各自的概率之和. 一般地，有如下定理.

定理1 若事件 A 与 B 互不相容，则

$$P(A\cup B)=P(A)+P(B).$$

推论1 如果事件 A_1，A_2，…，A_n 两两互斥，则

$$P(A_1\cup A_2\cup\cdots\cup A_n)=P(A_1)+P(A_2)+\cdots+P(A_n).$$

推论2 $P(\bar{A})=1-P(A)$.

证明 由于 $A\cup\bar{A}=\Omega$，所以

$$P(A\cup\bar{A})=P(\Omega)=1.$$

又因为 A 与 $\bar{A}$ 互不相容，所以

$$P(A\cup\bar{A})=P(A)+P(\bar{A}).$$

因此，$P(A)+P(\bar{A})=1$，即

$$P(\bar{A})=1-P(A).$$

定理2 对于任意两个事件 A 与 B，有

$$P(A\cup B)=P(A)+P(B)-P(AB).$$

证明 因为 $A\cup B=A\cup B\bar{A}$，且事件 A 与 $B\bar{A}$ 互斥（如图1–7所示，$B\bar{A}$ 为阴影部分），所以

$$P(A\cup B)=P(A\cup B\bar{A})=P(A)+P(B\bar{A}).$$

又由于 $B=AB\cup B\bar{A}$，且 AB 与 $B\bar{A}$ 互斥，于是

$$P(B)=P(AB)+P(B\bar{A}),$$

图1–7

即 $P(B\bar{A})=P(B)-P(AB)$，所以

$$P(A\cup B)=P(A)+P(B)-P(AB).$$

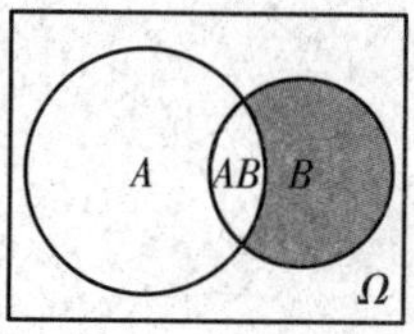

推论 对于任意三个事件 A，B，C，有

$$P(A\cup B\cup C)=P(A)+P(B)+P(C)-P(AB)-P(AC)-P(BC)+P(ABC).$$

例2 从一批含有一等品、二等品和废品的产品中任取一件，取得一等品、二等品的概率分别是0.73和0.21，求产品的合格品率及废品率.

解 设 $A_1=\{$取得一等品$\}$，$A_2=\{$取得二等品$\}$，$A=\{$取得合格品$\}$，则 $\bar{A}=\{$取得废品$\}$，由题意，得 $A=A_1\cup A_2$，且 $A_1A_2=\varnothing$，从而

$$P(A)=P(A_1\cup A_2)=P(A_1)+P(A_2)=0.73+0.21=0.94,$$

$$P(\bar{A})=1-P(A)=1-0.94=0.06.$$

因此，产品的合格品率为0.94，废品率为0.06.

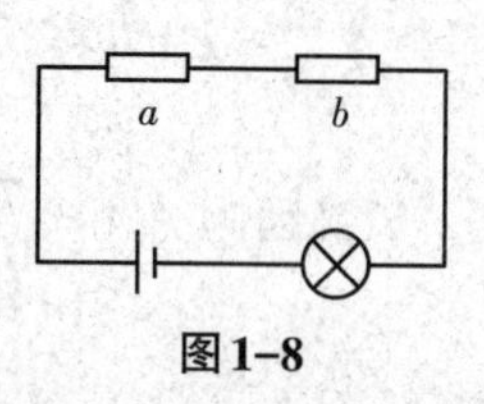

图1–8

例3 如图1–8所示，电路元件 a，b 发生故障的概率分别为0.05，0.06，a，b 同时发生故障的概率为0.003，求此电路断路的概率.

解 设 $A=\{$元件a发生故障$\}$，$B=\{$元件b发生故障$\}$，$C=\{$线路断路$\}$，由于元件 a 与 b 是串联的，当 a 与 b 中有一个发生故障时，电路都会断路，即 $C=A\cup B$，因此

$$\begin{aligned}P(C)&=P(A\cup B)\\&=P(A)+P(B)-P(AB)\\&=0.05+0.06-0.003\\&=0.107.\end{aligned}$$

因此，此电路断路的概率为0.107.

二、条件概率与乘法公式

1. 条件概率

在实际问题中，除了要考虑事件A发生的概率$P(A)$外，有时还要考虑“在事件B已发生”这一前提条件下，事件A发生的概率.

定义1　设A，B是随机试验的两个事件，则将在事件B发生的条件下A发生的概率称为条件概率，记为$P(A|B)$.

如图1–9所示，设随机试验的基本事件的总数为n，事件B包含了m个基本事件，事件AB包含了r个基本事件. 要计算事件B发生的条件下事件A的概率，基本事件的总数应是B所包含的基本事件数m. 在B发生的条件下A再发生，这时只能是事件AB发生，而AB包含的基本事件数为r，所以

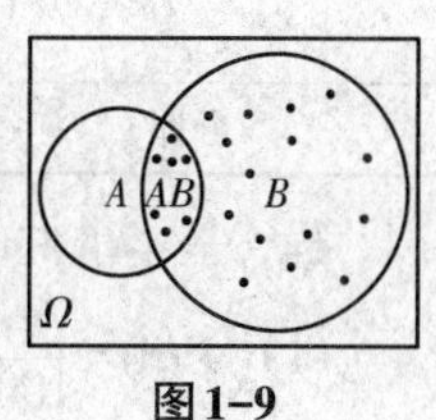

图1–9

$$P(A|B)=\frac{r}{m}=\frac{\frac{r}{n}}{\frac{m}{n}}=\frac{P(AB)}{P(B)}.$$

因此，当$P(B)>0$时

$$P(A|B)=\frac{P(AB)}{P(B)}.$$

类似地，当$P(A)>0$时

$$P(B|A)=\frac{P(AB)}{P(A)}.$$

例4　从1，2，3，4，5这五个数字中任取一个数，若$A=\{取到的数大于2\}$，$B=\{取到的数不大于4\}$，求概率$P(A)$，$P(B)$，$P(AB)$和$P(A|B)$.

解　这是一个古典概型问题，基本事件的总数$n=5$，事件A包含3个基本事件，B包含4个基本事件，AB包含2个基本事件，所以

$$P(A)=\frac{3}{5}，\ P(B)=\frac{4}{5}，\ P(AB)=\frac{2}{5}，$$

$$P(A|B)=\frac{P(AB)}{P(B)}=\frac{\frac{2}{5}}{\frac{4}{5}}=\frac{1}{2}.$$

2. 乘法公式

由条件概率的计算公式可以得到

$$P(AB)=P(A)P(B|A)=P(B)P(A|B).$$

这个公式称为乘法公式.

乘法公式还可以推广到有限多个事件之积的情形，即

$$P(A_1A_2\cdots A_n)=P(A_1)P(A_2|A_1)P(A_3|A_1A_2)\cdots P(A_n|A_1A_2\cdots A_{n-1}).$$

例5 甲、乙两厂生产同类产品，表1–3给出了生产情况. 现从中任取一件产品，设 $A=\{$取到的是甲厂的产品$\}$，$B=\{$取到的是次品$\}$. 求：

（1）$P(A)$；（2）$P(B)$；（3）$P(AB)$；（4）$P(A|B)$；（5）$P(B|A)$.

表1–3

产品数 / 生产厂家	正品数	次品数	合计
甲厂	50	20	70
乙厂	25	5	30
合计	75	25	100

解 基本事件的总数即为产品总数100，所以

（1）$P(A)=\dfrac{70}{100}=\dfrac{7}{10}$；

（2）$P(B)=\dfrac{25}{100}=\dfrac{1}{4}$；

（3）$P(AB)=\dfrac{20}{100}=\dfrac{1}{5}$；

（4）$P(A|B)=\dfrac{20}{25}=\dfrac{4}{5}$；

（5）$P(B|A)=\dfrac{20}{70}=\dfrac{2}{7}$.

从上面容易看出：

$$P(AB)=P(A)P(B|A)=P(B)P(A|B),$$

这也验证了概率的乘法公式.

三、全概率公式与贝叶斯公式

1. 全概率公式

例6 在例5中，求取到的产品是正品的概率.

解 由例5知，$B=\{$取到的是次品$\}$，则 $\bar{B}=\{$取到的是正品$\}$. 由表1–3可得

$$P(\bar{B})=\frac{75}{100}.$$

因为取到的正品可能是甲厂生产的，也可能是乙厂生产的，即

$$\bar{B}=\bar{B}A\cup\bar{B}\bar{A},$$

而 $\bar{B}A$ 与 $\bar{B}\bar{A}$ 互斥，所以

$$\begin{aligned}P(\bar{B})&=P(\bar{B}A\cup\bar{B}\bar{A})=P(\bar{B}A)+P(\bar{B}\bar{A})=P(A)P(\bar{B}|A)+P(\bar{A})P(\bar{B}|\bar{A})\\&=\frac{70}{100}\times\frac{50}{70}+\frac{30}{100}\times\frac{25}{30}=\frac{75}{100}.\end{aligned}$$

虽然两种计算方法不同，但求得的 $P(\bar{B})$ 相同. 对于第二种计算方法，有如下定理.

定理3　设 B 为任一事件，事件 A_1，A_2，…，A_n 两两互不相容，且 $A_1 \cup A_2 \cup \cdots \cup A_n = \Omega$，$P(A_i)>0(i=1，2，\cdots，n)$，则 $B=BA_1 \cup BA_2 \cup \cdots \cup BA_n$，且

$$P(B)=P(A_1)P(B|A_1)+P(A_2)P(B|A_2)+\cdots+P(A_n)P(B|A_n)$$

或

$$P(B)=\sum_{i=1}^{n} P(A_i)P(B|A_i).$$

这个公式称为全概率公式.

证明略.

特别地，对于任意两个事件A，B，都有

$$P(B)=P(A)P(B|A)+P(\bar{A})P(B|\bar{A}).$$

例7　某商店销售的同种商品是由三个工厂生产的，其中，甲厂5箱、乙厂3箱、丙厂2箱. 已知甲、乙、丙三家工厂的产品次品率分别为 $\frac{1}{10}$，$\frac{1}{15}$，$\frac{1}{20}$，现从这10箱产品中任取一件，求所取产品是正品的概率.

解　设事件 $B=\{取到正品\}$，A_1，A_2，A_3分别表示取到的是甲、乙、丙三个工厂的产品，则

$$P(A_1)=\frac{5}{10},\ P(A_2)=\frac{3}{10},\ P(A_3)=\frac{2}{10},\ P(B|A_1)=\frac{9}{10},\ P(B|A_2)=\frac{14}{15},\ P(B|A_3)=\frac{19}{20}.$$

由全概率公式得

$$\begin{aligned}P(B)&=P(A_1)P(B|A_1)+P(A_2)P(B|A_2)+P(A_3)P(B|A_3)\\&=\frac{5}{10}\times\frac{9}{10}+\frac{3}{10}\times\frac{14}{15}+\frac{2}{10}\times\frac{19}{20}\\&=0.92.\end{aligned}$$

2. 贝叶斯公式

若事件 A_1，A_2，…，A_n 两两互不相容，且 $A_1 \cup A_2 \cup \cdots \cup A_n = \Omega$，$P(A_i)>0$ $(i=1，2，\cdots，n)$，对于任一事件 B，根据概率的乘法公式得

$$P(A_iB)=P(A_i)P(B|A_i)=P(B)P(A_i|B)\quad (i=1，2，\cdots，n)$$

或者

$$P(A_i|B)=\frac{P(A_iB)}{P(B)}=\frac{P(A_i)P(B|A_i)}{P(B)}\quad (i=1，2，\cdots，n).$$

由全概率公式

$$P(B)=\sum_{i=1}^{n} P(A_i)P(B|A_i)\quad (i=1，2，\cdots，n)$$

得

$$P(A_i|B)=\frac{P(A_iB)}{P(B)}=\frac{P(A_i)P(B|A_i)}{\sum_{i=1}^{n} P(A_i)P(B|A_i)}\quad (i=1，2，\cdots，n).$$

一般地，有如下定理.

定理4 设B为任一事件，若事件A_1，A_2，…，A_n两两互不相容，且$A_1 \cup A_2 \cup \cdots \cup A_n = \Omega$，$P(A_i) > 0 (i=1, 2, \cdots, n)$，则

$$P(A_i|B) = \frac{P(A_iB)}{P(B)} = \frac{P(A_i)P(B|A_i)}{\sum_{i=1}^{n} P(A_i)P(B|A_i)} \quad (i=1, 2, \cdots, n).$$

这个公式叫作贝叶斯（Bayes）公式.

例8 在例7中，若从这10箱产品中任取一件是正品，问该件产品是乙厂生产的概率为多少?

解 由例7知 $P(B)=0.92$，$P(A_2)=\frac{3}{10}$，$P(B|A_2)=\frac{14}{15}$.

由贝叶斯公式，得

$$P(A_2|B) = \frac{P(A_2)P(B|A_2)}{P(B)} = \frac{\frac{3}{10} \times \frac{14}{15}}{0.92} = \frac{7}{23} \approx 0.304 .$$

例9（以花探邻） 小王要去外地出差几天，家里有一盆花交给邻居帮忙照顾. 已知如果几天内邻居记得浇水，花存活的概率为0.8；如果几天内邻居忘记浇水，花存活的概率为0.3. 假设小王对邻居不了解，即可以认为邻居记得和忘记浇水的概率均为0.5.

求：

（1）几天后小王回来时，花还活着的概率为多少?

（2）如果花还活着，邻居真的浇水的概率为多大? 对邻居的信任度有何变化?

解 （1）设A表示邻居记着浇花，$\bar{A}$表示邻居忘记浇花，B表示花活着.

$$\begin{aligned} P(B) &= P(A)P(B|A) + P(\bar{A})P(B|\bar{A}) \\ &= 0.5 \times 0.8 + 0.5 \times 0.3 = 0.55. \end{aligned}$$

（2）
$$P(A|B) = \frac{P(A)P(B|A)}{P(B)} = \frac{0.5 \times 0.8}{0.55} \approx 0.7273.$$

小王原来对邻居的信任度为50%，可是自从出差回家发现花活着，对邻居的信任度提高到72.73%. 通过（以花探邻）这个题目，让学生们认识到，信任度能够增加.应该珍惜生活中的每一个细节，别人托付的事情尽力办好，你给别人的印象（信任）会越来越高.

下面的例题告诉我们，如果一味浪费别人的信任，后果非常严重.

例10（狼来了） 从前，在一个僻静而遥远的山村里，有一个小男孩，每天都会赶着成群的羊去山间的草丛里吃草. 因为山里经常会有狼出没，所以山民对狼的警惕性很高. 有一天，小男孩闲得无聊，想要做点“刺激”的事情，于是在山上喊:“狼来了!狼来了!”山民闻声便拿起武器冲出去打狼，可是到了山上，并没有发现狼的踪迹，山民奇怪而又无奈地回去了.

第二天小男孩又故伎重演，又一次欺骗山民喊道："狼来了！狼来了！"山民犹豫后再次拿起武器去打狼，来到山上发现又被小男孩欺骗了.

到了第三天，狼果真来了，可这次无论小男孩怎么喊叫，也没有人上山救他，最后羊群被狼所追杀.

同样的呼唤，为何会有后来悲剧的发生?

解　首先做出如下假设：

山民对小男孩的初始信任度为0.8，可信的小男孩被认为说谎的概率为0.1，不可信的小男孩被认为说谎的概率为0.5.

设A表示小男孩可信，$\bar{A}$表示小男孩不可信，B表示小男孩被认为说谎.

当山民第一次听到"狼来了"时，有

$$P(A)=0.8，P(\bar{A})=0.2，$$
$$P(B|A)=0.1，P(B|\bar{A})=0.5.$$

由贝叶斯公式，得到：

$$P(A|B)=\frac{P(A)P(B|A)}{P(A)P(B|A)+P(\bar{A})P(B|\bar{A})}\approx 0.444.$$

当山民第二次听到"狼来了"时，有

$$P(A)=0.444，P(\bar{A})=0.556，$$
$$P(B|A)=0.1，P(B|\bar{A})=0.5.$$

再次由贝叶斯公式，得到：

$$P(A|B)\approx 0.138.$$

当山民第三次听到"狼来了"时，有

$$P(A)=0.138，P(\bar{A})=0.862，$$
$$P(B|A)=0.1，P(B|\bar{A})=0.5.$$

第三次使用贝叶斯公式，得到：

$$P(A|B)\approx 0.031.$$

当山民第一次听到"狼来了"，跑到山上发现被骗后，对小男孩的信任度由0.8下降到0.444. 当山民第二次听到"狼来了"，跑到山上发现又被骗后，对小男孩的信任度由0.444下降到0.138. 当山民第三次听到"狼来了"，对小男孩的信任度由0.138下降到0.031. 由于山民对小男孩完全失去了信任，最终没有上山，也就有了后来悲剧的发生. 这个例子表明，随着事件因果循环的发展，一个人的信任度可以由较高的水平降为较低的水平，最终导致比较严重的后果.

例9和例10告诉我们，随着事件因果循环的发展，信任度既能增加也能减少. 做人一定要讲诚信，如何增加信任度？我们应从生活中的点滴做起，比如：合理使用信用卡，按期还款；答应朋友的事情之前，好好考虑自己的实际能力，一旦答应了，就尽全力去完成，这样才能不失信于人，增加自己的信任度；有人帮助自己后，要懂得感恩，不能让自己的信任成为别人的负担，更不能把别人的帮助理解为“理所应当”.

四、相互独立事件的概率

1. 事件的独立性

前面讨论了在事件B发生的条件下，事件A发生的概率$P(A|B)$. 但在有些问题中，事件B是否发生对事件A的发生没有影响. 如甲、乙两台独立生产的机器，事件$A=\{$甲机器生产出废品$\}$，$B=\{$乙机器生产出废品$\}$，显然，事件B是否发生对事件A的发生是没有影响的.

定义2 如果事件B的发生与否不影响事件A发生的概率，即$P(A|B)=P(A)$，则称事件A对事件B是独立的.

性质1 若事件A对事件B是独立的，则事件B对事件A也是独立的.

证明 因为事件A对事件B是独立的，所以$P(A|B)=P(A)$，并设$P(A)\neq 0$.

由乘法公式知，$P(A)P(B|A)=P(AB)=P(B)P(A|B)$，所以

$$P(A)P(B|A)=P(B)P(A),$$

即

$$P(B|A)=P(B).$$

因此，事件B对于事件A也是独立的.

可见，两个事件间的独立性是相互的. 以后说到事件的独立，是指它们相互独立.

由性质1的证明易知，当两事件A与B相互独立时，有如下乘法公式：

$$P(AB)=P(A)P(B).$$

性质2 若事件A与B相互独立，则A与$\bar{B}$，$\bar{A}$与B，$\bar{A}$与$\bar{B}$都是相互独立的.

例11 三人合作破译一份密码，已知三人能破译的概率分别为0.45，0.5，0.55，求该密码被破译的概率.

解 A，B，C三人合作破译这份密码，由事件独立性，此密码被破译的概率为

$$1-P(\overline{ABC})=1-(1-0.45)\times(1-0.5)\times(1-0.55)\approx 0.88.$$

三人团队合作，该密码被破译的概率明显提高. 谚语“三个臭皮匠，顶个诸葛亮”“三人一条心，黄土变成金”“一根筷子容易折，十根筷子坚如铁”等，都说明了团队的力量更大、更强，人多智慧广，处理问题时应集思广益、强化团队的精神.

2. 独立重复试验的概率

实践中常遇到只有两种结果的试验，如在产品的抽样检验中，不是抽到合格品，就是抽到不合格品. 这种只有两个结果的试验，称为伯努利试验. 在相同条件下，重复进行n次独立的伯努利试验，简称n次独立重复试验，它具有如下特点：

（1）每次试验只有 A 与 $\bar{A}$ 两种可能的结果；

（2）每次试验中，$P(A)$ 或 $P(\bar{A})=1-P(A)$ 不变.

对于 n 次独立重复试验，需要考虑这样一个问题："事件 A 恰好发生 k 次"的概率.

一般地，在 n 次独立重复试验中，如果事件 A 发生的概率 $P(A)=p$，则事件 A 在 n 次试验中恰好发生 k 次的概率 $P_n(k)$ 为

$$P_n(k)=C_n^k p^k(1-p)^{n-k} \quad (k=0,\ 1,\ 2,\ \cdots,\ n).$$

这个公式称为伯努利公式，或称为二项概率公式.

例12　某气象站天气预报的准确率为80%，试计算5次预报中恰有4次准确的概率(结果保留两位有效数字).

解　设 $A=\{$预报准确$\}$，则 $p=P(A)=0.8$，这是一个5次独立重复试验问题.

$$P_5(4)=C_5^4\times0.8^4\times(1-0.8)^{5-4}=5\times0.8^4\times0.2\approx0.41.$$

例13　在8个元件中，有5个一等品和3个二等品. 有放回地连续抽取4次，每次抽1个，问在4次抽取中恰好有2次抽到二等品的概率是多少?

解　设 $A=\{$抽得二等品$\}$，则 $P(A)=p=\dfrac{3}{8}$，这是一个4次独立重复试验.

令 $B=\{$4次重复抽取中恰有2个是二等品$\}$，于是

$$P(B)=P_4(2)=C_4^2p^2(1-p)^{4-2}=6\times\left(\frac{3}{8}\right)^2\times\left(\frac{5}{8}\right)^2\approx0.33.$$

习题1-3

1. 填空题

（1）对于任意两个事件 A 与 B，有 $P(A\cup B)=$__________；

（2）记号 $P(A|B)=$__________，它的含义是____________________________；

（3）对于任意两个事件 A 与 B，$P(AB)=$____________________________；

（4）当 $A\subset B$ 时，$P(A|B)=$__________；当 $B\subseteq A$ 时，$P(A|B)=$__________；

（5）如果 $P(AB)=P(A)P(B)$，则事件 A 与 B__________；

（6）如果事件 A 与 B 相互独立，则 $P(A|B)=$__________，$P(B|A)=$__________.

2. 选择题

（1）设 A，B 为任意两个事件，则 $P(A-B)=$（　　）；

A. $P(B)-P(AB)$　　　B. $P(A)-P(B)-P(AB)$

C. $P(A)-P(AB)$　　　D. $P(A)+P(B)-P(AB)$

（2）设 $P(A)=a$，$P(B)=b$，$P(A+B)=c$，则 $P(AB)=$（　　）；

A. $a-b-c$　　　B. $a+b-c$

C. $a-b+c$　　D. $b-a+c$

(3) 设事件A与B的概率大于零，且A与B为对立事件，则下列结论不成立的是( )；

A. A与B互不相容　　B. A与B相互独立

C. A与B互斥　　D. 以上都不成立

(4) 对于任意两事件A与B，一定成立的等式是( ).

A. $P(AB)=P(A)P(B)$　　B. $P(A+B)=P(A)+P(B)$

C. $P(A|B)=P(A)$　　D. $P(AB)=P(A)P(B|A)$

3. 某户人家有3个小孩，已知至少有1个女孩，求该户人家至少有一个男孩的概率.(假设有男孩与有女孩是等可能的)

4. 设一袋中有4个红球和3个白球，从袋中任取一个球后，取后不放回，再从这个袋中任取一球，设$A=\{$第一次取得白球$\}$，$B=\{$第二次取得红球$\}$，求$P(B)$及$P(B|A)$.

5. 某工厂有甲、乙、丙三个车间，生产同一种产品，每个车间的产量分别占全厂的25%，35%，40%，各车间的次品率分别为5%，4%，2%，求全厂产品的次品率.

6. 两台车床加工同样的零件，第一台车床的废品率为0.03，第二台车床的废品率是0.02，并且已知第一台车床加工的零件是第二台车床加工零件的2倍，要求把两车床加工的零件合放在一起，求从产品中任取一件是合格品的概率.

7. 某厂有甲、乙、丙三个车间，生产同一种零件，三个车间的产量各占50%，30%，20%，三个车间的废品率分别为2%，3%，5%，现任取该厂的一个零件.

(1) 求所取零件是废品的概率；

(2) 求所取零件是甲车间生产的废品的概率；

(3) 若该零件是甲车间生产的，求它是废品的概率；

(4) 若该零件是废品，求它是甲车间生产的概率.

8. 加工某产品需要经过两道工序，设这两道工序的合格率都为0.95，并且两道工序是相互独立的，求至少有一道工序合格的概率.

9. 10个工件中有6件正品、4件次品，现从中每次取一件，有放回地取3次，试求下列事件的概率：

(1) 全是正品；(2) 恰好有1件次品；(3) 恰好有2件次品；(4) 全是次品.

10. 某电路由电池A与两个并联的电池B，C串联而成，设电池A，B，C损坏的概率分别是0.3，0.2，0.2. 求电路发生断路的概率.

11. 一头病牛服用某药品后被治愈的概率是0.95，求服用这种药品的4头病牛中至少有3头被治愈的概率.

12. 一个工人看管8部同一类型的机器，在1h内1部机器需要工人看管的概率为$\frac{1}{3}$，求下列事件的概率：

（1）1h内，8部机器中有4部需要工人照看；

（2）1h内，需要工人照看的机器不多于6部.

复习题一

1. 填空题

（1）设A，B，C为三个事件，则事件A，B，C都发生可表示为＿＿＿＿＿，事件A，B，C不都发生可表示为＿＿＿＿＿；

（2）设有5个房间，分给5个人，每人住进每一间房的机会均等，则不出现空房间的概率为＿＿＿＿＿；

（3）加工某产品需经过两道工序，若两道工序都合格的概率为0.96，则至少有一道工序不合格的概率为＿＿＿＿＿；

（4）设A，B为两相互独立的事件，且$P(A)=0.4$，$0<P(B)<1$，则$P\left(\bar{A}\middle|\bar{B}\right)=$＿＿＿＿＿；

（5）有一张球票，5个人顺序抽签，抽出的不再放回，则每个人抽到球票的概率的＿＿＿＿＿；

（6）从数字1，2，3，4，5中任取3个，组成没有重复数字的三位数，则这个三位数是偶数的概率为＿＿＿＿＿；

（7）设A，B为随机事件，A与B互不相容，$P(B)=0.2$，则$P(AB)=$＿＿＿＿＿；

（8）一个射手的命中率为80%，另一个射手的命中率为70%，两人各射击一次，两人中至少有一个人命中的概率是＿＿＿＿＿.

2. 选择题

（1）设A，B，C是三个随机事件，则事件A，B，C中至少有两个发生表示为（　　）；

A. ABC　　B. $\bar{A}+\bar{B}+\bar{C}+ABC$

C. $A+B+C$　　D. $AB+AC+BC$

（2）重复投一枚硬币直至有数字一面出现为止，需要抛掷n次的概率P_n是（　　）；

A. 2^n　　B. $2n$

C. $n\times 2^{-n}$　　D. 2^{-n}

（3）设P在区间$[0,5]$内随机取值，则方程式$X^2+PX+\frac{P}{4}+\frac{1}{2}=0$有实根的概率为（　　）；

A. 0　　B. $\frac{3}{5}$

C. $\frac{1}{5}$　　D. $\frac{2}{5}$

(4) 某人射击3次，事件 A_i 表示第 i 次命中目标（$i=1, 2, 3$），则表示至少命中一次的是（　　）；

A. $A_1 \cup A_2 \cup A_3$　　B. $\overline{A_1 \cup A_2 \cup A_3}$

C. $A_1 \cup \overline{A_2} \cup \overline{A_3}$　　D. $A_1 A_2 A_3$

(5) 加工一种零件由两道工序组成，第一道工序的废品率为 p_1，第二道工序的废品率为 p_2，则加工该零件的成品率为（　　）；

A. $1-p_1-p_2$　　B. $1-p_1 p_2$

C. $1-p_1-p_2+p_1 p_2$　　D. $2-p_1-p_2$

(6) 从1，2，3，4，5这五个数字中有放回地接连抽取两个数字，则这两个数字不相同的概率为（　　）；

A. $\frac{1}{2}$　　B. $\frac{2}{25}$

C. $\frac{4}{25}$　　D. $\frac{4}{5}$

(7) 对于任意两个事件 A 与 B，必有 $P(A-B)=$（　　）；

A. $P(A)-P(B)$　　B. $P(A)-P(B)+P(AB)$

C. $P(A)-P(AB)$　　D. $P(A)+P(B)$

(8) 某种动物活到25岁以上的概率为0.8，活到30岁以上的概率为0.4，则现年25岁的这种动物活到30岁以上的概率是（　　）.

A. 0.76　　B. 0.4

C. 0.32　　D. 0.5

3. 设 $\Omega=\{1, 2, \cdots, 10\}$，$A=\{2, 3, 4\}$，$B=\{3, 4, 5\}$，$C=\{5, 6, 7\}$，列举出下面各数集的元素：

(1) $A\bar{B}$；(2) $\bar{A} \cup B$；(3) $\overline{\bar{A}\bar{B}}$；(4) $\overline{A\bar{B}\bar{C}}$；(5) $\overline{A(B \cup C)}$.

4. 设 $\Omega=\left\{x \middle| 0<x<2\right\}$，$A=\left\{x \middle| \frac{1}{2}<x \leqslant 1\right\}$，$B=\left\{x \middle| \frac{1}{4} \leqslant x \leqslant \frac{3}{2}\right\}$，写出下列各事件：

(1) $A\bar{B}$；(2) $\bar{A} \cap B$；(3) $\overline{\bar{A}\bar{B}}$；(4) $\overline{AB}$.

5. 设 A，B，C 为三个事件，用 A，B，C 的运算关系表示下列事件：

(1) A 发生，B 与 C 不发生；

(2) A，B，C 中至少有一个发生；

(3) A，B，C 都不发生；

(4) A，B，C 不多于两个发生；

(5) A，B，C 至少有两个发生.

6. 有10个球，其中有5个蓝色球.

(1) 从中任取5个球，求恰有2个球是蓝色球的概率；

（2）从中每次取一球，作不放回抽样，求前2次都是蓝色球的概率；

（3）从中每次取一球，作不放回抽样，求第3次取得蓝色球的概率.

7. 设 $P(A)=\frac{1}{4}$ ，$P(B)=0.3$ ，$P(AB)=0.1$ ，求：

（1）$P(A+B)$ ；

（2）$P(A|B)$ ；

（3）$P(B|AB)$ ；

（4）$P(A|A\cup B)$.

8. 将4块糖随机地放入4个杯子中，求：

（1）每个杯子中都有糖的概率；（2）4块糖在一个杯子的概率.

9. 一个系统有3条输入通信线，数据如表1–4所示.

表1–4

输入通信线	通信量的份额	无误差的信息量的份额
1	0.4	0.998
2	0.3	0.999
3	0.3	0.997

（1）随机选择地进入信号，求无误差地被接收的概率；

（2）随机选择地进入信号，求无误差地被接收的通信信号是来自第1条输入通信线的概率.

10. 有3人参加考试，及格的概率分别为0.5，0.6，0.9，求：

（1）至少一人及格的概率；

（2）都及格的概率；

（3）只有一人及格的概率.

11. 某种植物的种子发芽的概率为0.8，求：

（1）任取100 颗种子，恰有80颗发芽的概率；

（2）任取5颗种子，至少有2颗发芽的概率.

12. 某电路由电子元件A与两个并联的电子元件B和C串联而成，设电子元件A，B，C损坏的概率分别为0.3，0.3，0.1. 求该电路发生故障而断路的概率.

第二章　随机变量及其分布

为了进一步研究随机现象，本章引入随机变量的概念，并就随机变量取值的概率问题进行研究.

第一节　随机变量及分布律

一、随机变量的概念

首先来看下面三个问题.

(1) 在含有次品的100件产品中，任取5件，观察次品的件数. 这个随机试验的每个基本事件都与0，1，2，3，4，5这6个数中的某个数有联系，如“取得3件次品”这一事件与数3对应，而这6个数又可看作某个变量ξ的值.

(2) 某人射击一次，观察命中的环数. 可能出现命中0环，命中1环，…，命中10环等结果，每一个结果都与0~10这11个数中的某个数有联系，例如，事件“命中8环”与数8对应，而这11个数可看作某个变量η的值.

(3) 抛掷一枚硬币，观察出现正面或反面的情况. 若规定“出现正面”用数字“1” 表示，“出现反面”用数字“0”来表示，则这个试验可能出现的结果便与0，1这2个数对应. 这样，也可以用变量$X=1$表示事件“出现正面”，$X=0$表示事件“出现反面”.

一般地，对于随机试验，若其试验结果可用一个变量的取值来表示或描述，则称这个变量为随机变量.

常用字母ξ，η，X，Y，…表示随机变量. 图2-1为基本事件点与实数对应的示意图.

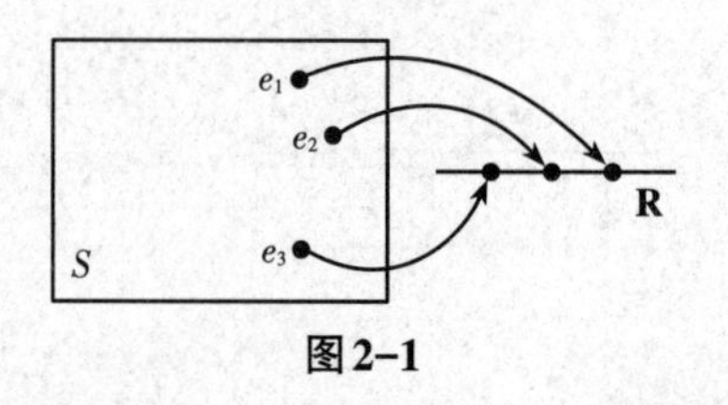

图2-1

对于问题(1)，可用随机变量ξ表示“次品的件数”，则$\xi=0$就表示事件“没有取到次品”，即“5件产品都是正品”；$\xi=1$则表示“取到1件次品”.

对于问题(2)，可用随机变量η表示“命中的环数”，则$\eta=0$就表示事件“没有命中”，$\eta=8$表示事件“命中8环”等.

有了随机变量后，随机试验的每个事件都可用随机变量的取值来表示. 如问题（1）中的事件“取得的次品不多于3件”，可用随机变量的不等式$0 \leqslant \xi \leqslant 3$表示；问题（2）中的事件“命中8环以上”，可用随机变量的不等式$8 < \eta \leqslant 10$表示.

当然，随机变量的取值是由试验的结果决定的，即随机变量的取值具有随机性.

由于随机变量取某些值时，对应着一个随机事件，而这个随机事件的发生具有一定的概率，因此，也把该事件的概率说成随机变量取某些值的概率. 如问题（2）中，随机变量$\eta > 8$表示事件“命中8环以上”，事件“命中8环以上”的概率为0.2，即随机变量$\eta > 8$的概率为0.2，并写作$P\{\eta > 8\} = 0.2$.

随机变量通常分为两种类型：离散型随机变量和非离散型随机变量. 在非离散型随机变量中，主要研究连续型随机变量.

二、离散型随机变量的分布律

如果随机变量可能取的值可以按照一定的次序一一列出（有限个或无穷可列个），这样的随机变量称为离散型随机变量.

显然，问题（1）和（2）中的随机变量都是离散型随机变量.

对于离散型随机变量，来考查它取某一值时的概率.

例1　一个袋子装有6个大小相同的小球，其中有1个球上标有数字−1，有3个球上标有数字2，有2个球上标有数字3. 从袋子中任取1球，用随机变量ξ表示所取球上的数字，写出ξ的取值范围及取每个值的概率.

解　随机变量ξ的取值范围是$\{-1, 2, 3\}$，且

$$P\{\xi = -1\} = \frac{1}{6}, \quad P\{\xi = 2\} = \frac{3}{6} = \frac{1}{2}, \quad P\{\xi = 3\} = \frac{2}{6} = \frac{1}{3}.$$

对于随机变量ξ取−1，2，3时对应的概率，可列成如表2-1所示的情况.

表2-1

ξ	−1	2	3
p_k	$\frac{1}{6}$	$\frac{1}{2}$	$\frac{1}{3}$

一般地，设离散型随机变量ξ可能的取值为$x_1, x_2, \cdots, x_n, \cdots$，$\xi$取各个值的概率为

$$P\{\xi = x_k\} = p_k \qquad (k = 1, 2, \cdots),$$

则称$P\{\xi = x_k\} = p_k (k = 1, 2, \cdots)$为离散型随机变量$\xi$的概率分布律（或分布列或概率分布）.

离散型随机变量ξ的概率的分布列也可用如表2-2所示的表格来表示：

表 2-2

ξ	x_1	x_2	…	x_n	…
p_k	p_1	p_2	…	p_n	…

有时为了直观地描述离散型随机变量 ξ 的概率分布问题，还用随机变量 ξ 的概率分布图来表示，如图 2-2 所示. 这时，横坐标表示随机变量可能的取值 x_1，x_2，…，x_n，…，纵坐标表示随机变量取这些值时的概率 p_1，p_2，…，p_n，…，用折线顺次把这些点 (x_k, p_k) 连接起来.

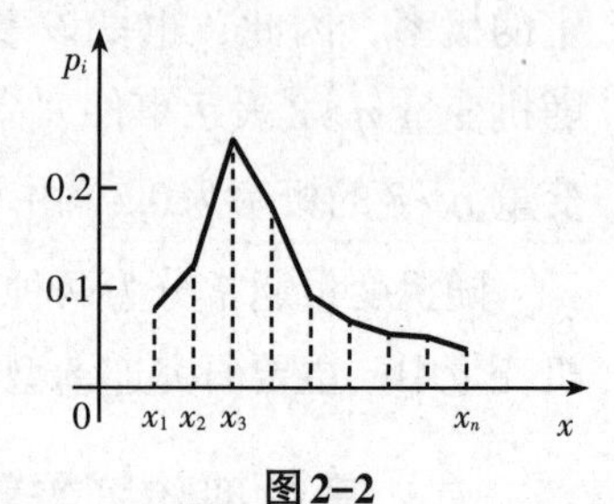

图 2-2

离散型随机变量的分布列具有如下性质：

(1) $p_k \geqslant 0 \quad (k=1, 2, \cdots, n, \cdots)$；

(2) $\sum\limits_{k=1}^{+\infty} p_k = 1$.

例 2 汽车要通过有红绿信号灯的 4 个路口才能到达目的地. 设汽车在每个路口未遇到红灯顺利通过的概率都是 0.6，遇到红灯而停止前进的概率为 0.4. 求汽车首次停止前进时，已通过的路口个数的概率的分布列.

解 用 ξ 表示“汽车首次停止前进时，已通过的路口个数”，则 $\xi=0, 1, 2, 3, 4$，且有

$$P\{\xi=0\}=0.4,$$
$$P\{\xi=1\}=0.6\times 0.4,$$
$$P\{\xi=2\}=0.6^2\times 0.4,$$
$$P\{\xi=3\}=0.6^3\times 0.4,$$
$$P\{\xi=4\}=0.6^4.$$

计算概率得 ξ 的分布列如表 2-3 所示.

表 2-3

ξ	0	1	2	3	4
p_k	0.4	0.24	0.144	0.0864	0.1296

三、常见的离散型随机变量的分布

1. 0-1 分布

如果随机试验只有 A 与 $\bar{A}$ 两个结果，随机变量 $\xi=1$ 表示 $\{A\text{发生}\}$，$\xi=0$ 表示 $\{A\text{不发生}\}$，设 $P\{\xi=1\}=p$，则 ξ 的分布列如表 2-4 所示.

表 2-4

ξ	0	1
p_k	$1-p$	p

称 ξ 服从0–1分布（或两点分布），记作 $\xi \sim (0-1)$ 分布.

例3 设某人投篮的命中率为0.7，若他进行一次投篮试验，试用随机变量表示命中次数，求投篮命中次数的概率分布.

解 用 ξ 表示投篮命中次数，则 $\xi=0$，1，ξ 服从0–1分布，$P\{\xi=1\}=0.7$.

投篮命中次数 ξ 的分布列如表2–5所示.

表2–5

ξ	0	1
p_k	0.3	0.7

2. 二项分布

由以前的知识可知，在 n 次独立伯努利试验中，事件 A 发生 k 次的概率为

$$P_n(k)=\mathrm{C}_n^k p^k q^{n-k} \quad (k=0，1，2，\cdots，n),$$

其中，$p=P(A)$ 是事件 A 发生的概率，$q=1-p$.

若用随机变量 ξ 表示“事件 A 发生的次数”，显然 ξ 是离散型随机变量，且 $\xi=0$，1，2，…，n，ξ 的分布列是

$$P\{\xi=k\}=P_n(k)=\mathrm{C}_n^k p^k q^{n-k} \quad (k=0，1，2，\cdots，n),$$

其中，$0<p<1$，$q=1-p$. 此时，称 ξ 服从参数为 n，p 的二项分布，记作 $\xi \sim B(n, p)$.

例4 某市有4个商店出售某种商品，假定每个商店有货的时间占全部营业时间的 $\frac{1}{3}$，无货的时间为 $\frac{2}{3}$，它们的进货时间没有任何联系. 试求在营业时间内任一时刻，该市有这种商品出售的商店个数的概率分布.

解 任一时刻对这4个商店进行观察，只有两种可能的结果：$A=\{$有商品出售$\}$，$\bar{A}=\{$无商品出售$\}$. 于是 $P(A)=\frac{1}{3}$，$P(\bar{A})=\frac{2}{3}$. 对4个商店的观察，可以看成4次独立重复试验.

用随机变量 ξ 表示任一时刻有该种商品出售的商店个数，则 ξ 服从参数 $n=4$，$p=\frac{1}{3}$ 的二项分布，即 $\xi \sim B\left(4, \frac{1}{3}\right)$，$\xi$ 的分布列为

$$P\{\xi=k\}=\mathrm{C}_4^k\left(\frac{1}{3}\right)^k\left(\frac{2}{3}\right)^{4-k} \quad (k=0，1，2，3，4).$$

计算并列表如表2–6所示.

表2–6

ξ	0	1	2	3	4
$P\{\xi=k\}$	0.1975	0.3951	0.2963	0.0988	0.0123

在一批次品率为 p 的产品中，有返回地抽取 n 件，可看作 n 次独立试验，每次试验只有“抽到正品”和“抽到次品”两种可能的结果，这是一个 n 次独立重复试验. 若

用随机变量 ξ 表示“n 件产品中含的次品件数”，则 ξ 服从二项分布 $B(n, p)$.

实际工作中，抽出样品数 n 与产品总数 N 的比值 $\frac{n}{N}$ 很小时，可把无返回抽样当作有返回抽样来处理.

例5 某人进行射击，每次的命中率为0.02，独立射击400次，求此人击中目标的概率.

解 把射中的次数看成随机变量 X，且 $X \sim B(400, 0.02)$，则此人能击中目标的概率为

$$P(X \geqslant 1) = 1 - P(X = 0) = 1 - 0.02^{400} = 0.99969,$$

非常接近于1.

该例子说明一个事件尽管在一次发生的概率很小，但只要经过很多次独立试验后，则这个事件的发生几乎是肯定的. 此外还说明了量变到质变的变化，此人从几乎击不中到后来命中的概率几乎为1，结果产生质的变化.

3. 泊松（Poisson）分布

若随机变量 ξ 的分布列为

$$P\{\xi = k\} = \frac{\lambda^k}{k!}e^{-\lambda} \quad (\lambda > 0;\ k = 0, 1, 2, \cdots, n, \cdots),$$

则称 ξ 服从参数 λ 的泊松分布，记作 $\xi \sim P(\lambda)$ 或 $\xi \sim \pi(\lambda)$.

当 n 较大、p 较小时，二项分布

$$P\{\xi = k\} = C_n^k p^k q^{n-k} \approx \frac{\lambda^k}{k!}e^{-\lambda} \quad (k = 0, 1, 2, \cdots, n),$$

其中，$\lambda = np$.

实际计算时，只要 $n > 10$，$p < 0.1$，用泊松分布来近似计算二项分布，即可得到较精确的结果. 对于泊松分布，可查泊松分布数值表来得到计算结果. 附录二给出了泊松分布数值表. 例如，在例5中，$n = 30$，$p = 0.02$，$\lambda = np = 0.6$，用泊松分布近似计算如下：

$$\begin{aligned} P\{\xi \leqslant 3\} &= P\{\xi = 0\} + P\{\xi = 1\} + P\{\xi = 2\} + P\{\xi = 3\} \\ &\approx \frac{0.6^0}{0!}e^{-0.6} + \frac{0.6^1}{1!}e^{-0.6} + \frac{0.6^2}{2!}e^{-0.6} + \frac{0.6^3}{3!}e^{-0.6} \\ &\approx 0.548812 + 0.329287 + 0.098786 + 0.019757 \quad (\lambda = 0.6\text{时查泊松分布表}) \\ &= 0.996642. \end{aligned}$$

例6 现有2500个条件相同的人购买一年期人寿保险，每人向保险公司交付保险费48元. 若投保人在保险期内死亡，保险公司要付赔偿金15000元. 据有关资料，投保人在保险期内死亡的概率为0.001. 试问：在这次保险买卖中，保险公司亏本的可能性有多大?

解 当要支付的赔偿金总额超过2500人交付的保险费总额时，保险公司亏本.

设保险期内死亡人数为 ξ，则 $\xi \sim B(2500, 0.001)$. 保险公司亏本等价于

$$15000\xi > 2500 \times 48，\text{即 } \xi > 8.$$

$$P\{\xi > 8\} = 1 - P\{\xi \leqslant 8\} = 1 - \sum_{k=0}^{8} C_{2500}^k \times 0.001^k \times 0.999^{2500-k}.$$

由于$n=2500$很大，$p=0.001$很小，故可用泊松分布来近似计算，其中，$\lambda=np=2.5$. 查泊松分布表得

$$P\{\xi>8\}\approx\sum_{k=9}^{\infty}\frac{2.5^k}{k!}e^{-2.5}=0.00114.$$

从计算可以看出，超过8个投保人在保险期内死亡的概率仅为0.00114，即保险公司亏本的可能性只有0.114%，这是一个小概率事件. 换言之，保险公司不亏本的可能性高达99.886%，即保险公司盈利几乎是肯定的.

泊松分布在经济和管理工作中有着重要的作用. 例如，铸件上的疵点数、玻璃上的气泡数、细纱机上某段时间内的断头数、一块耕地上的杂草数等都服从泊松分布.

习题2-1

1. 填空题

(1) 随机变量通常分为______和______;

(2) 随机变量$\xi\sim P(\lambda)$，则$P\{\xi=k\}=$______，$P\{\xi=0\}=$______，$P\{\xi=2\}=$______;

(3) 在投掷一次骰子观察出现的点数X的过程中，$P\{X=3\}=$______;

(4) 常见的离散型随机变量的分布包括______、______、______;

(5) 记号$\xi\sim(0\text{–}1)$分布的分布列为______;

(6) 记号$\xi\sim B(n,p)$的分布称为______分布，其中，$P_n(k)=$______，$P_{10}(2)=$______，$P_{10}(0)=$______.

2. 判断下列给出的是否是某个随机变量的分布列（表2-7~表2-10）:

(1) (　　)

表2-7

ξ	1	3	5
P	0.5	0.3	0.2

(2) (　　)

表2-8

X	1	2	3
P	0.7	0.1	0.1

(3) (　　)

表2-9

Y	0	1	2	…	n	…
P	$\frac{1}{2}$	$\frac{1}{2}\times\frac{1}{3}$	$\frac{1}{2}\times\left(\frac{1}{3}\right)^2$	…	$\frac{1}{2}\times\left(\frac{1}{3}\right)^n$	…

(4)（ ）

表2-10

Y	1	2	…	n	…
P	$\frac{1}{2}$	$\left(\frac{1}{2}\right)^2$	…	$\left(\frac{1}{2}\right)^n$	…

3. 一个口袋有6个球，在这6个球上分别标有-2，-2，1，1，1，2. 从这个口袋中任取一球. 求取得的球上标明数字ξ的分布列.

4. 从一个装有4个红球、2个白球的袋中连续地取球，每次任取一个，共取2次，在下列两种情况下，分别求取得红球的个数ξ的分布列：

(1) 有放回地取球；(2) 无放回地取球.

5. 已知随机变量η的分布列如表2-11所示.

表2-11

η	0	2	4	6	8
P	0.1	0.2	0.3	0.3	0.1

求$P\{\eta<4\}$，$P\{\eta\geqslant 4\}$，$P\{\eta<3\}$.

6. 一本书每次印刷错误的个数ξ服从泊松分布$P(0.5)$. 试求ξ的分布列，并求书上印刷错误不多于1处的概率.

7. 每门炮射击一次，命中目标的概率都是0.6，现在5门炮相互独立地向一目标射击一次，求：(1) 击中目标炮数的分布列；(2) 至少击中2发炮弹的概率.

8. 从一大批产品中抽检20件，如果发现多于2件次品，那么判定该批产品不合格. 如果该批产品的次品率为5%，那么被判为不合格的概率是多少？

9. 设随机变量$\xi \sim B(2, p)$，$\eta \sim B(3, p)$. 若$P\{\xi\geqslant 1\}=\frac{5}{9}$，求$P\{\eta\geqslant 1\}$.

10. 设在15只同类型的零件中有2只是次品，从中取3次，每次任取1只，以X表示取出的3只中次品的只数. 分别求出在下面两种情形下X的分布律：

(1) 每次取出后记录是否为次品，再放回去；(2) 取后不放回.

11. 一只袋子中装有大小、质量相同的6个球，其中3个球上各标有1个点，2个球上各标有2个点，1个球上标有3个点. 从袋子中任取3个球，以X表示取出的3个球上点数的和.

(1) 求X的分布律；(2) 求$P\{4<X\leqslant 6\}$，$P\{4\leqslant X<6\}$，$P\{4<X<6\}$，$P\{4\leqslant X\leqslant 6\}$.

12. 某厂有7个顾问，假定每个顾问贡献正确意见的可能性都是0.6. 现在为某件事的可行与否个别地征求每个顾问的意见，并按多数顾问的意见作决策. 求作出正确决策的概率.

13. 袋子中装有5个白球和3个黑球，从中任取1个，如果是黑球就不放回去，并从其他地方取来1个白球放入袋中，再从袋中取1个球. 如此继续下去，直到取到白球为止. 求直到取到白球为止时所需的取球次数X的分布律.

第二节　随机变量的分布函数及概率密度

一、分布函数的定义

定义1　设 ξ 为随机变量，x 为任意实数，则称函数 $F(x)=P\{\xi\leqslant x\}$ 为随机变量的概率分布函数（简称分布函数），其定义域是 $(-\infty,\ +\infty)$，值域是 $[0,\ 1]$.

对于分布函数，作如下几点说明：

（1）函数值 $F(a)=P\{\xi\leqslant a\}$ 表示随机变量 $\xi\leqslant a$ 的事件的概率.

（2）对于任意的实数 a，b且$a<b$，都有 $P\{a<\xi\leqslant b\}=F(b)-F(a)$.

事实上，因为 $\{\xi\leqslant b\}=\{\xi\leqslant a\}+\{a<\xi\leqslant b\}$，因此，$P\{\xi\leqslant b\}=P\{\xi\leqslant a\}+P\{a<\xi\leqslant b\}$，即 $F(b)=F(a)+P\{a<\xi\leqslant b\}$，从而有

$$P\{a<\xi\leqslant b\}=F(b)-F(a).$$

（3）分布函数是右连续函数.

（4）对于任意的实数 x，都有 $0\leqslant F(x)\leqslant 1$.

（5）$F(-\infty)=\lim\limits_{x\to-\infty}F(x)=0$，$F(+\infty)=\lim\limits_{x\to+\infty}F(x)=1$.

例1　随机变量 ξ 的分布函数是 $F(x)=A+B\arctan x$，其中，A，B 为常数. 求：

（1）A，B 两数的值；

（2）$P\{\xi\leqslant -1\}$，$P\{0\leqslant\xi\leqslant 1\}$，$P\{\xi\geqslant 1\}$.

解　（1）由分布函数的性质知 $F(-\infty)=\lim\limits_{x\to-\infty}F(x)=0$，得

$$F(-\infty)=\lim_{x\to-\infty}(A+B\arctan x)=0,$$

解得

$$A-B\cdot\frac{\pi}{2}=0;$$

又由于

$$F(+\infty)=\lim_{x\to+\infty}F(x)=1,$$

，

得

$$F(+\infty)=\lim_{x\to+\infty}(A+B\arctan x)=1,$$

解得

$$A+B\cdot\frac{\pi}{2}=1.$$

所以有方程组

$$\begin{cases}A-B\cdot\dfrac{\pi}{2}=0,\\ A+B\cdot\dfrac{\pi}{2}=1,\end{cases}$$

解得

$$\begin{cases} A=\dfrac{1}{2}, \\ B=\dfrac{1}{\pi}. \end{cases}$$

（2）由分布函数的定义知：

$$P\{\xi \leqslant -1\}=F(-1)=\frac{1}{2}+\frac{1}{\pi}\arctan(-1)=\frac{1}{2}+\frac{1}{\pi}\cdot\left(-\frac{\pi}{4}\right)=\frac{1}{4},$$

$$P\{0 \leqslant \xi \leqslant 1\}=F(1)-F(0)=\left(\frac{1}{2}+\frac{1}{\pi}\arctan 1\right)-\left(\frac{1}{2}+\frac{1}{\pi}\arctan 0\right)=\frac{1}{4},$$

$$P\{\xi \geqslant 1\}=1-P\{\xi<1\}=1-F(1)=1-\left(\frac{1}{2}+\frac{1}{\pi}\arctan 1\right)=\frac{1}{2}-\frac{1}{4}=\frac{1}{4}.$$

二、连续型随机变量的概率密度

定义2 设随机变量 ξ 的分布函数为 $F(x)=P\{\xi \leqslant x\}$，若存在一个非负函数 $f(x)$，使得对任意的实数 x 都有

$$F(x)=P\{\xi \leqslant x\}=\int_{-\infty}^{x} f(t)\mathrm{d}t,$$

则称 ξ 为连续型随机变量，$f(x)$ 称为 ξ 的概率分布密度（简称概率密度或密度函数）.

由分布函数的定义可知，密度函数有如下性质：

（1）$f(x) \geqslant 0$；

（2）$\int_{-\infty}^{+\infty} f(x)\mathrm{d}x=1$；

（3）对于任意的实数 a，b 且 $a<b$，都有 $P\{a<\xi \leqslant b\}=F(b)-F(a)=\int_{a}^{b} f(t)\mathrm{d}t$；

（4）分布函数的导数等于密度函数，即 $F'(x)=f(x)$.

特别地，对于连续型随机变量 ξ，它取某个值 a 的概率为0，即 $P\{\xi=a\}=0$.

性质（2）说明，介于曲线 $y=f(x)$ 与 Ox 轴之间的面积是1，如图2-3所示；性质（3）说明，ξ 落在区间 $[a, b]$ 的概率 $P\{a \leqslant \xi \leqslant b\}$ 等于区间 $[a, b]$ 上，曲线 $y=f(x)$ 下方的曲边梯形的面积，如图2-4所示.

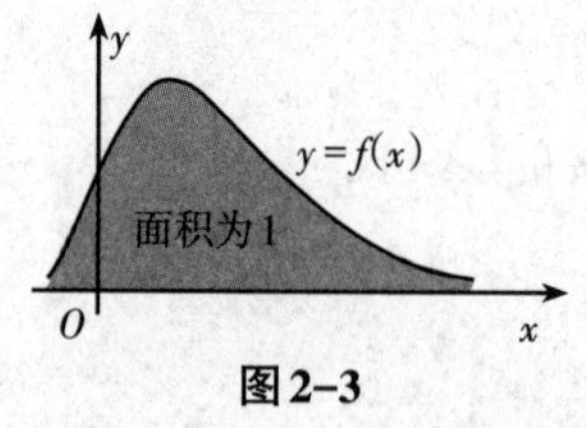

图2-3

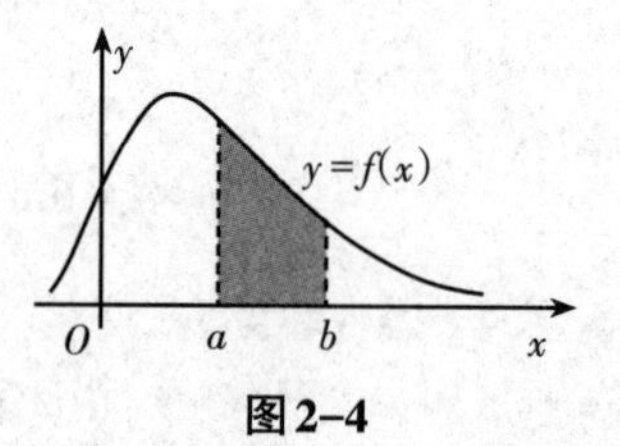

图2-4

例2 设随机变量 X 具有概率密度

$$f(x)=\begin{cases} C(9-x^2), & -3 \leqslant x \leqslant 3, \\ 0, & \text{其他}. \end{cases}$$

（1）求常数 C；（2）求概率 $P\{X<0\}$，$P\{-1 \leqslant X \leqslant 1\}$，$P\{X>2\}$.

解　(1) 由概率密度 $f(x)$ 的性质 $\int_{-\infty}^{\infty} f(x)\mathrm{d}x=1$，得

$$1=\int_{-\infty}^{\infty} f(x)\mathrm{d}x=\int_{-3}^{3} C(9-x^2)\mathrm{d}x$$

$$=2C\int_{0}^{3}(9-x^2)\mathrm{d}x=2C\left(9x-\frac{x^3}{3}\right)\Big|_0^3=36C,$$

即有 $C=\dfrac{1}{36}$. 于是概率密度为

$$f(x)=\begin{cases}\dfrac{1}{36}(9-x^2), & -3\leqslant x\leqslant 3,\\ 0, & \text{其他}.\end{cases}$$

(2) 由概率密度可得

$$P\{X<0\}=\int_{-3}^{0}\frac{1}{36}(9-x^2)\mathrm{d}x=\frac{1}{36}\left(9x-\frac{x^3}{3}\right)\Big|_{-3}^{0}$$

$$=-\frac{1}{36}\times(-27+9)=\frac{1}{2},$$

$$P\{-1\leqslant X\leqslant 1\}=2\int_{0}^{1}\frac{1}{36}(9-x^2)\mathrm{d}x=\frac{1}{18}\left[9x-\frac{x^3}{3}\right]_0^1=\frac{13}{27},$$

$$P\{X>2\}=\int_{2}^{3}\frac{1}{36}(9-x^2)\mathrm{d}x=\frac{1}{36}\left[9x-\frac{x^3}{3}\right]_2^3=\frac{2}{27}.$$

三、常见的连续型随机变量的分布

1. 均匀分布

如果随机变量 ξ 的密度函数是

$$f(x)=\begin{cases}\dfrac{1}{b-a}, & a\leqslant x\leqslant b,\\ 0, & \text{其他},\end{cases}$$

就称 ξ 在 $[a, b]$ 上服从均匀分布，记作 $\xi\sim U[a, b]$. 如图2-5所示.

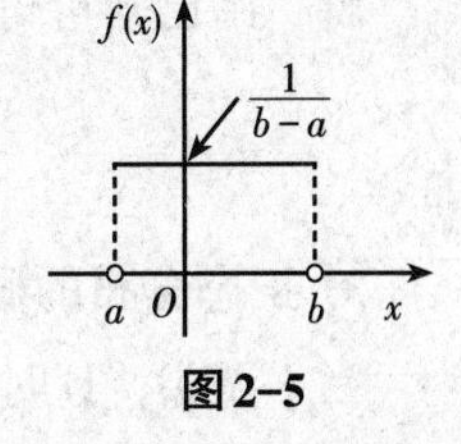

图2-5

对任意一个区间 $[c, d]\subset[a, b]$，ξ 在区间 $[c, d]$ 内取值的概率为

$$P\{c\leqslant\xi<d\}=\int_c^d f(x)\mathrm{d}x=\frac{1}{b-a}(d-c),$$

即 ξ 的取值落在 $[c, d]$ 上的概率与 $[c, d]$ 的长度成正比.

例3　设电阻值 ξ 是一个随机变量，均匀地分布在100~150 Ω，求电阻值 ξ 的概率密度及电阻落在110~120 Ω 的概率.

解　由于电阻值 $\xi\sim U[100, 150]$，所以其密度函数是

$$f(x)=\begin{cases}\dfrac{1}{150-100}, & 100\leqslant x\leqslant 150,\\ 0, & \text{其他},\end{cases}$$

即

$$f(x)=\begin{cases}\dfrac{1}{50}, & 100\leqslant x\leqslant 150,\\ 0, & 其他.\end{cases}$$

因此

$$P\{110\leqslant \xi<120\}=\int_{110}^{120}\frac{1}{50}\mathrm{d}x=\frac{1}{50}\times(120-110)=\frac{1}{5}.$$

2. 正态分布

若随机变量 ξ 的密度函数为

$$f(x)=\frac{1}{\sqrt{2\pi}\sigma}\mathrm{e}^{-\frac{(x-\mu)^2}{2\sigma^2}}\quad(-\infty<x<+\infty),$$

其中，μ，$\sigma(\sigma>0)$ 为参数，则称随机变量 ξ 服从参数为 μ，σ 的正态分布，记作 $\xi\sim N(\mu,\ \sigma^2)$.

利用微积分学知识可描出正态分布的概率密度函数 $f(x)$ 的图形. 正态分布密度函数的图像称为正态曲线，图2-6给出了 $\mu=0$，$\sigma=0.5$，1，2 的三条正态曲线.

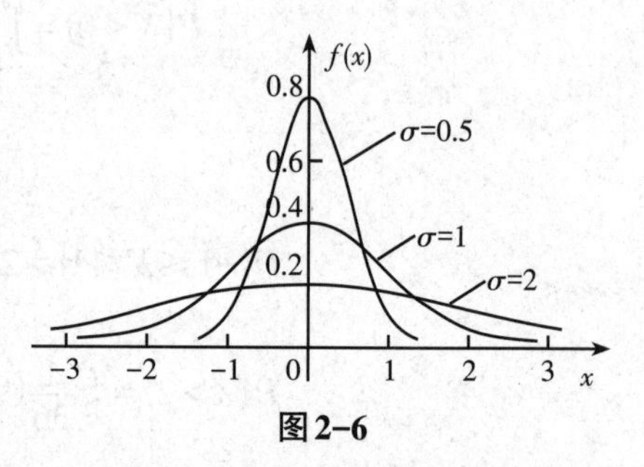

图2-6

特别地，参数 $\mu=0$，$\sigma=1$ 的正态分布称为标准正态分布，其密度函数为

$$\varphi(x)=\frac{1}{\sqrt{2\pi}}\mathrm{e}^{-\frac{x^2}{2}}\quad(-\infty<x<+\infty),$$

记作 $\xi\sim N(0,\ 1)$.

定理 若随机变量 $X\sim N(\mu,\ a^2)$，常数 $k\neq0$，则 $Y=kX+b\sim N(k\cdot\mu+b,\ k^2\cdot a^2)$.

例4 设随机变量 $X\sim N(3,\ 4^2)$，且 $Y=2X-1$，则 Y 服从什么分布?

解 由已知可得 $\mu=3$，$a^2=4^2$，$k=2$，$b=-1$，所以

$$Y\sim N(2\cdot3-1,\ 2^2\cdot4^2),$$

即

$$Y\sim N(5,\ 64).$$

3. 正态分布的概率计算

当 $\xi\sim N(0,\ 1)$ 时，随机变量 ξ 的分布函数为

$$\Phi(x)=P\{\xi<x\}=\int_{-\infty}^{x}\varphi(t)\mathrm{d}t=\frac{1}{\sqrt{2\pi}}\int_{-\infty}^{x}\mathrm{e}^{-\frac{t^2}{2}}\mathrm{d}t.$$

当 $x\geqslant0$ 时，可以从标准正态分布数值表中直接查出 $\Phi(x)$ 的值，如

$$P\{\xi<1.2\}=\Phi(1.2)=0.8849.$$

一般地，当 $\xi\sim N(0,\ 1)$ 时，则有下面的概率计算公式：

（1） $P\{\xi<-a\}=\Phi(-a)=1-\Phi(a)$;

（2）$P\{a \leqslant \xi < b\} = P\{\xi < b\} - P\{\xi < a\} = \Phi(b) - \Phi(a)$;

（3）$P\{\xi > a\} = 1 - \Phi(a)$.

例5　设 $\xi \sim N(0,\ 1)$，查表计算 $P\{\xi < -1.24\}$ 和 $P\{|\xi| < 1.54\}$.

解　$P\{\xi < -1.24\} = \Phi(-1.24) = 1 - \Phi(1.24)$

$= 1 - 0.8925 = 0.1075$，　（查表得 $\Phi(1.24) = 0.8925$）

$P\{|\xi| < 1.54\} = P\{-1.54 < \xi < 1.54\} = \Phi(1.54) - \Phi(-1.54)$

$= \Phi(1.54) - [1 - \Phi(1.54)] = 2\Phi(1.54) - 1$

$= 2 \times 0.9382 - 1 = 0.8764$.　（查表得 $\Phi(1.54) = 0.9382$）

例6　设 $\xi \sim N(0,\ 1)$，求下列式中 a 的值：

（1）$P\{\xi < a\} = 0.1578$；（2）$P\{\xi > a\} = 0.0228$.

解　（1）由标准正态分布表，可知当 $x \geqslant 0$ 时，$\Phi(x) \geqslant \dfrac{1}{2}$，因此，当 $P\{\xi < a\} < \dfrac{1}{2}$ 时，$a < 0$．此时不能从标准正态分布表中直接查出 a，但 $-a > 0$，利用 $\Phi(-a) = 1 - \Phi(a)$ 进行转化.

$$\Phi(-a) = 1 - \Phi(a) = 1 - 0.1587 = 0.8413.$$

查表得 $\Phi(1) = 0.8413$，取 $-a = 1$，求得 $a = -1$.

（2）由 $P\{\xi > a\} = 1 - \Phi(a)$，得 $1 - \Phi(a) = 0.0228$，所以 $\Phi(a) = 1 - 0.0228 = 0.9772$，查表得 $a = 2$.

若随机变量 ξ 服从一般正态分布，即 $\xi \sim N(\mu,\ \sigma^2)$ 时，其概率计算可转化为标准正态分布的概率计算.

一般地，当 $\xi \sim N(\mu,\ \sigma^2)$ 时，有

$$P\{\xi < x\} = \int_{-\infty}^{x} \frac{1}{\sqrt{2\pi}\,\sigma} \mathrm{e}^{-\frac{(t-\mu)^2}{2\sigma^2}} \mathrm{d}t.$$

令 $u = \dfrac{t-\mu}{\sigma}$，$\mathrm{d}t = \sigma \mathrm{d}u$，于是

$$P\{\xi < x\} = \int_{-\infty}^{\frac{x-\mu}{\sigma}} \frac{1}{\sqrt{2\pi}} \mathrm{e}^{-\frac{u^2}{2}} \mathrm{d}u = \Phi\left(\frac{x-\mu}{\sigma}\right),$$

所以

$$P\{\xi < x\} = \Phi\left(\frac{x-\mu}{\sigma}\right).$$

类似地，有

$$P\{a \leqslant \xi < b\} = \Phi\left(\frac{b-\mu}{\sigma}\right) - \Phi\left(\frac{a-\mu}{\sigma}\right).$$

例7 设$\eta \sim N(1.5,\ 4)$，求$P\{\eta<3.5\}$和$P\{|\eta|<3\}$.

解 因为$\eta \sim N(1.5,\ 4)$，$\mu=1.5$，$\sigma=2$，所以

$$P\{\eta<3.5\}=\Phi\left(\frac{3.5-1.5}{2}\right)=\Phi(1)=0.8413\ ,$$

$$P\{|\eta|<3\}=P\{-3<\eta<3\}=\Phi\left(\frac{3-1.5}{2}\right)-\Phi\left(\frac{-3-1.5}{2}\right)$$

$$=\Phi(0.75)-\Phi(-2.25)=0.7734-(1-0.9878)=0.7612\ .$$

例8 设$\xi \sim N(\mu,\sigma^2)$，求$P\{|\xi-\mu|<\sigma\}$，$P\{|\xi-\mu|<2\sigma\}$，$P\{|\xi-\mu|<3\sigma\}$.

解 $$P\{|\xi-\mu|<\sigma\}=P\{\mu-\sigma<\xi<\mu+\sigma\}=\Phi\left(\frac{\mu+\sigma-\mu}{\sigma}\right)-\Phi\left(\frac{\mu-\sigma-\mu}{\sigma}\right)$$

$$=\Phi(1)-\Phi(-1)=2\Phi(1)-1=2\times0.8413-1=68.26\%\ .$$

类似地，可得

$$P\{|\xi-\mu|<2\sigma\}=2\Phi(2)-1=2\times0.9772-1=95.44\%\ ,$$

$$P\{|\xi-\mu|<3\sigma\}=2\Phi(3)-1=2\times0.9987-1=99.74\%\ .$$

计算结果表明，随机变量ξ的取值落在$(\mu-3\sigma,\ \mu+3\sigma)$内的概率达到了99.74%，落在此区间外的概率仅为0.26%，如图2–7所示.

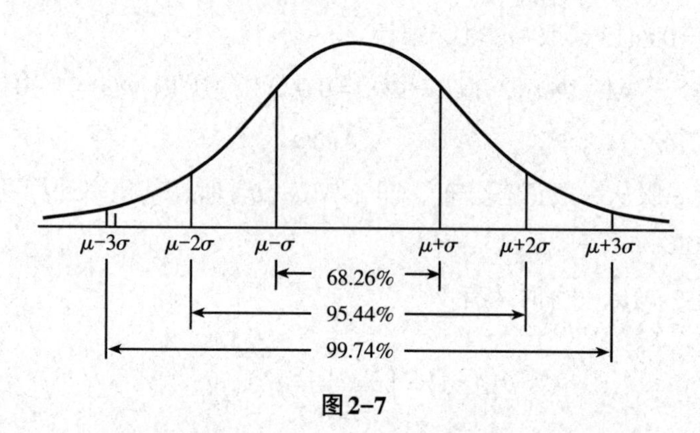

图2–7

在企业管理中，若以ξ的取值落在$(\mu-3\sigma,\ \mu+3\sigma)$内的概率表示一批产品的合格率，那么在1000个产品中次品不足3个，从这批产品中任取一个，几乎可以肯定这个产品是合格品. 这就是质量管理中常用的“3σ”规则.

习题2–2

1. 填空题

（1）若函数$f(x)$为随机变量ξ的概率密度函数，则函数$\int_{-\infty}^{+\infty}f(x)\mathrm{d}x=$__________；

（2）若函数$f(x)$为随机变量X的概率密度函数，则$P\{x=c\}=$__________（c为任意

常数)；

(3) 若函数 $f(x)$ 为随机变量 ξ 的概率密度函数，函数 $F(x)$ 为随机变量 ξ 的分布函数，则二者必有________，且 $F(x)=P\{\xi\leqslant x\}=$________，$P\{a<\xi\leqslant b\}=$________；

(4) 若函数 $F(x)$ 为随机变量 ξ 的分布函数，则对于任意的实数 x，都有________ $\leqslant F(x)\leqslant$ ________，且 $F(-\infty)=$________，$F(+\infty)=$________；

(5) 设随机变量 ξ 的概率密度为 $f(x)=\begin{cases}ax, & 0\leqslant x\leqslant 1,\\ 0, & 其他,\end{cases}$ 则 $a=$________；

(6) 已知随机变量 $\xi\sim U[a,\ b]$，则 ξ 的密度函数是________.

2. 选择题

(1) 设 ξ 的概率密度与分布函数分别为 $f(x)$ 与 $F(x)$，则下列结论正确的是（　　）；

A. $0\leqslant f(x)\leqslant 1$　　B. $F(x)=P\{\xi\leqslant x\}$

C. $F(x)=P\{\xi=x\}$　　D. $f(x)=P\{\xi=x\}$

(2) 设随机变量 ξ 的密度函数为 $f(x)=\begin{cases}4x^3, & 0<x<1,\\ 0, & 其他,\end{cases}$ 若 $P\{\xi<a\}=P\{\xi>a\}$（$0<a<1$）成立，则 a^4 为（　　）；

A. $\frac{1}{2}$　　B. $\frac{1}{3}$

C. $\frac{1}{4}$　　D. $\frac{1}{6}$

(3) 设随机变量 ξ 的概率分布为 $P\{\xi=k\}=b\lambda^k\ (k=1,\ 2,\ \cdots,\ b>0)$，则 λ 为（　　）；

A. 任意正数　　B. $b+1$

C. $\frac{1}{b+1}$　　D. $\frac{1}{b-1}$

(4) 若 $y=f(x)$ 是连续随机变量 ξ 的概率密度，则（　　）；

A. $y=f(x)$ 的定义域为 $[0,\ 1]$　　B. $y=f(x)$ 的值域为 $[0,\ 1]$

C. $y=f(x)$ 非负　　D. $y=f(x)$ 在 $(-\infty,+\infty)$ 内连续

(5) 设随机变量 X 服从正态分布 $X\sim N(0,\ 1)$，$Y=2X-1$，则 Y 服从（　　）分布；

A. $N(0,\ 1)$　　B. $N(-1,\ 4)$

C. $N(-1,\ 1)$　　D. $N(-1,\ 3)$

(6) 已知随机变量 X 服从正态分布 $N(2,\ 2^2)$ 且 $Y=aX+b$（$a>0$）服从标准正态分布，则（　　）.

A. $a=2$，$b=-2$　　B. $a=-2$，$b=-1$

C. $a=\frac{1}{2}$，$b=-1$　　D. $a=\frac{1}{2}$，$b=1$

3. 设随机变量 ξ 的分布函数为

$$F(x)=\begin{cases}0, & x\leqslant -1,\\ A+B\arcsin x, & -1<x<1,\\ 1, & x\geqslant 1.\end{cases}$$

试求：（1）常数A与B；（2）$P\{-1\leqslant\xi\leqslant 1\}$，$P\{\xi\leqslant 0\}$，$P\{\xi\geqslant 2\}$.

4. 设随机变量ξ的密度函数为

$$f(x)=k\,\mathrm{e}^{-|x|}\qquad(-\infty<x<+\infty).$$

求：（1）常数k；（2）$P\{0\leqslant\xi\leqslant 1\}$，$P\{\xi>0\}$，$P\{\xi\leqslant 1\}$.

5. 设随机变量ξ的概率密度为

$$f(x)=\begin{cases}a, & 1\leqslant x\leqslant 3,\\ 0, & \text{其他}.\end{cases}$$

求：（1）a的值；（2）$P\left\{-2<\xi<\dfrac{1}{2}\right\}$，$P\{\xi\leqslant 2\}$.

6. 某人在某站台候车时间（单位：min）ξ是一个随机变量，设$\xi\sim U[0,\ 10]$，求ξ的密度函数及此人在此候车时间小于3min的概率.

7. 设$\xi\sim N(0,\ 1)$，查表求下列概率：

（1）$P\{\xi<1.45\}$；（2）$P\{\xi>0.72\}$；（3）$P\{\xi<1.25\}$；（4）$P\{-1<\xi<0.55\}$.

8. 设$\xi\sim N(2,\ 3^2)$，查表求下列概率：

（1）$P\{\xi<2.5\}$；（2）$P\{\xi<-2.5\}$；（3）$P\{-2.5<\xi<2.5\}$.

9.（1）函数$F(x)=\dfrac{1}{1+x^2}\ (-\infty<x<+\infty)$是否可以作为某一随机变量的分布函数？

（2）函数$f(x)=\begin{cases}\sin x, & 0\leqslant x\leqslant\dfrac{\pi}{2},\\ 0, & \text{其他}\end{cases}$是否可以作为某个随机变量$\xi$的密度函数？

第三节　分布函数的建立

第一节和第二节分别讨论了离散型随机变量的分布律和连续型随机变量的概率密度. 分布函数是对离散型随机变量和非离散型随机变量统一地给出概率分布的定义，从这个意义上讲，分布函数完整地描述了随机变量的统计规律. 分布函数是个普通函数，通过它能用数学分析的方法来研究随机变量. 本节在分布函数的定义和性质基础上，举例说明离散型和连续性随机变量的分布函数的建立.

例1　设随机变量ξ的分布律如表2-12所示.

表2-12

ξ	-1	2	3
p_k	$\frac{1}{6}$	$\frac{1}{2}$	$\frac{1}{3}$

求ξ的分布函数，并求$P\{\xi\leqslant 1\}$，$P\left\{-2<\xi\leqslant\dfrac{5}{2}\right\}$，$P\{2\leqslant\xi\leqslant 4\}$，$P\{0<\xi<3\}$.

解　由ξ的概率分布知，ξ仅在-1，2，3三点处其概率不是0，而$F(x)=P\{\xi\leqslant x\}$的值是$\xi\leqslant x$的累积概率值，由概率的有限可加性，可知它即是小于或等于x的那些ξ

处的概率 p_k 之和. 因此，ξ 的分布函数为

$$F(x)=P\{\xi\leqslant x\}=\begin{cases}0, & x<-1,\\ P\{\xi=-1\}, & -1\leqslant x<2,\\ P\{\xi=-1\}+P\{\xi=2\}, & 2\leqslant x<3,\\ P\{\xi=-1\}+P\{\xi=2\}+P\{\xi=3\}, & x\geqslant 3,\end{cases}$$

即

$$F(x)=P\{\xi\leqslant x\}=\begin{cases}0, & x<-1,\\ \frac{1}{6}, & -1\leqslant x<2,\\ \frac{2}{3}, & 2\leqslant x<3,\\ 1, & x\geqslant 3.\end{cases}$$

由分布函数的定义知

$$P\{\xi\leqslant 1\}=F(1)=\frac{1}{6},$$

$$P\left\{-2<\xi\leqslant\frac{5}{2}\right\}=F\left(\frac{5}{2}\right)-F(-2)=\frac{2}{3}-0=\frac{2}{3},$$

$$P\{2\leqslant\xi\leqslant 4\}=F(4)-F(2)+P\{\xi=2\}=1-\frac{2}{3}+\frac{1}{2}=\frac{5}{6},$$

$$P\{0<\xi<3\}=F(3)-F(0)-P\{\xi=3\}=1-\frac{1}{6}-\frac{1}{3}=\frac{1}{2}.$$

$F(x)$ 的图形如图 2-8 所示，它是一条阶梯形的曲线，在 $x=-1$，2，3 处有跳跃点，跳跃值分别是 $\frac{1}{6}$，$\frac{1}{2}$，$\frac{1}{3}$.

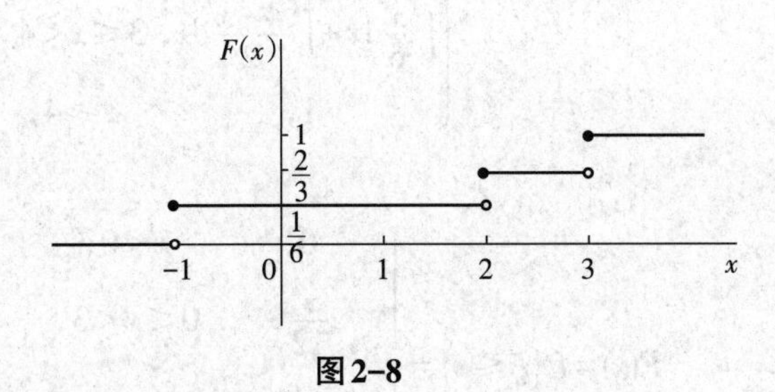

图 2-8

一般地，设离散型随机变量 ξ 的分布律为

$$P\{\xi=x_k\}=p_k\quad(k=1,\ 2,\ \cdots),$$

由概率的有限可加性，可得 ξ 的分布函数为

$$F(x)=P\{\xi\leqslant x\}=\sum_{x_k\leqslant x}P\{\xi=x_k\},$$

即

$$F(x)=\sum_{x_k\leqslant x}p_k.$$

例2 设连续型随机变量 ξ 的密度函数是

$$f(x)=\begin{cases} kx, & 0\leqslant x<3, \\ \dfrac{4-x}{2}, & 3\leqslant x\leqslant 4, \\ 0, & \text{其他}. \end{cases}$$

求：（1）常数 k；（2）ξ 的分布函数；（3）$P\left\{2\leqslant\xi\leqslant\dfrac{7}{2}\right\}$.

解 （1）由密度函数的性质 $\int_{-\infty}^{+\infty}f(x)\mathrm{d}x=1$，得

$$\int_0^3 kx\mathrm{d}x+\int_3^4\frac{4-x}{2}\mathrm{d}x=1,$$

即

$$\frac{kx^2}{2}\bigg|_0^3+\frac{1}{2}(4x-\frac{x^2}{2})\bigg|_3^4=1,$$

解得 $k=\dfrac{1}{6}$，于是有

$$f(x)=\begin{cases} \dfrac{x}{6}, & 0\leqslant x<3, \\ \dfrac{4-x}{2}, & 3\leqslant x\leqslant 4, \\ 0, & \text{其他}. \end{cases}$$

（2）ξ 的分布函数为

$$F(x)=P\{\xi\leqslant x\}=\begin{cases} 0, & x<0, \\ \int_0^x\dfrac{x}{6}\mathrm{d}x, & 0\leqslant x<3, \\ \int_0^3\dfrac{x}{6}\mathrm{d}x+\int_3^x\dfrac{4-x}{2}\mathrm{d}x, & 3\leqslant x<4, \\ 1, & x\geqslant 4, \end{cases}$$

即

$$F(x)=P\{\xi\leqslant x\}=\begin{cases} 0, & x<0, \\ \dfrac{x^2}{12}, & 0\leqslant x<3, \\ 2x-3-\dfrac{x^2}{4}, & 3\leqslant x<4, \\ 1, & x\geqslant 4. \end{cases}$$

（3）$P\left\{2\leqslant\xi\leqslant\dfrac{7}{2}\right\}=F\left(\dfrac{7}{2}\right)-F(2)=\left[2\times\dfrac{7}{2}-3-\dfrac{\left(\dfrac{7}{2}\right)^2}{4}\right]-\dfrac{2^2}{12}=\dfrac{41}{48}$.

一般地，设连续型随机变量 ξ 的密度函数为 $f(x)$，由分布函数的定义，可得 ξ 的分布函数 $F(x)$ 就是密度函数 $f(x)$ 在区间 $(-\infty, x]$ 的积分，即为 $F(x)=P\{\xi\leqslant x\}=\int_{-\infty}^x f(x)\mathrm{d}x$. 若密度函数是分段函数，则分布函数也是一个分段函数，需要分清 x 落在哪个区间，

再计算积分.

例3　从一批含有13只正品、2只次品的产品中无放回地抽取3次，每次抽取1只.求抽得次品数ξ的分布列及分布函数.

解　设ξ表示抽得的次品数，则ξ的可能取值为0，1，2，其概率分别为

$$P\{\xi=0\}=\frac{C_2^0C_{13}^3}{C_{15}^3}=\frac{22}{35},\quad P\{\xi=1\}=\frac{C_2^1C_{13}^2}{C_{15}^3}=\frac{12}{35},\quad P\{\xi=2\}=\frac{C_2^2C_{13}^1}{C_{15}^3}=\frac{1}{35}.$$

因此，ξ的分布列如表2-13所示.

表2-13

ξ	0	1	2
p	$\frac{22}{35}$	$\frac{12}{35}$	$\frac{1}{35}$

当$x<0$时，$F(x)=P\{\xi\leqslant x\}=0$；

当$0\leqslant x<1$时，$F(x)=P\{\xi\leqslant x\}=P\{\xi=0\}=\frac{22}{35}$；

当$1\leqslant x<2$时，$F(x)=P\{\xi\leqslant x\}=P\{\xi=0\}+P\{\xi=1\}=\frac{22}{35}+\frac{12}{35}=\frac{34}{35}$；

当$x\geqslant 2$时，$F(x)=P\{\xi\leqslant x\}=P\{\xi=0\}+P\{\xi=1\}+P\{\xi=2\}=\frac{22}{35}+\frac{12}{35}+\frac{1}{35}=1$.

所以，ξ的分布函数为

$$F(x)=\begin{cases}0, & x<0,\\ \frac{22}{35}, & 0\leqslant x<1,\\ \frac{34}{35}, & 1\leqslant x<2,\\ 1, & x\geqslant 2.\end{cases}$$

例4　连续随机变量ξ的分布函数为

$$F(x)=\begin{cases}A+B\mathrm{e}^{-\frac{x^2}{2}}, & x>0,\\ 0, & x\leqslant 0.\end{cases}$$

试求:（1）系数A与B;（2）ξ的概率密度.

解　（1）由分布函数的性质知$F(+\infty)=1$，即

$$F(+\infty)=\lim_{x\to+\infty}(A+B\mathrm{e}^{-\frac{x^2}{2}})=A=1,$$

又因为分布函数是右连续的，即$F(0+0)=F(0)$，所以

$$\lim_{x\to 0^+}(A+B\mathrm{e}^{-\frac{x^2}{2}})=A+B=0,$$

有$A+B=0$，可得$\begin{cases}A=1,\\ B=-1.\end{cases}$

（2）因为ξ的分布函数是

$$F(x)=\begin{cases}1-\mathrm{e}^{-\frac{x^2}{2}}, & x>0,\\ 0, & x\leqslant 0,\end{cases}$$

由分布函数的性质知，密度函数 $f(x)=F'(x)$，所以 ξ 的密度函数为

$$f(x)=F'(x)=\begin{cases}x\,\mathrm{e}^{-\frac{x^2}{2}}, & x>0,\\ 0, & x\leqslant 0.\end{cases}$$

例5 一个靶子是半径为2m的圆盘，设击中靶上任一同心圆盘上的点的概率与该圆盘的面积成正比，并且射击都能中靶，以 ξ 表示击中点与圆心的距离. 试求随机变量 ξ 的分布函数.

解 由题意知，随机变量 ξ 的取值范围是 $0\leqslant\xi\leqslant 2$，$\xi<0$ 和 $\xi>2$ 都是不可能事件.

若 $0\leqslant\xi\leqslant 2$，由题意得

$$P\{0\leqslant\xi\leqslant x\}=k\pi x^2.$$

为了确定比例系数 k，取 $x=2$，得

$$P\{0\leqslant\xi\leqslant 2\}=k\pi\times 2^2=4k\pi.$$

由于 $0\leqslant\xi\leqslant 2$ 是必然事件，所以

$$P\{0\leqslant\xi\leqslant 2\}=1,$$

因此有

$$4k\pi=1,$$

可得

$$k=\frac{1}{4\pi},$$

即

$$P\{0\leqslant\xi\leqslant x\}=\frac{1}{4\pi}\pi x^2=\frac{x^2}{4}.$$

于是，分布函数为

$$F(x)=P\{\xi\leqslant x\}=\begin{cases}P\{\xi<x\}, & x<0,\\ P\{0\leqslant\xi<x\}, & 0\leqslant x<2,\\ P\{0\leqslant\xi\leqslant 2\}, & x\geqslant 2,\end{cases}$$

即

$$F(x)=P\{\xi\leqslant x\}=\begin{cases}0, & x<0,\\ \dfrac{x^2}{4}, & 0\leqslant x<2,\\ 1, & x\geqslant 2.\end{cases}$$

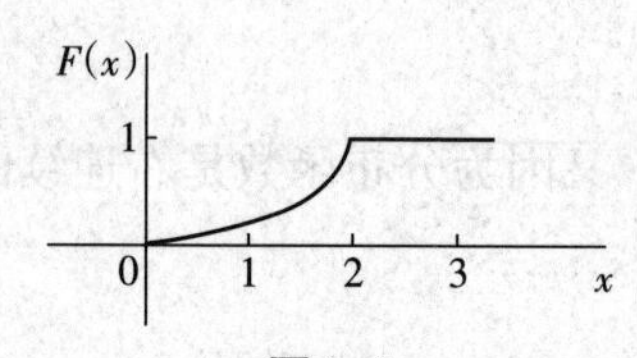

图2-9

它的图形是一条连续曲线，如图2-9所示.

习题2-3

1. 选择题

(1) 若 ξ 的密度函数是 $f(x)=\begin{cases} x, & 0\leqslant x\leqslant 1, \\ 2-x, & 1<x\leqslant 2, \\ 0, & \text{其他}, \end{cases}$ 则 $P\{\xi<1.5\}=$ (　　);

A. $\int_{-\infty}^{1.5} x\mathrm{d}x$　　　B. $\int_{0}^{1.5} (2-x)\mathrm{d}x$

C. $\int_{0}^{1.5} x\mathrm{d}x$　　　D. $\int_{0}^{1} x\mathrm{d}x+\int_{1}^{1.5} (2-x)\mathrm{d}x$

(2) 若 $F(x)$ 是连续随机变量的分布函数，则下列各项不成立的是 (　　).

A. $F(x)$ 在整个实轴上连续　　　B. $F(x)$ 在整个实轴上有界

C. $F(x)$ 是非负函数　　　D. $F(x)$ 严格单调增加

2. 设随机变量 ξ 的分布律如表2-14所示.

表2-14

ξ	-1	0	2
p_k	$\frac{1}{6}$	$\frac{1}{2}$	$\frac{1}{3}$

求 ξ 的分布函数，并求 $P\{\xi\leqslant 1\}$，$P\{-2<\xi\leqslant 1\}$，$P\left\{0\leqslant\xi\leqslant\frac{1}{2}\right\}$，$P\{0<\xi<3\}$.

3. 设随机变量 ξ 的密度函数为

$$f(x)=\begin{cases} kx, & 0\leqslant x\leqslant 1, \\ 0, & \text{其他}. \end{cases}$$

求：(1) 常数 k；(2) ξ 的分布函数；(3) $P\left\{\frac{1}{2}<\xi\leqslant 1\right\}$，$P\left\{\xi\leqslant\frac{1}{3}\right\}$，$P\left\{\xi\geqslant\frac{1}{4}\right\}$.

4. 设随机变量 ξ 的密度函数为

$$f(x)=\begin{cases} \frac{3}{8}x^2, & 0\leqslant x\leqslant 2, \\ 0, & \text{其他}. \end{cases}$$

求：(1) ξ 的分布函数；(2) 作出分布函数的图形.

5. 设随机变量 ξ 的分布函数为

$$F(x)=\begin{cases} 0, & x\leqslant 1, \\ \ln x, & 1<x\leqslant \mathrm{e}, \\ 1, & x>\mathrm{e}. \end{cases}$$

求：(1) ξ 的密度函数；(2) $P\left\{\frac{1}{2}<\xi\leqslant 1\right\}$，$P\{0<\xi\leqslant 3\}$，$P\{\xi\geqslant 2\}$.

6. 设随机变量X的分布函数为

$$F(x)=\begin{cases}0, & x\leqslant -a,\\ A+B\arcsin\frac{x}{a}, & -a<x<a,\\ 1, & x\geqslant a.\end{cases}$$

试求：(1) 常数A与B；(2) X的密度函数.

第四节　随机变量的函数的分布

在实际工作中，常常不仅要知道某个随机变量ξ的分布，而且需要知道ξ的某个函数的分布，例如质量为m的物体，可以测得物体的运动速度是v，而人们所关心的是物体的动能E. 由于动能测量的困难性，人们无法通过试验来估算它的分布. 但由于动能是速度的函数，即$E=\frac{1}{2}mv^2$，可以根据速度v的分布来求出E的分布. 这就要解决这样的问题：已知随机变量ξ的分布，如何求得它的函数$y=f(\xi)$的分布.

下面举例说明如何求随机变量的函数的分布.

一、离散型随机变量的函数的分布

例1　已知随机变量ξ的分布律如表2-15所示.

表2-15

ξ	−1	0	1	2	3
p_k	0.2	0.1	0.1	0.3	0.3

求：(1) $\eta=3\xi+1$的分布律；(2) $\eta=\xi^2$的分布律.

解　(1) 随机变量ξ的所有可能取值为−1，0，1，2，3，由$\eta=3\xi+1$，得η的所有可能取值为−2，1，4，7，10，则

$$P\{\eta=-2\}=P\{3\xi+1=-2\}=P\{\xi=-1\}=0.2.$$

同理可得其他取值的概率. 于是$\eta=3\xi+1$的分布律如表2-16所示.

表2-16

ξ	−1	0	1	2	3
$\eta=3\xi+1$	−2	1	4	7	10
p_k	0.2	0.1	0.1	0.3	0.3

(2) $\eta=\xi^2$的分布律如表2-17所示.

表 2-17

ξ	-1	0	1	2	3
$\eta=\xi^2$	1	0	1	4	9
p_k	0.2	0.1	0.1	0.3	0.3

注意到事件 $\eta=1$ 为两个互斥事件 $\xi=-1$，$\xi=1$ 的和，因此

$$P\{\eta=1\}=P\{\xi=-1\}+P\{\xi=1\}=0.2+0.1=0.3.$$

于是 $\eta=\xi^2$ 的分布律如表 2-18 所示.

表 2-18

ξ^2	0	1	4	9
p_k	0.1	0.3	0.3	0.3

二、连续型随机变量的函数的分布

例 2　设随机变量 ξ 的密度函数是

$$f(x)=\begin{cases}2x, & 0\leqslant x\leqslant 1,\\ 0, & \text{其他},\end{cases}$$

求 $\eta=2\xi$ 的密度函数 $g(y)$.

解　分别记 ξ，η 的分布函数为 $F(x)$ 和 $G(y)$，则有

$$G(y)=P\{\eta\leqslant y\}=P\{2\xi\leqslant y\}=P\left\{\xi\leqslant\frac{y}{2}\right\}=F\left(\frac{y}{2}\right).$$

将上式对 y 求导，根据分布函数的性质及复合函数求导法则，得 $\eta=2\xi$ 的密度函数是

$$g(y)=G'(y)=F'\left(\frac{y}{2}\right)\cdot\frac{1}{2}=\frac{1}{2}f\left(\frac{y}{2}\right).$$

由于 ξ 的密度函数是

$$f(x)=\begin{cases}2x, & 0\leqslant x\leqslant 1,\\ 0, & \text{其他},\end{cases}$$

所以

$$g(y)=G'(y)=F'\left(\frac{y}{2}\right)\cdot\frac{1}{2}=\frac{1}{2}f\left(\frac{y}{2}\right)=\begin{cases}\frac{1}{2}\cdot 2\cdot\frac{y}{2}, & 0\leqslant\frac{y}{2}\leqslant 1,\\ 0, & \text{其他},\end{cases}$$

即

$$g(y)=G'(y)=\begin{cases}\frac{1}{2}y, & 0\leqslant y\leqslant 2,\\ 0, & \text{其他}.\end{cases}$$

一般地，有如下定理：

定理　设随机变量 ξ 的密度函数是 $f(x)$，设 $y=h(x)$ 的导数连续且 $h'(x)\neq 0$，则

$\eta = h(\xi)$ 的密度函数是

$$g(y)=\begin{cases} f(\phi(y))\phi'(y), & a<y<b, \\ 0, & \text{其他}, \end{cases}$$

其中，$x=\phi(y)$ 是 $y=h(x)$ 的反函数，(a, b) 是 $y=h(x)$ 的值域（$-\infty<a<b<+\infty$）.

例3 已知 $\xi \sim N(\mu,\sigma^2)$，求 $\eta=\dfrac{\xi-\mu}{\sigma}$ 的密度函数.

解 分别记 ξ，η 的分布函数为 $F(x)$ 和 $G(y)$，于是根据分布函数的定义知

$$G(y)=P\{\eta \leqslant y\}=P\left\{\frac{\xi-\mu}{\sigma} \leqslant y\right\}=P\{\xi \leqslant \sigma y+\mu\}=F(\sigma y+\mu).$$

将上式对 y 求导，根据分布函数的性质及复合函数求导法则，得到 η 的密度函数 $g(y)$ 和 ξ 的密度函数 $f(x)$ 的关系式：

$$g(y)=f(\sigma y+\mu)\cdot\sigma.$$

已知 $\xi \sim N(\mu,\sigma^2)$，所以 ξ 的密度函数为

$$f(x)=\frac{1}{\sqrt{2\pi}\sigma}\mathrm{e}^{-\frac{(x-\mu)^2}{2\sigma^2}} \quad (-\infty<x<+\infty).$$

代入得

$$g(y)=\frac{1}{\sqrt{2\pi}\sigma}\mathrm{e}^{-\frac{[(\sigma y+\mu)-\mu]^2}{2\sigma^2}}\times\sigma=\frac{1}{\sqrt{2\pi}}\mathrm{e}^{-\frac{y^2}{2}}.$$

这表明

$$\eta=\frac{\xi-\mu}{\sigma}\sim N(0, 1).$$

需要说明的是，以上推导过程的关键是，把 $\eta=\dfrac{\xi-\mu}{\sigma}$ 的分布函数 $G(y)$ 转化为 ξ 的分布函数 $F(x)$，这样就建立了分布函数之间的关系，然后通过求导可得到 $\eta=\dfrac{\xi-\mu}{\sigma}$ 的密度函数，这种方法对于求随机变量的函数的分布很有用，是求随机变量函数的概率分布的常用方法.

例4 设随机变量 ξ 的密度函数是 $f(x)\ (-\infty<x<+\infty)$，求 $\eta=\xi^2$ 的密度函数.

解 分别记 ξ，η 的分布函数为 $F(x)$ 和 $G(y)$.

由于 $\eta=\xi^2$，所以当 $y \leqslant 0$ 时，得 η 的密度函数 $g(y)=0$；

当 $y>0$ 时，由分布函数的定义知

$$G(y)=P\{\eta \leqslant y\}=P\{\xi^2 \leqslant y\}=P\{-\sqrt{y} \leqslant \xi \leqslant \sqrt{y}\}=F(\sqrt{y})-F(-\sqrt{y}).$$

将上式对 y 求导，根据分布函数的性质及复合函数求导法则，即得 $\eta=\xi^2$ 的密度函数 $g(y)$ 为

$$g(y)=G'(y)=F'\left(\sqrt{y}\right)\frac{1}{2\sqrt{y}}-F'\left(-\sqrt{y}\right)\frac{-1}{2\sqrt{y}}=\left[f\left(\sqrt{y}\right)+f\left(-\sqrt{y}\right)\right]\frac{1}{2\sqrt{y}},$$

所以

$$g(y)=G'(y)=\begin{cases}\left[f\left(\sqrt{y}\right)+f\left(-\sqrt{y}\right)\right]\dfrac{1}{2\sqrt{y}}, & y>0,\\ 0, & y\leqslant 0.\end{cases}$$

例5 设随机变量 $\theta\sim U\left(-\dfrac{\pi}{2},\dfrac{\pi}{2}\right)$，求 $V=\sin\theta$ 的概率密度.

解 由于随机变量 $\theta\sim U\left(-\dfrac{\pi}{2},\dfrac{\pi}{2}\right)$，所以随机变量 θ 的密度函数 $f(x)$ 为

$$f(x)=\begin{cases}\dfrac{1}{\pi}, & -\dfrac{\pi}{2}<x<\dfrac{\pi}{2},\\ 0, & 其他.\end{cases}$$

分别记 θ，V 的分布函数为 $F(x)$ 和 $G(y)$.

因为 $V=\sin\theta$，$\theta\in\left(-\dfrac{\pi}{2},\dfrac{\pi}{2}\right)$，当 $|y|\geqslant 1$ 时，V 的密度函数 $g(y)=0$；

当 $|y|<1$ 时，根据分布函数的定义，有

$$G(y)=P\{\eta\leqslant y\}=P\{\sin\theta\leqslant y\}=P\{\theta\leqslant\arcsin y\}=F(\arcsin y).$$

将上式对 y 求导，根据分布函数的性质及复合函数求导法则，可得

$$g(y)=G'(y)=F'(\arcsin y)\frac{1}{\sqrt{1-y^2}}=f(\arcsin y)\frac{1}{\sqrt{1-y^2}}.$$

代入

$$f(x)=\begin{cases}\dfrac{1}{\pi}, & -\dfrac{\pi}{2}<x<\dfrac{\pi}{2},\\ 0, & 其他\end{cases}$$

得 V 的密度函数为

$$g(y)=\begin{cases}\dfrac{1}{\pi}\cdot\dfrac{1}{\sqrt{1-y^2}}, & -1<y<1,\\ 0, & 其他.\end{cases}$$

习题2-4

1. 设 ξ 的分布列如表2-19所示.

表2-19

ξ	-2	-1	0	1	2
p_k	$\frac{1}{5}$	$\frac{1}{6}$	$\frac{1}{5}$	$\frac{1}{15}$	$\frac{11}{30}$

求：(1) ξ^2 的分布律；(2) $2\xi+1$ 的分布律.

2. 设随机变量 $\xi\sim U(0,1)$，求：(1) $\eta=2\xi+1$ 的概率密度；(2) 随机变量 $Y=e^{\xi}$ 的

概率密度.

3. 设随机变量 ξ 的密度函数是

$$f(x)=\begin{cases}e^{-x}, & x>0,\\ 0, & 其他,\end{cases}$$

求 $\eta=\xi^2$ 的密度函数.

4. 设随机变量 ξ 的密度函数是

$$f(x)=\begin{cases}\dfrac{2x}{\pi^2}, & 0<x<\pi,\\ 0, & 其他,\end{cases}$$

求 $\eta=\sin\xi$ 的密度函数.

5. 设电流 I 是一个随机变量，它均匀分布在9~11A之间，若此电流通过 2Ω 的电阻，在其上消耗的功率 $W=2I^2$，求功率 W 的密度函数.

6. 设随机变量 ξ 的概率密度为 $f(x)(-\infty<x<+\infty)$，求 $\eta=\xi^3$ 的密度函数.

*第五节 二维随机变量

前面所讲的都是关于一个随机变量的情形，但也常常遇到其他情形，例如，研究某一地区儿童的发育情况，则要测量该地区每个儿童的身高和体重这两个量. 还有其他实际问题必须同时考虑两个或两个以上的随机变量并观察其取值规律. 下面介绍二维随机变量的情形，有关内容可以类推到二维以上的情形.

对于二维随机变量，只讨论离散型和连续型两大类.

一、二维离散型随机变量及其概率分布

定义1 若二维离散型随机变量 (X, Y) 可能的值只有有限个或者可列个，则称 (X, Y) 是二维离散型随机变量.

显然，若 (X, Y) 是离散型的，则 X，Y 都是一维离散型随机变量，反过来也成立.

设 X 可能取得的值是 x_1，x_2，…（有限个或可列个），Y 可能取得的值是 y_1，y_2，…（有限个或可列个），令 $E=\{(x_i, y_j)|i=1, 2, \cdots; j=1, 2, \cdots\}$.

显然 (X, Y) 取的值都在 E 中，可以把 E 看作 (X, Y) 的取值范围. 对某些事件 $\{(X, Y)=(x_i, y_j)\}$，有可能是“不可能事件”.

一般地，对 $E=\{(x_i, y_j)|i=1, 2, \cdots; j=1, 2, \cdots\}$ 的概率分布，给出下面的定义.

定义2 设 X 可能取得的值是 x_1，x_2，…，x_i，…，Y 可能取得的值是 y_1，y_2，…，y_j，…，称

$$P\{(x_i, y_j)|X=x_i, Y=y_j\}=p_{ij} \quad (i=1, 2, \cdots; j=1, 2, \cdots)$$

为二维随机变量 (X, Y) 的概率分布律，又称为 (X, Y) 的联合分布律.

一般用如表2-20所示的表格来表示 (X, Y) 的概率分布律.

表2-20

$X \backslash Y$	y_1	y_2	$\cdots$	y_j	$\cdots$
x_1	p_{11}	p_{12}	$\cdots$	p_{1j}	$\cdots$
x_2	p_{21}	p_{22}	$\cdots$	p_{2j}	$\cdots$
$\vdots$	$\vdots$	$\vdots$	$\vdots$	$\vdots$	$\vdots$
x_i	p_{i1}	p_{i2}	$\cdots$	p_{ij}	$\cdots$
$\vdots$	$\vdots$	$\vdots$	$\vdots$	$\vdots$	$\vdots$

p_{ij} 具有下列性质：

（1） $p_{ij} \geqslant 0$ （$i=1, 2, \cdots; j=1, 2, \cdots$）；

（2） $\sum\limits_i \sum\limits_j p_{ij}=1$.

性质（1）和性质（2），利用概率的可加性可以推导出来.

例1　设随机变量 X 是在1，2，3，4四个整数中等可能地任取一个数，另一个随机变量 Y 表示在1~ X 中等可能地取一个整数值. 试求 (X, Y) 的联合分布.

解　由题意知 $P\{(x_i, y_j)|X=i, Y=j\}=p_{ij}$，其中，$i=1, 2, 3, 4$； j 的取值是不大于 i 的正整数. 由乘法公式得

$$p_{ij}=P\{(x_i, y_j)|X=i, Y=j\}=P\{Y=j|X=i\}\cdot P\{X=i\}=\frac{1}{i}\cdot\frac{1}{4},$$

其中

$$i=1, 2, 3, 4; \quad j \leqslant i.$$

于是，(X, Y) 的联合分布如表2-21所示.

表2-21

$X \backslash Y$	1	2	3	4
1	$\frac{1}{4}$	0	0	0
2	$\frac{1}{8}$	$\frac{1}{8}$	0	0
3	$\frac{1}{12}$	$\frac{1}{12}$	$\frac{1}{12}$	0
4	$\frac{1}{16}$	$\frac{1}{16}$	$\frac{1}{16}$	$\frac{1}{16}$

二、边缘分布

对于二维随机变量 (X, Y)，分量 X 的概率分布称为 (X, Y) 的关于 X 的边缘分布，分量 Y 的概率分布称为 (X, Y) 的关于 Y 的边缘分布.

由于 (X, Y) 的联合分布全面地反映了 (X, Y) 的取值情况，因此，当已知 (X, Y) 的联合分布时，就可以求出关于 X 和 Y 的边缘分布. 具体问题中，对于离散型随机变量 (X, Y) 来说，在 (X, Y) 的联合分布的概率分布表的"边缘"——"右边和下边"，按行或列对 p_{ij} 作和，即可得到 X 和 Y 的边缘分布.

例2 求例1中 X 和 Y 的边缘分布.

解 (X, Y) 的联合分布如表2-22所示.

表2-22

X \ Y	1	2	3	4
1	$\frac{1}{4}$	0	0	0
2	$\frac{1}{8}$	$\frac{1}{8}$	0	0
3	$\frac{1}{12}$	$\frac{1}{12}$	$\frac{1}{12}$	0
4	$\frac{1}{16}$	$\frac{1}{16}$	$\frac{1}{16}$	$\frac{1}{16}$

按行或列对 p_{ij} 作和，写在"右边和下边"，得到表2-23.

表2-23

X \ Y	1	2	3	4	p_x
1	$\frac{1}{4}$	0	0	0	$\frac{1}{4}$
2	$\frac{1}{8}$	$\frac{1}{8}$	0	0	$\frac{1}{4}$
3	$\frac{1}{12}$	$\frac{1}{12}$	$\frac{1}{12}$		$\frac{1}{4}$
4	$\frac{1}{16}$	$\frac{1}{16}$	$\frac{1}{16}$	$\frac{1}{16}$	$\frac{1}{4}$
p_y	$\frac{25}{48}$	$\frac{13}{48}$	$\frac{7}{48}$	$\frac{3}{48}$	1

三、二维随机变量的分布函数

与一维随机变量的分布函数的定义类似，可以定义二维随机变量的分布函数.

定义3 对于二维随机变量 (X, Y)，x，y 是任意实数，把函数

$$F(x, y)=P\{X \leqslant x, Y \leqslant y\}$$

称为二维随机变量 $(X，Y)$ 的分布函数.

如果将二维随机变量 $(X，Y)$ 看成平面上随机点的坐标，那么分布函数 $F(x，y)$ 在 $(x，y)$ 处的函数值就是随机点 $(X，Y)$ 落在以点 $(x，y)$ 为顶点的左下方的无穷矩形内的概率，如图2-10所示. 这就是说，二维随机变量的分布函数 $F(x，y)$ 的值表示 $(X，Y)$ 取如图2-10所示的区域面积值的概率.

同样，利用图2-11，可以算出随机点 $(X，Y)$ 落在矩形区域 $B\,(x_1<X\leqslant x_2, y_1<Y\leqslant y_2)$ 的概率为

$$P\{x_1<X\leqslant x_2，y_1<Y\leqslant y_2\}=F(x_2，y_2)-F(x_2，y_1)-F(x_1，y_2)+F(x_1，y_1).$$

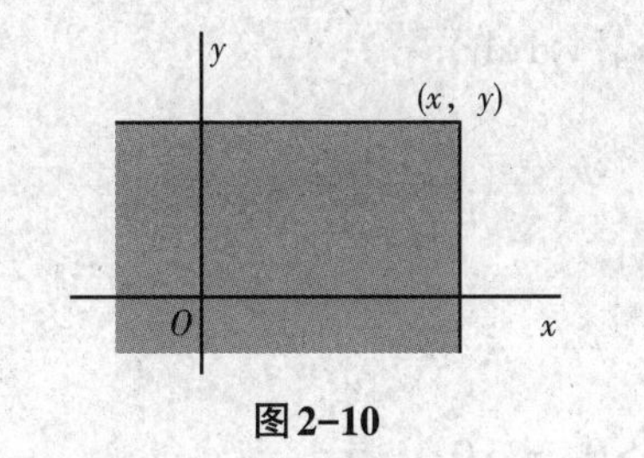

图2-10

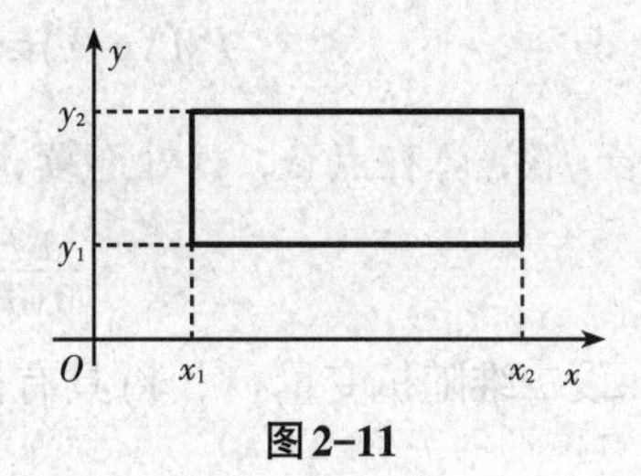

图2-11

分布函数 $F(x，y)=P\{X\leqslant x，Y\leqslant y\}$ 具有以下基本性质.

（1）$F(x，y)$ 是变量 x，y 的不减函数. 即对任意固定的 y，当 $x_1<x_2$ 时，有 $F(x_1，y)<F(x_2，y)$；对任意固定的 x，当 $y_1<y_2$ 时，有 $F(x，y_1)<F(x，y_2)$.

（2）$0\leqslant F(x，y)\leqslant 1$，且对于任意固定的 x，y，有

$F(-\infty，y)=0$，$F(x，-\infty)=0$，$F(-\infty，-\infty)=0$，$F(+\infty，+\infty)=1$.

以上四个式子可以从几何上理解，在图2-10中，将无穷矩形的右面边界向左无限移动（即 $x\to-\infty$），则随机变量点 $(X，Y)$ 落在这个矩形内的概率趋于0，所以有 $F(-\infty，y)=0$；如果当 $x\to+\infty$，$y\to+\infty$ 时，图2-10中阴影部分的无穷矩形扩展到全平面，随机变量点 $(X，Y)$ 落在这个矩形内的概率趋于1，即 $F(+\infty，+\infty)=1$.

（3）$F(x,y)$ 关于 x 右连续，关于 y 也右连续.

（4）对于任意的 $x_1<x_2$，$y_1<y_2$，如图2-11所示，有下式成立：

$$F(x_2，y_2)-F(x_2，y_1)-F(x_1，y_2)+F(x_1，y_1)\geqslant 0.$$

因为

$$F(x_2，y_2)-F(x_2，y_1)-F(x_1，y_2)+F(x_1，y_1)=P\{x_1<X\leqslant x_2，y_1<Y\leqslant y_2\},$$

因此有

$$F(x_2,y_2)-F(x_2,y_1)-F(x_1,y_2)+F(x_1,y_1)\geqslant 0.$$

四、二维连续型随机变量及其概率密度

与一维连续型随机变量类似，有下列概念.

定义4　设二维随机变量 $(X，Y)$ 的分布函数为 $F(x，y)$，若存在一个非负的函数

$f(x, y)$，使得对于任意的实数 x，y，都有

$$F(x, y)=\int_{-\infty}^{y}\int_{-\infty}^{x} f(u, v)\mathrm{d}u\mathrm{d}v,$$

则称 (X, Y) 是二维连续型随机变量，函数 $f(x, y)$ 称为二维随机变量 (X, Y) 的概率密度，或称为随机变量 X 和 Y 的联合概率密度.

按定义4，概率密度 $f(x, y)$ 有如下性质：

（1） $f(x, y)\geqslant 0$；

（2） $\int_{-\infty}^{+\infty}\int_{-\infty}^{+\infty} f(x, y)\mathrm{d}x\mathrm{d}y = F(+\infty, +\infty)=1$；

（3）设 D 是 xOy 平面上的区域，随机点 (X, Y) 落在 D 内的概率为

$$P\{(X, Y)\in D\}=\iint_{D} f(x, y)\mathrm{d}x\mathrm{d}y;$$

（4）若 $f(x, y)$ 在点 (x, y) 处连续，则有

$$\frac{\partial^2 F}{\partial x\partial y}=f(x, y).$$

例3 设二维随机变量 (X, Y) 具有概率密度

$$f(x, y)=\begin{cases} c\,\mathrm{e}^{-(x+y)}, & x>0, \ y>0, \\ 0, & \text{其他}, \end{cases}$$

求：（1）常数 c；（2）分布函数 $F(x, y)$；（3） $P\{0<X<1, 0<Y<1\}$.

解 （1）因为

$$\int_{-\infty}^{+\infty}\int_{-\infty}^{+\infty} f(x, y)\mathrm{d}x\mathrm{d}y = F(+\infty, +\infty)=1,$$

所以

$$\int_{-\infty}^{+\infty}\int_{-\infty}^{+\infty} f(x, y)\mathrm{d}x\mathrm{d}y = c\int_{0}^{+\infty}\mathrm{e}^{-x}\mathrm{d}x\int_{0}^{+\infty}\mathrm{e}^{-y}\mathrm{d}y=1,$$

于是

$$c=1.$$

（2）因为

$$F(x, y)=\int_{-\infty}^{y}\int_{-\infty}^{x} f(x, y)\mathrm{d}x\mathrm{d}y=\begin{cases}\int_{0}^{y}\mathrm{e}^{-y}\mathrm{d}y\int_{0}^{x}\mathrm{e}^{-x}\mathrm{d}x, & x>0, \ y>0, \\ 0, & \text{其他}, \end{cases}$$

于是

$$F(x, y)=\begin{cases}(\mathrm{e}^{-x}-1)(\mathrm{e}^{-y}-1), & x>0, \ y>0, \\ 0, & \text{其他}. \end{cases}$$

（3）解法一：用密度函数求概率.

$$P\{0<X<1, 0<Y<1\}=\iint\limits_{\substack{0<x<1\\0<y<1}} f(x, y)\mathrm{d}x\mathrm{d}y=\iint\limits_{\substack{0<x<1\\0<y<1}}\mathrm{e}^{-(x+y)}\mathrm{d}x\mathrm{d}y=\int_{0}^{1}\mathrm{e}^{-x}\mathrm{d}x\int_{0}^{1}\mathrm{e}^{-y}\mathrm{d}y=\left(1-\frac{1}{\mathrm{e}}\right)^2.$$

解法二：用分布函数求概率.

因为

$$P\{0<X<1, 0<Y<1\}=F(1, 1)-F(0, 1)-F(1, 0)+F(0, 0),$$

所以代入分布函数

$$F(x,\ y)=\begin{cases}(\mathrm{e}^{-x}-1)(\mathrm{e}^{-y}-1),\ x>0,\ y>0,\\ 0,\qquad\qquad 其他\end{cases}$$

得

$$P\{0<X<1,\ 0<Y<1\}=F(1,\ 1)-F(0,\ 1)-F(1,\ 0)+F(0,\ 0)=\left(1-\frac{1}{\mathrm{e}}\right)^2.$$

常见的二维连续型随机变量有如下两种.

（1）均匀分布：设 D 是 xOy 平面上的有界区域，其面积为 A，若二维随机变量 $(X,\ Y)$ 的联合密度函数为

$$f(x,\ y)=\begin{cases}\dfrac{1}{A},\ (x,\ y)\in D,\\ 0,\qquad 其他,\end{cases}$$

则称 $(X,\ Y)$ 服从均匀分布.

（2）二维正态分布：若二维随机变量 $(X,\ Y)$ 的联合密度函数为

$$f(x,\ y)=\frac{1}{2\pi\sigma_1\sigma_2\sqrt{1-\rho^2}}\mathrm{e}^{-\frac{1}{2(1-\rho^2)}\left[\left(\frac{x-\mu_1}{\sigma_1}\right)^2-\frac{2\rho(x-\mu_1)(x-\mu_2)}{\sigma_1\sigma_2}+\left(\frac{y-\mu_2}{\sigma_2}\right)^2\right]},$$

其中，μ_1，μ_2，$\sigma_1>0$，$\sigma_2>0$，$-1<\rho<1$ 是5个参数，则称 $(X,\ Y)$ 服从二维正态分布，记为 $(X,\ Y)\sim N(\mu_1,\ \mu_2,\ \sigma_1^2,\ \sigma_2^2,\ \rho)$，其联合密度函数如图2-12所示，图形像一顶四周无限伸展的草帽. 如果把二维连续型随机变量 $(X,\ Y)$ 作为一个整体看，它具有分布函数 $F(x,\ y)$. 而 X 和 Y 也都是连续型随机变量，各自也有分布函数，将它们分别记为 $F_X(x)$ 和 $F_Y(y)$，依次称为二维随机变量 $(X,\ Y)$ 关于 X 和 Y 的边缘分布函数. X 和 Y 的边缘分布函数可以由 $(X,\ Y)$ 的联合分布函数 $F(x,\ y)$ 所确定. 同时，把 X 和 Y 的密度函数分别记为 $f_X(x)$，$f_Y(y)$，也依次称为二维随机变量 $(X,\ Y)$ 关于 X 和 Y 的边缘密度函数.

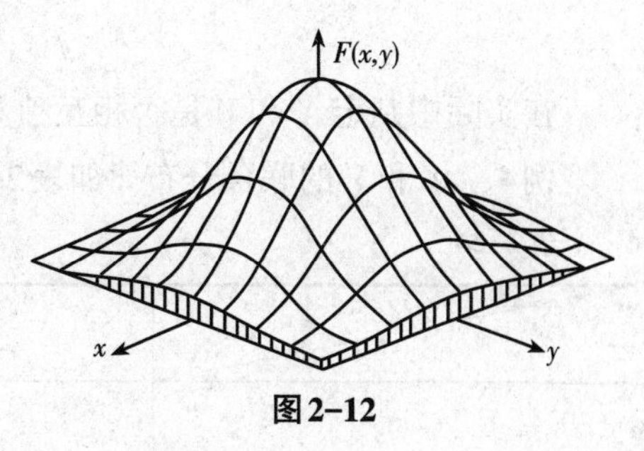

图2-12

事实上，关于 X 的边缘分布函数为

$$F_X(x)=P\{X\leqslant x\}=P\{X\leqslant x,\ Y<+\infty\}=\lim_{y\to+\infty}F(x,\ y).$$

同理可得关于 Y 的边缘分布函数为

$$F_Y(y)=\lim_{x\to+\infty}F(x,\ y).$$

由于分布函数 $F(x,\ y)=\int_{-\infty}^{y}\int_{-\infty}^{x}f(u,\ v)\mathrm{d}u\mathrm{d}v$，因此

（1）X的分布函数是 $F_X(x)=\int_{-\infty}^{x}\int_{-\infty}^{+\infty}f(x,\ y)\mathrm{d}y\mathrm{d}x$，它的密度函数是 $f_X(x)=\int_{-\infty}^{+\infty}f(x,\ y)\mathrm{d}y$；

（2）Y的分布函数是 $F_Y(y)=\int_{-\infty}^{y}\int_{-\infty}^{+\infty}f(x,\ y)\mathrm{d}x\mathrm{d}y$，它的密度函数是 $f_Y(y)=\int_{-\infty}^{+\infty}f(x,\ y)\mathrm{d}x$.

五、随机变量的独立性

随机变量的独立性使得联合分布、联合密度可以如“因式分解”似的求边缘分布、边缘密度成为可能，它使得后面的数理统计中参数估计、假设检验和方差分析等工作成为可能，其意义是十分深远的. 只要两个随机变量的取值相互不受影响，就可以理解为“独立”了，例如，两个人分别向同一目标射击，各自命中的环数 X，Y 就属于“独立”了.

下面利用两个事件相互独立的概念引出两个随机变量相互独立的概念，这是个十分重要的概念.

定义 5 设 (X, Y) 的分布函数是 $F(x, y)$，关于 X 和 Y 的边缘分布函数分别为 $F_X(x)$ 和 $F_Y(y)$. 若对于任意实数 x，y，都有

$$P\{X \leqslant x, Y \leqslant y\} = P\{X \leqslant x\}P\{Y \leqslant y\},$$

即

$$F(x, y) = F_X(x)F_Y(y),$$

则称随机变量 X 和 Y 是相互独立的.

当二维随机变量 (X, Y) 是离散型时，X 和 Y 相互独立的条件就等价于：对于 (X, Y) 的所有可能取值 (x_i, y_j)，有

$$P\left\{(x_i, y_j) \middle| X = x_i, Y = y_j\right\} = P\{X = x_i\}P\left\{Y = y_j\right\}.$$

当二维随机变量 (X, Y) 是连续型时，$f(x, y)$，$f_X(x)$，$f_Y(y)$ 分别为 (X, Y) 的联合密度函数和边缘密度函数，则 X 和 Y 相互独立的条件就等价于

$$f(x, y) = f_X(x)f_Y(y).$$

在实际中判定 X 和 Y 是否相互独立，使用上面的两个式子要比定义式方便.

例 4 X 和 Y 的联合分布律如表 2-24 所示.

表 2-24

X \ Y	1	2
0	$\frac{1}{6}$	$\frac{1}{6}$
1	$\frac{1}{3}$	$\frac{1}{3}$

问：X 和 Y 是否相互独立?

解 由 X 和 Y 的联合分布律可得

$$P\{X = 0, Y = 1\} = \frac{1}{6} = P\{X = 0\}P\{Y = 1\},$$

$$P\{X = 0, Y = 2\} = \frac{1}{6} = P\{X = 0\}P\{Y = 2\},$$

$$P\{X=1,\ Y=1\}=\frac{1}{3}=P\{X=1\}P\{Y=1\},$$

$$P\{X=1,\ Y=2\}=\frac{1}{3}=P\{X=1\}P\{Y=2\},$$

因此 X 和 Y 是相互独立的.

例5　设随机变量 X 和 Y 具有联合概率密度为

$$f(x,\ y)=\begin{cases}6,\ x^2\leqslant y\leqslant x,\\ 0,\quad 其他,\end{cases}$$

问：X 和 Y 是否相互独立?

解　记 X 和 Y 的边缘密度函数分别为 $f_X(x)$，$f_Y(y)$，则根据联合密度与边缘密度的关系有

$$f_X(x)=\int_{-\infty}^{+\infty}f(x,\ y)\mathrm{d}y=\begin{cases}\int_{x^2}^{x}6\mathrm{d}y=6\left(x-x^2\right),\ 0\leqslant x\leqslant 1,\\ \quad 0,\qquad 其他,\end{cases}$$

$$f_Y(x)=\int_{-\infty}^{+\infty}f(x,\ y)\mathrm{d}x=\begin{cases}\int_{y}^{\sqrt{y}}6\mathrm{d}x=6\left(\sqrt{y}-y\right),\ 0\leqslant y\leqslant 1,\\ \quad 0,\qquad 其他,\end{cases}$$

可以看出

$$f(x,\ y)\neq f_X(x)\,f_Y(y),$$

所以 X 和 Y 相互不独立.

例6　设 $X\sim N(\mu_1,\ \sigma_1^{\ 2})$，$Y\sim N(\mu_2,\ \sigma_2^{\ 2})$，且 X 和 Y 是相互独立的，求 X 和 Y 的联合概率密度.

解　由于 $X\sim N(\mu_1,\ \sigma_1^{\ 2})$，$Y\sim N(\mu_2,\ \sigma_2^{\ 2})$，得 X 和 Y 的概率密度分别为

$$f_X(x)=\frac{1}{\sqrt{2\pi}\,\sigma_1}\mathrm{e}^{-\frac{(x-\mu_1)^2}{2\sigma_1^{\ 2}}},$$

$$f_Y(y)=\frac{1}{\sqrt{2\pi}\,\sigma_2}\mathrm{e}^{-\frac{(y-\mu_2)^2}{2\sigma_2^{\ 2}}},$$

因为 X 和 Y 是相互独立的，所以 X 和 Y 的联合概率密度为

$$f(x,\ y)=f_X(x)\,f_Y(y)=\frac{1}{\sqrt{2\pi}\,\sigma_1}\mathrm{e}^{-\frac{(x-\mu_1)^2}{2\sigma_1^{\ 2}}}\cdot\frac{1}{\sqrt{2\pi}\,\sigma_2}\mathrm{e}^{-\frac{(y-\mu_2)^2}{2\sigma_2^{\ 2}}}=\frac{1}{2\pi\sigma_1\sigma_2}\mathrm{e}^{-\frac{1}{2}\left[\frac{(x-\mu_1)^2}{\sigma_1^{\ 2}}+\frac{(y-\mu_2)^2}{\sigma_2^{\ 2}}\right]}.$$

从例6可以得到如下重要事实：若 $(X,\ Y)$ 服从二维正态分布，参数是 μ_1，μ_2，$\sigma_1>0$，$\sigma_2>0$，$-1<\rho<1$，则 X 和 Y 相互独立的充要条件是 $\rho=0$.

*习题2-5

1. 设二维随机变量（X, Y）在矩形区域 $A=\{(x,y)|a<x<b, c<y<d\}$ 内服从均匀分布.（1）求联合密度与边缘密度；（2）X 和 Y 是否相互独立？

2. 设二维随机变量（X, Y）的联合密度为

$$f(x,y)=\begin{cases} c\left(R-\sqrt{x^2+y^2}\right), & x^2+y^2<R^2, \\ 0, & \text{其他}, \end{cases}$$

求：（1）系数 c；（2）随机变量（X, Y）落在 $x^2+y^2\leqslant r^2(r<R)$ 内的概率.

3. 盒子里装有2个黑球、3个红球、2个白球，从其中任取2个球. 以 X 表示取到的黑球个数，以 Y 表示取到的白球个数. 求 X 和 Y 的联合分布律及边缘分布律.

4. 设随机变量（X, Y）的分布函数是

$$F(x,y)=\begin{cases} 1-e^{-x}-e^{-y}+e^{-x-y}, & x>0, y>0, \\ 0, & \text{其他}, \end{cases}$$

求（X, Y）的边缘分布函数.

5. 设随机变量（X, Y）的概率密度函数为

$$f(x,y)=\begin{cases} \dfrac{24y(2-x)}{5}, & 0\leqslant x\leqslant 1, 0\leqslant y\leqslant x, \\ 0, & \text{其他}, \end{cases}$$

求边缘概率密度.

6. 设总体 X 服从指数分布，其密度函数为 $f(x)=\begin{cases} 2e^{-2x}, & x>0, \\ 0, & \text{其他}, \end{cases}$ 抽取独立样本 X_1, X_2. 求：（1）X_1, X_2 的联合密度；（2）$P\left\{\frac{1}{2}<X_1<1, 0.7<X_2<1.2\right\}$.

复习题二

1. 填空题

（1）设在一次试验中，事件 A 发生的概率为 $p(0<p<1)$，现进行 n 次独立重复试验，则 A 至少发生一次的概率为________；

（2）设随机变量 $X\sim P(\lambda)$，且 $P\{X=0\}=e^{-1}$，则 $P\{X=2\}=$________；

（3）设随机变量 X 的概率密度为 $f(x)=\begin{cases} x+c, & 0<x<1, \\ 0, & \text{其他}, \end{cases}$ 则常数 $c=$________；

（4）设 $\xi \sim N(-3,\ 2)$，则查表求：$P\{0<\xi<2\}=$________，$P\{\xi \geqslant -1\}=$________；

（5）设随机变量 X 服从泊松分布，且 $P\{X \leqslant 1\}=4P\{X=2\}$，则 $P\{X=3\}$________；

（6）已知随机变量 $\xi \sim U[-1,\ 4]$，则 ξ 的密度函数是________；

（7）随机变量 ξ 的分布律如表2-25所示，则 $a=$________，$P\{\xi \geqslant -1\}=$________，$P\{\xi<2\}=$________.

表2-25

ξ	0	2	4
P	$\frac{1}{4}$	a	$\frac{1}{4}$

2. 选择题

（1）设 $F(x)$ 和 $f(x)$ 分别为某随机变量的分布函数和概率密度，则必有（　　）；

A. $f(x)$ 单调不减　　B. $\int_{-\infty}^{+\infty} F(x)\mathrm{d}x=1$

C. $F(-\infty)=0$　　D. $F(x)=\int_{-\infty}^{+\infty} f(x)\mathrm{d}x$

（2）设随机变量 $X \sim N(1,\ 4)$，已知 $\Phi(0.5)=0.6915$，则 $P\{1 \leqslant X \leqslant 2\}=$（　　）；

A. 0.6915　　B. 0.1915

C. 0.5915　　D. 0.3915

（3）设随机变量 $X \sim N(0,\ 1)$，X 的分布函数为 $\Phi(x)$，则 $P\{|X|>2\}$ 的值为（　　）；

A. $2[1-\Phi(2)]$　　B. $2\Phi(2)-1$

C. $2-\Phi(2)$　　D. $1-2\Phi(2)$

（4）已知（X，Y）的密度函数为 $f(x,\ y)=\begin{cases} C\sin(x+y), & 0 \leqslant x,\ y \leqslant \frac{\pi}{4}, \\ 0, & \text{其他}, \end{cases}$ 则 C 的值为（　　）.

A. $\frac{1}{2}$　　B. $\frac{\sqrt{2}}{2}$　　C. $\sqrt{2}-1$　　D. $\sqrt{2}+1$

3. 抛一枚均匀的硬币，设 ξ 为一随机变量，设置 $\xi=\begin{cases} 0, & \text{出现正面}, \\ 1, & \text{出现反面}, \end{cases}$ 求随机变量 ξ 的分布律与分布函数，并作出分布函数的图像.

4. 一口袋中有5个乒乓球，上面分别写有号码1，2，3，4，5. 从袋中任取3个乒乓球，以 X 表示取后3个球的最大号码，求 X 的分布律.

5. 某人每次射击击中的概率为0.8，如果此人连续向一目标射击，直到第一次击中目标为止. 求射击次数的分布律.

6. 设函数 $f(x)=\begin{cases} 0.2, & -1 \leqslant x<0, \\ 0.2+Ax, & 0<x \leqslant 1, \\ 0, & \text{其他} \end{cases}$ 是随机变量 ξ 的密度函数，求：

（1）常数 A；

（2）ξ的分布函数；

（3）$P\{0 \leqslant \xi < 0.5\}$.

7. 某批数量较大的商品次品率为0.1，从中任意连续地取出5件，求其中次品数ξ的分布列.

8. 设随机变量ξ的分布律如表2–26所示.

表2–26

ξ	0	1	2
P	$\frac{1}{3}$	$\frac{1}{2}$	A

求：（1）常数A的值；

（2）随机变量$\xi^2+2\xi$的分布律；

（3）随机变量ξ的分布函数.

9. 一批产品的次品率为0.2，从中每次任意抽取10个进行检查，试求：

（1）10个产品中次品数的分布列；

（2）可能性最大的次品个数；

（3）次品数不多于1个的概率；

（4）次品数多于4个的概率.

10. 设$\xi \sim N(0,1)$，查表求下列概率：

$$P\{0.1 \leqslant \xi < 1.5\}；\ P\{-0.1 \leqslant \xi < 1.5\}；\ P\{-1.5 \leqslant \xi < 0.1\}.$$

11. 随机变量ξ的概率密度为$f(x)=\begin{cases} kx^2, & 0 \leqslant x < 1, \\ 0, & \text{其他}. \end{cases}$

（1）确定k；（2）求$P\left\{\frac{1}{4} \leqslant \xi < \frac{1}{2}\right\}$；（3）求$P\left\{\xi < \frac{1}{3}\right\}$；（4）求$P\left\{\xi > \frac{2}{3}\right\}$.

12. 设某元件的寿命（h）ξ的概率密度为$f(x)=\begin{cases} \frac{1}{600}e^{-\frac{x}{600}}, & x \geqslant 0, \\ 0, & x<0, \end{cases}$求该元件寿命超过300h的概率.

13. 某地铁列车运行的时间间隔为5min，一旅客在任一时间进入地铁车站月台，求候车时间ξ的密度函数$f(x)$和分布函数$F(x)$.

14. 设随机变量$X \sim N(108,9)$，查表求值：

（1）$P\{101.1 < X < 117.6\}$；

（2）当a为何值时，$P\{X<a\}=0.90$？

15. 当A为何值时，函数$f(x)=\begin{cases} Ae^{-x}, & x \geqslant 0, \\ 0, & x<0 \end{cases}$是随机变量$\xi$的密度函数？并求$\xi$的分布函数.

16. 设实验室的温度ξ为随机变量，其概率密度为 $f(x)=\begin{cases}\frac{1}{9}(4-x^2), & -1\leqslant x\leqslant 2,\\ 0, & 其他.\end{cases}$

(1) 某种化学反应在$\xi>1$时才能发生，求在实验室中发生这种化学反应的概率；

(2) 在10个不同的实验室中，各实验室中这种化学反应是否发生是相互独立的，以η表示10个实验室中有这种化学反应发生的实验室个数，求η的分布律.

17. (1) 设随机变量ξ服从区间$[-1,\ 1]$上的均匀分布，求随机变量$\eta=\frac{1}{2}(\xi+1)$的密度函数；

(2) 设随机变量ξ服从指数分布，其密度函数是 $f(x)=\begin{cases}2\mathrm{e}^{-2x}, & x>0,\\ 0, & 其他,\end{cases}$ 求$\eta=\xi^2$的密度函数.

18. 设二维随机变量$(X,\ Y)$的概率密度为 $f(x,\ y)=\begin{cases}2\mathrm{e}^{-(2x+y)}, & x>0,\ y>0,\\ 0, & 其他.\end{cases}$

求：(1) 分布函数；(2) 边缘密度；(3) 概率$P\{Y\leqslant X\}$；(4) 随机变量X，Y是否独立?

19. 设二维随机变量$(X,\ Y)$的联合密度为

$$f(x,\ y)=\begin{cases}cx^2y, & x^2\leqslant y\leqslant 1,\\ 0, & 其他.\end{cases}$$

求：(1) 系数c；(2) 随机变量$(X,\ Y)$落在$x^2\leqslant y\leqslant x$内的概率；(3) $(X,\ Y)$的边缘密度.

20. 设X和Y是相互独立的随机变量，X在区间$(0,\ 1)$内服从均匀分布，Y的概率密度为

$$f_Y(y)=\begin{cases}\frac{1}{2}\mathrm{e}^{-\frac{y}{2}}, & y>0,\\ 0, & y\leqslant 0.\end{cases}$$

(1) 求$(X,\ Y)$的联合密度函数；(2) 设含有a的一元二次方程为$a^2+2Xa+Y=0$，求a有实根的概率.

21. 设二维随机变量$(X,\ Y)$的联合密度为

$$f(x,\ y)=\begin{cases}\frac{1}{2}(x+y)\mathrm{e}^{-(x+y)}, & x>0,\ y>0,\\ 0, & 其他.\end{cases}$$

问：X和Y是否相互独立?

第三章 随机变量的数字特征

随机变量的概率分布对随机变量作了完整的描述，但是，随机变量的概率分布有时并不容易求得. 另一方面，在许多实际问题中，只需要了解随机变量的某些统计特征量的数值就可以了. 把这些统计特征量的数值描述称为随机变量的数字特征，这些数字特征反映了随机变量某方面的特征，部分地描述了分布的性态. 本章主要介绍随机变量的数字特征中最重要和最常用的两种：数学期望和方差.

第一节 数学期望

一、数学期望的概念

1. 离散型随机变量的数学期望

定义1 如果离散型随机变量 ξ 的分布列如表3–1所示，那么称

$$E(\xi)=x_1p_1+x_2p_2+\cdots+x_np_n+\cdots=\sum_{k=1}^{+\infty}x_kp_k$$

为随机变量 ξ 的数学期望（或均值），简称为期望.

表3–1

ξ	x_1	x_2	…	x_n	…
p_k	p_1	p_2	…	p_n	…

例1 有A、B两台自动机床，用它们生产同一种标准件. 分别用随机变量 ξ，η 表示它们生产1000只产品时出现的次品数，经过一段时间的观察，ξ，η 的分布列如表3–2和表3–3所示.

表3–2

ξ	0	1	2	3
p_k	0.7	0.1	0.1	0.1

表3–3

η	0	1	2	3
p_k	0.5	0.3	0.2	0.0

试问哪一台机床加工的产品质量好些?

解 两台机床加工产品的质量好坏，可用随机变量 ξ 和 η 的数学期望来比较：

$$E(\xi)=0\times0.7+1\times0.1+2\times0.1+3\times0.1=0.6,$$
$$E(\eta)=0\times0.5+1\times0.3+2\times0.2+3\times0.0=0.7.$$

因为 $E(\xi)<E(\eta)$，所以机床A在加工1000只产品时，出现次品的平均数较少，从这个意义上来说，机床A所加工的产品的质量较好.

在实际应用中，数学期望主要用来描述随机变量 ξ 取值的平均水平.

例2　设 $\xi\sim P(\lambda)$，求 $E(\xi)$.

解　已知 $\xi\sim P(\lambda)$，可知 ξ 的分布列为

$$P\{\xi=k\}=\frac{\lambda^k}{k!}\mathrm{e}^{-\lambda}\quad(\lambda>0;\ k=0,1,2,\cdots,n,\cdots).$$

因此

$$E(\xi)=\sum_{k=0}^{+\infty}kP\{\xi=k\}=\sum_{k=0}^{+\infty}k\frac{\lambda^k}{k!}\mathrm{e}^{-\lambda}=\lambda\,\mathrm{e}^{-\lambda}\sum_{k=1}^{+\infty}\frac{\lambda^{k-1}}{(k-1)!}=\lambda\,\mathrm{e}^{-\lambda}\sum_{k=0}^{+\infty}\frac{\lambda^k}{k!}=\lambda\,\mathrm{e}^{-\lambda}\cdot\mathrm{e}^{\lambda}=\lambda.$$

同理可证，当 $\xi\sim B(n,p)$ 时，数学期望 $E(\xi)=np$.

2. 连续型随机变量的数学期望

定义2　设连续型随机变量 ξ 具有密度函数 $f(x)$，如果 $\int_{-\infty}^{+\infty}|x|f(x)\mathrm{d}x$ 收敛，那么称 $\int_{-\infty}^{+\infty}xf(x)\mathrm{d}x$ 为随机变量 ξ 的数学期望（或均值），即

$$E(\xi)=\int_{-\infty}^{+\infty}xf(x)\mathrm{d}x.$$

例3　某种化合物的pH值 X 是一个随机变量，它的概率密度是

$$f(x)=\begin{cases}25(x-3.8), & 3.8\leqslant x\leqslant4,\\ -25(x-4.2), & 4<x\leqslant4.2,\\ 0, & \text{其他},\end{cases}$$

求pH值的数学期望 $E(X)$.

解　$E(X)=\int_{-\infty}^{\infty}xf(x)\mathrm{d}x$

$$=\int_{3.8}^{4}x\cdot25(x-3.8)\mathrm{d}x+\int_{4}^{4.2}x\cdot(-25)(x-4.2)\mathrm{d}x$$

$=4.$

二、数学期望的性质

数学期望的性质如下.

（1）$E(C)=C$，C 为常数.

（2）$E(C\xi)=CE(\xi)$，C 为常数.

（3）$E(\xi+\eta)=E(\xi)+E(\eta)$.

这个性质可推广到有限多个随机变量的情形.

（4）若 ξ 与 η 相互独立，则 $E(\xi\eta)=E(\xi)E(\eta)$.

这个性质可推广到有限多个随机变量的情形：

若随机变量 ξ_1，ξ_2，…，ξ_n 两两相互独立，则

$$E(\xi_1\xi_2\cdots\xi_n)=E(\xi_1)E(\xi_2)\cdots E(\xi_n).$$

（5）设 $g(\xi)$ 是 ξ 的函数，随机变量 $\eta=g(\xi)$ 的数学期望可如下计算：

当 ξ 是离散型随机变量，且分布列为 $P\{\xi=x_k\}=p_k(k=1，2，\cdots)$ 时

$$E(\eta)=g(x_1)p_1+g(x_2)p_2+\cdots+g(x_n)p_n+\cdots=\sum_{k=1}^{+\infty}g(x_k)p_k;$$

当 ξ 是连续型随机变量，且具有密度函数 $f(x)$ 时

$$E(\eta)=\int_{-\infty}^{+\infty}g(x)f(x)\mathrm{d}x.$$

性质（5）的重要意义在于当求 $E(\eta)$ 时，不必算出 η 的分布律或概率密度，而只需利用 ξ 的分布律或概率密度就可以了.

例4 设 ξ 的分布列如表3-4所示.

表3-4

ξ	-2	-1	0	1	2
p_k	$\frac{1}{5}$	$\frac{1}{6}$	$\frac{1}{5}$	$\frac{1}{15}$	$\frac{11}{30}$

求 $E(\xi^2)$ 和 $E(2\xi+3)$.

解 由性质（5）得

$$E(\xi^2)=(-2)^2\times\frac{1}{5}+(-1)^2\times\frac{1}{6}+0^2\times\frac{1}{5}+1^2\times\frac{1}{15}+2^2\times\frac{11}{30}=2.5,$$

$$\begin{aligned}E(2\xi+3)&=[2\times(-2)+3]\times\frac{1}{5}+[2\times(-1)+3]\times\frac{1}{6}+(2\times0+3)\times\frac{1}{5}+\\&\quad(2\times1+3)\times\frac{1}{15}+(2\times2+3)\times\frac{11}{30}\\&=\frac{52}{15}\approx3.47.\end{aligned}$$

利用常见分布的数学期望，可以计算其他一些随机变量的数学期望.

例5 英语单元测验试卷共20道单项选择题，每道选择题有4个可选项，每题5分，满分100分. 学生甲答对任一道题的概率为0.9，学生乙采用随机选取答案的方式答题. 求学生甲和学生乙在这次英语测验中成绩的期望.

解 用 ξ 和 η 分别表示学生甲与学生乙答对试题的数量，则

$$\xi\sim B(20，0.9)，\ \eta\sim B(20，0.25).$$

$$E(\xi)=20\times0.9=18,$$

$$E(\eta)=20\times0.25=5.$$

由于答对一道题得5分，学生甲和学生乙在这次英语测验中的成绩分别是 5ξ 和 5η，所以，他们在测验中成绩的期望分别是 $E(5\xi)$和$E(5\eta)$.

$$E(5\xi)=5E(\xi)=5\times18=90,$$
$$E(5\eta)=5E(\eta)=5\times5=25.$$

例6　随机变量ξ的密度函数为

$$f(x)=\begin{cases}\frac{x}{2}, & 0<x<2,\\ 0, & 其他,\end{cases}$$

求$E(\xi^2+1)$.

解　由数学期望的性质（5）得

$$E(\xi^2+1)=\int_{-\infty}^{+\infty}(x^2+1)f(x)\mathrm{d}x=\int_0^2(x^2+1)\frac{x}{2}\mathrm{d}x=\frac{1}{2}\int_0^2(x^3+x)\mathrm{d}x=\frac{1}{2}\left(\frac{x^4}{4}+\frac{x^2}{2}\right)\Bigg|_0^2=3.$$

习题3-1

1. 填空题

（1）设随机变量ξ具有分布：$P\{\xi=k\}=\frac{1}{5}$ ($k=1$，2，3，4，5)，则$E(\xi)=$________，$E(\xi^2)=$________，$E(\xi+2)^2=$________；

（2）随机变量ξ与η相互独立，且$E(\xi)=2$，$E(\eta)=8$，则$E(\xi\eta)=$________；

（3）设ξ表示10次独立重复射击命中的次数，每次射击命中目标的概率为0.4，则$E(\xi)=$________；

（4）已知$X\sim B(10, p)$，且$E(X)=2.4$，则参数$p=$________.

2. 判断题（正确的打"√"，错误的打"×"）

（1）对任意两个随机变量X与Y，都有$E(X+Y)=E(X)+E(Y)$；（　　）

（2）若随机变量X与Y独立，则$E(XY)=E(X)E(Y)$.（　　）

3. 记ξ为某城市一户家庭拥有的自行车的辆数，调查得知ξ的概率分布如表3-5所示.

表3-5

ξ	0	1	2	3	4
p_k	0.08	0.15	0.45	0.27	0.05

求随机变量ξ的期望.

4. 一批产品中有一、二、三等品，以及等外品、废品五种，各占该批产品的70%，10%，10%，6%及4%，若售价分别为6元、5元、4元、3元及0元，求该产品的平均售价.

5. 已知随机变量ξ的概率密度为

$$f(x)=\begin{cases}1+x, & -1\leqslant x\leqslant 0,\\ 1-x, & 0<x\leqslant 1,\\ 0, & 其他,\end{cases}$$

求随机变量 ξ 的数学期望.

6. 设 ξ 的分布列如表3–6所示.

表3–6

ξ	1	2	3
p_k	0.4	0.1	0.5

求：（1） $E(2\xi-3)$；（2） $E(\xi^2)$；（3） $E(\xi^2+2)$.

7. 设某种动物的寿命 X 是个随机变量，其分布函数是

$$F(x)=\begin{cases}0, & x\leqslant 5,\\ 1-\dfrac{25}{x^2}, & x>5,\end{cases}$$

求这种动物的平均寿命.

8. 设风速 $v\sim U(0,\ a)$，求飞机机翼受到的正压力 $w=kv^2(k>0)$ 的数学期望.

9. 一辆客车载有20名乘客，乘客有10个车站可以下车. 如到达一个车站没有乘客下车就不停车. 设每名乘客在各车站下车是等可能的，并设各名乘客是否下车是相互独立的. 用 ξ 表示停车的次数，求 $E(\xi)$.

第二节　随机变量的方差

对一个随机变量，除了考查其取值的平均水平（数学期望）外，有时需了解随机变量取各个值的分散程度——方差.

一、方差的概念

1. 离散型随机变量的方差

定义1　若离散型随机变量 ξ 的分布列如表3–7所示，则称

$$D(\xi)=\sum_{k=1}^{+\infty}\left[x_k-E(\xi)\right]^2 p_k$$

为随机变量 ξ 的方差. 同时称 $\sqrt{D(\xi)}$ 为随机变量 ξ 的标准差或均方差.

表3–7

ξ	x_1	x_2	…	x_n	…
p_k	p_1	p_2	…	p_n	…

方差描述了随机变量 ξ 的取值与数学期望 $E(\xi)$ 的偏离程度. $D(\xi)$ 较小，说明 ξ 的取值较“密集”在期望 $E(\xi)$ 的附近； $D(\xi)$ 较大，说明 ξ 的取值偏离 $E(\xi)$ 的程度较大.

例1　甲、乙两工厂生产同一种设备，分别用随机变量 ξ ， η 表示甲、乙两厂所生产设备的使用寿命（h）， ξ ， η 的分布列如表3–8和表3–9所示.

表3–8

ξ	800	900	1000	1100	1200
p_k	0.1	0.2	0.4	0.2	0.1

表3–9

η	800	900	1000	1100	1200
p_k	0.2	0.2	0.2	0.2	0.2

试比较两厂生产的设备的质量.

解　$E(\xi)=800\times0.1+900\times0.2+1000\times0.4+1100\times0.2+1200\times0.1=1000\,(\text{h})$,

$E(\eta)=800\times0.2+900\times0.2+1000\times0.2+1100\times0.2+1200\times0.2=1000\,(\text{h})$.

两厂生产的设备的使用寿命的期望值相等，也即寿命的平均水平一样. 但是，仅从分布列就可以看出，甲厂生产的设备的使用寿命比较集中在1000h左右，而乙厂生产的设备的使用寿命却比较分散，即乙厂产品质量的稳定性比较差. 可用方差来描述这一差别.

$$\begin{aligned}D(\xi)=&(800-1000)^2\times0.1+(900-1000)^2\times0.2+(1000-1000)^2\times0.4+\\&(1100-1000)^2\times0.2+(1200-1000)^2\times0.1\\=&12000,\end{aligned}$$

$$\begin{aligned}D(\eta)=&(800-1000)^2\times0.2+(900-1000)^2\times0.2+(1000-1000)^2\times0.2+\\&(1100-1000)^2\times0.2+(1200-1000)^2\times0.2\\=&20000,\end{aligned}$$

即 $D(\xi)<D(\eta)$.

这说明，甲厂生产的设备的寿命的分散程度比较小，即产品质量比较稳定.

2. 连续型随机变量的方差

定义2　设连续型随机变量 ξ 具有密度函数 $f(x)$ ，若 $E(\xi)=\int_{-\infty}^{+\infty}xf(x)\mathrm{d}x$ 和 $\int_{-\infty}^{+\infty}x^2f(x)\mathrm{d}x$ 都收敛，则称 $\int_{-\infty}^{+\infty}[x-E(\xi)]^2f(x)\mathrm{d}x$ 为随机变量 ξ 的方差，即

$$D(\xi)=\int_{-\infty}^{+\infty}[x-E(\xi)]^2f(x)\mathrm{d}x.$$

例2　已知 ξ 在 $[a,b]$ 上服从均匀分布，即 $\xi\sim U[a,b]$ ，求 $D(\xi)$.

解　因为 ξ 的密度函数为

$$f(x)=\begin{cases}\dfrac{1}{b-a}, & a<x<b,\\ 0, & \text{其他},\end{cases}$$

所以

$$E(\xi)=\int_{-\infty}^{+\infty}xf(x)\mathrm{d}x=\int_a^b x\frac{1}{b-a}\mathrm{d}x=\frac{1}{b-a}\left[\frac{x^2}{2}\right]_a^b=\frac{a+b}{2},$$

$$D(\xi)=\int_{-\infty}^{+\infty}[x-E(\xi)]^2 f(x)\mathrm{d}x=\int_a^b\left(x-\frac{a+b}{2}\right)^2\cdot\frac{1}{b-a}\mathrm{d}x$$

$$=\frac{1}{b-a}\frac{1}{3}\left(x-\frac{b+a}{2}\right)^3\Bigg|_a^b=\frac{1}{12}(b-a)^2.$$

二、方差的性质

现在来介绍方差的几个重要性质.

性质1 $D(\xi)=E[\xi-E(\xi)]^2=E(\xi^2)-[E(\xi)]^2$.

事实上，由期望的性质可得

$$\begin{aligned}D(\xi)&=E[\xi-E(\xi)]^2\\&=E[\xi^2-2\xi\cdot E(\xi)+(E(\xi))^2]\\&=E(\xi^2)-E[2\xi\cdot E(\xi)]+E[(E(\xi))^2]\\&=E(\xi^2)-2E(\xi)\cdot E(\xi)+[E(\xi)]^2=E(\xi^2)-[E(\xi)]^2.\end{aligned}$$

性质2 $D(C)=0$，C为常数.

性质3 $D(C\xi)=C^2D(\xi)$，C为常数.

性质4 若随机变量ξ_1，ξ_2，…，ξ_n两两相互独立，则

$$D(\xi_1+\xi_2+\cdots+\xi_n)=D(\xi_1)+D(\xi_2)+\cdots+D(\xi_n).$$

例3 设ξ的分布列如表3-10所示.

表3-10

ξ	-2	-1	0	1	2
p_k	$\frac{1}{5}$	$\frac{1}{6}$	$\frac{1}{5}$	$\frac{1}{15}$	$\frac{11}{30}$

求随机变量ξ的方差$D(\xi)$.

解 由期望的定义得

$$E(\xi^2)=(-2)^2\times\frac{1}{5}+(-1)^2\times\frac{1}{6}+0^2\times\frac{1}{5}+1^2\times\frac{1}{15}+2^2\times\frac{11}{30}=2.5,$$

$$E(\xi)=(-2)\times\frac{1}{5}+(-1)\times\frac{1}{6}+0\times\frac{1}{5}+1\times\frac{1}{15}+2\times\frac{11}{30}=\frac{7}{30},$$

根据方差的性质1可得

$$D(\xi)=E\left(\xi^2\right)-[E(\xi)]^2=2.5-\left(\frac{7}{30}\right)^2\approx 2.4456.$$

例4 已知连续型随机变量ξ的概率密度函数为

$$f(x)=\begin{cases}x,&0\leqslant x\leqslant 1,\\0,&\text{其他},\end{cases}$$

求$D(\xi)$.

解 由期望的定义得

$$E(\xi)=\int_{-\infty}^{+\infty}xf(x)\mathrm{d}x=\int_0^1 x\cdot x\mathrm{d}x=\int_0^1 x^2\mathrm{d}x=\frac{1}{3}x^3\Big|_0^1=\frac{1}{3},$$

$$E(\xi^2)=\int_{-\infty}^{+\infty}x^2 f(x)\mathrm{d}x=\int_0^1 x^2\cdot x\mathrm{d}x=\int_0^1 x^3\mathrm{d}x=\frac{1}{4}x^4\Big|_0^1=\frac{1}{4},$$

根据方差的性质1可得

$$D(\xi)=E(\xi^2)-\left[E(\xi)\right]^2=\frac{1}{4}-\left(\frac{1}{3}\right)^2=\frac{5}{36}.$$

三、常见分布的数学期望和方差

下面把前面所学的常见分布的数字特征总结如下.

常见分布的数学期望和方差如表3-11所示.

表3-11

ξ 服从的分布	数学期望 $E(\xi)$	方差 $D(\xi)$	备注
$\xi\sim(0-1)$ 分布	p	pq	$q=1-p$
$\xi\sim B(n,\ p)$（二项分布）	np	npq	$q=1-p$
$\xi\sim P(\lambda)$（泊松分布）	λ	λ	$\lambda>0$
$\xi\sim U[a,\ b]$（均匀分布）	$\frac{b+a}{2}$	$\frac{1}{12}(b-a)^2$	$b>a$
$\xi\sim N(\mu,\ \sigma^2)$（正态分布）	μ	σ^2	$\sigma>0$

特别地，当 $\xi\sim N(0,\ 1)$ 时，$E(\xi)=0$，$D(\xi)=1$.

例5　设随机变量 ξ，η 相互独立，且 $\xi\sim N(1,\ 2)$，$\eta\sim N(2,\ 2)$. 求 $E(\xi-2\eta+3)$ 和 $D(\xi-2\eta+3)$.

解　已知

$$E(\xi)=1,\ D(\xi)=2,\ E(\eta)=2,\ D(\eta)=2,$$

于是

$$D(\xi-2\eta+3)=D(\xi)+4D(\eta)+D(3)=2+4\times2+0=10,$$
$$E(\xi-2\eta+3)=E(\xi)-2E(\eta)+E(3)=1-2\times2+3=0.$$

习题3-2

1. 填空题

（1）设随机变量 ξ 具有分布：$P\{\xi=k\}=\frac{1}{5}\ (k=1,\ 2,\ 3,\ 4,\ 5)$，则 $D(\xi)=$________，$D(3\xi+100)=$__________；

（2）随机变量 ξ 与 η 相互独立，且 $D(\xi)=2$，$D(\eta)=8$，则 $D(\xi+\eta)=$__________；

（3）已知随机变量 ξ 在区间 $[0,2]$ 上服从 $\xi\sim U[0,2]$，则 $D(\xi)=$ ________.

2. 选择题

（1）设 ξ 是随机变量，且 $E(\xi)=a$，$E(\xi^2)=b$，c 为常数，则 $D(c\xi)=$（　　）;

A. $c(a-b^2)$　　B. $c(b^2-a)$

C. $c^2(a-b^2)$　　D. $c^2(b-a^2)$

（2）设 X 服从泊松分布，且 $D(X)=0.25$，则 X 的期望值为（　　）;

A. 2　　B. 1/2

C. 1　　D. 1/4

（3）设随机变量 X 的方差 $D(X)=\sigma^2$，则 $D(aX+b)=$（　　）;

A. $a\sigma^2+b$　　B. $a^2\sigma^2+b$

C. $a\sigma^2$　　D. $a^2\sigma^2$

（4）若随机变量 X 的数学期望 $E(X)$ 存在，则 $E[E(X)]=$（　　）;

A. 0　　B. $E(X)$

C. $E^2(X)$　　D. $E^3(X)$

（5）若随机变量 X 的方差 $D(X)$ 存在，则 $D[D(X)]=$（　　）;

A. 0　　B. $D(X)$

C. $D^2(X)$　　D. $D^3(X)$

（6）设随机变量 X 满足 $D(10X)=10$，则 $D(X)=$（　　）.

A. 0.1　　B. 1

C. 10　　D. 100

3. 判断题（正确的打"√"，错误的打"×"）

（1）若 X 是连续随机变量，则 $D(X+Y)=D(X)+D(Y)$;　（　　）

（2）若随机变量 X 与 Y 独立，则 $D(X+Y)=D(X)+D(Y)$;　（　　）

（3）若随机变量 X 与 Y 独立，则 $D(XY)=D(X)D(Y)$.　（　　）

4. 设随机变量 $\xi\sim(0-1)$，其中，$P\{\xi=0\}=0.3$.

求：（1）$P\{\xi=1\}$；（2）$D(\xi)$；（3）$D(2\xi-1)$.

5. 设随机变量 $\xi\sim U[1,3]$，求：（1）ξ 的密度函数；（2）$D(\xi)$；（3）$D(2\xi+1)$.

6. 设随机变量 ξ 的分布律如表3-12所示.

表3-12

ξ	0	1	2	3	4
p_k	0.1	0.2	0.4	0.2	a

求：（1）a 的值；（2）$D(\xi)$；（3）$D(1-3\xi)$.

7. 已知随机变量 ξ 的概率密度为

$$f(x)=\begin{cases}2x, & 0\leqslant x\leqslant 1,\\ 0, & 其他.\end{cases}$$

求：(1) 随机变量 ξ 的方差；(2) 若 $\eta=\frac{1}{3}(\xi-1)$，求 $D(\eta)$.

8. 已知 ξ_1，ξ_2，…，ξ_n 两两相互独立，且 $E(\xi_i)=\mu$，$D(\xi_i)=\sigma^2$（$i=1$，2，…，n）. 求：(1) $E\left(\frac{1}{n}\sum_{i=1}^{n}\xi_i\right)$；(2) $D\left(\frac{1}{n}\sum_{i=1}^{n}\xi_i\right)$.

*第三节　协方差与相关系数

对于二维随机变量（X，Y），除了讨论 X 和 Y 的数学期望和方差以外，还需讨论描述 X 和 Y 之间相互关系的数字特征. 下面给出协方差与相关系数的定义.

定义1　设二维随机变量（X，Y），把

$$E\{[X-E(X)][Y-E(Y)]\}$$

称为随机变量 X 和 Y 的协方差，记为 $Cov(X, Y)$，即

$$Cov(X, Y)=E\{[X-E(X)][Y-E(Y)]\}.$$

由定义1知

(1) $Cov(X, Y)=Cov(Y, X)$，$Cov(X, X)=D(X)$；

(2) $D(X+Y)=D(X)+D(Y)+2Cov(X, Y)$；

(3) $Cov(X, Y)=E(XY)-E(X)E(Y)$.

在实际计算中，常常利用式（3）来计算协方差.

协方差具有下列性质：

(1) $Cov(aX, bY)=abCov(Y, X)$，其中，a，b 是常数；

(2) $Cov(X_1+X_2, Y)=Cov(X_1, Y)+Cov(X_2, Y)$.

证明从略.

下面用协方差给出相关系数的概念.

定义2　设二维随机变量（X，Y），把

$$\frac{Cov(X, Y)}{\sqrt{D(X)D(Y)}}$$

称为随机变量 X 和 Y 的相关系数，记为 ρ_{XY}，即

$$\rho_{XY}=\frac{Cov(X, Y)}{\sqrt{D(X)D(Y)}}.$$

由定义2可知，$|\rho_{XY}|\leqslant 1$.

当$|\rho_{XY}|$较大时，表明X和Y的线性关系联系较紧密，特别地，当$|\rho_{XY}|=1$时，X和Y之间100%存在着线性关系；

当$|\rho_{XY}|$较小时，就说X和Y的线性关系程度较差；

当$\rho_{XY}=0$时，称X和Y不相关.

例1 设（X，Y）的分布律如表3-13所示，求ρ_{XY}.

表3-13

Y \ X	−2	−1	1	2
1	0	0.25	0.25	0
2	0.25	0	0	0.25

解 由分布律表3-13，可算出

$$E(X)=-2\times0.25+(-1\times0.25)+1\times0.25+2\times0.25=0,$$
$$E(Y)=1\times0.5+2\times0.5=1.5,$$
$$E(XY)=1\times0.25+(-1\times0.25)+4\times0.25+(-4\times0.25)=0.$$

由$Cov(X,Y)=E(XY)-E(X)E(Y)$可得

$$Cov(X,Y)=0,$$

于是

$$\rho_{XY}=0.$$

当X和Y相互独立时，可算出$Cov(X,Y)=E(XY)-E(X)E(Y)=0$，从而$\rho_{XY}=0$，即$X$和$Y$不相关；反之，若$X$和$Y$不相关，$X$和$Y$却不一定相互独立.

比如在例1中，$\rho_{XY}=0$，X和Y不相关，但

$$P\{X=-2,Y=1\}=0,\ P\{X=-2\}P\{Y=1\}=\frac{1}{8},$$
$$P\{X=-2,Y=1\}\neq P\{X=-2\}P\{Y=1\},$$

说明X和Y却不相互独立. 这是因为相关与否只是就线性关系来说的，而相互独立是就一般关系而言的.

例2 若（X，Y）服从二维正态分布，它的密度函数为

$$f(x,y)=\frac{1}{2\pi\sigma_1\sigma_2\sqrt{1-\rho^2}}e^{-\frac{1}{2(1-\rho^2)}\left[\left(\frac{x-\mu_1}{\sigma_1}\right)^2-\frac{2\rho(x-\mu_1)(y-\mu_2)}{\sigma_1\sigma_2}+\left(\frac{y-\mu_2}{\sigma_2}\right)^2\right]},$$

求ρ_{XY}.

解 （X，Y）的边缘概率密度分布为

$$f_X(x)=\frac{1}{\sqrt{2\pi}\,\sigma_1}e^{-\frac{(x-\mu_1)^2}{2\sigma_1^2}},$$

$$f_Y(y)=\frac{1}{\sqrt{2\pi}\,\sigma_2}e^{-\frac{(y-\mu_2)^2}{2\sigma_2^2}},$$

故得

$$E(X)=\mu_1,\quad E(Y)=\mu_2,\quad D(X)=\sigma_1^2,\quad D(Y)=\sigma_2^2.$$

由 $Cov(X,Y)=E\{[X-E(X)][Y-E(Y)]\}$ 得

$$Cov(X,Y)=\int_{-\infty}^{+\infty}\int_{-\infty}^{+\infty}(x-\mu_1)(y-\mu_2)\frac{1}{2\pi\sigma_1\sigma_2\sqrt{1-\rho^2}}e^{-\frac{1}{2(1-\rho^2)}\left[\left(\frac{x-\mu_1}{\sigma_1}\right)^2-\frac{2\rho(x-\mu_1)(y-\mu_2)}{\sigma_1\sigma_2}+\left(\frac{y-\mu_2}{\sigma_2}\right)^2\right]}\mathrm{d}y\mathrm{d}x.$$

令

$$t=\frac{1}{\sqrt{1-\rho^2}}\left(\frac{y-\mu_2}{\sigma_2}-\rho\frac{x-\mu_1}{\sigma_1}\right),\ u=\frac{x-\mu_1}{\sigma_1},$$

则有

$$\begin{aligned}Cov(X,Y)&=\frac{1}{2\pi}\int_{-\infty}^{+\infty}\int_{-\infty}^{+\infty}\left(\sigma_1\sigma_2\sqrt{1-\rho^2}\,tu+\rho\sigma_1\sigma_2u^2\right)e^{-\frac{u^2+t^2}{2}}\mathrm{d}t\mathrm{d}u\\&=\frac{\rho\sigma_1\sigma_2}{2\pi}\int_{-\infty}^{+\infty}u^2e^{-\frac{u^2}{2}}\mathrm{d}u\int_{-\infty}^{+\infty}t^2e^{\frac{t^2}{2}}\mathrm{d}t+\frac{\sigma_1\sigma_2\sqrt{1-\rho^2}}{2\pi}\int_{-\infty}^{+\infty}ue^{-\frac{u^2}{2}}\mathrm{d}u\int_{-\infty}^{+\infty}te^{\frac{-t^2}{2}}\mathrm{d}t\\&=\frac{\rho\sigma_1\sigma_2}{2\pi}\sqrt{2\pi}\cdot\sqrt{2\pi}\\&=\rho\sigma_1\sigma_2,\end{aligned}$$

于是

$$\rho_{XY}=\frac{Cov(X,Y)}{\sqrt{D(X)D(Y)}}=\frac{\rho\sigma_1\sigma_2}{\sigma_1\sigma_2}=\rho.$$

这就是说，二维正态随机变量（X，Y）的概率密度中的参数 ρ 就是X和Y的相关系数，因此二维正态随机变量的分布，完全可由X和Y各自的数学期望、方差以及它们的相关系数所确定.

在第二章第五节已经讨论过，若服从二维正态分布，则X和Y相互独立的充要条件是 $\rho=0$．现在又知道 $\rho=\rho_{XY}$，因此，对于二维正态随机变量（X，Y）来说，X和Y不相关与X和Y相互独立是等价的.

*习题3-3

1. 设二维随机变量（X，Y）的概率密度为

$$f(x,y)=\begin{cases}\frac{1}{\pi}, & x^2+y^2\leqslant 1,\\ 0, & 其他,\end{cases}$$

试验证X和Y是不相关的，X和Y不是相互独立的.

2. 设二维随机变量（X，Y）的分布律如表3-14所示.

表3-14

X \ Y	-1	0	1
-1	$\frac{1}{8}$	$\frac{1}{8}$	$\frac{1}{8}$
0	$\frac{1}{8}$	0	$\frac{1}{8}$
1	$\frac{1}{8}$	$\frac{1}{8}$	$\frac{1}{8}$

试验证X和Y是不相关的，X和Y不是相互独立的.

3. 设随机变量$X\sim N(\mu,\sigma^2)$，$Y\sim N(\mu,\sigma^2)$，且X和Y相互独立，求$Z_1=2X+Y$和$Z_2=2X-Y$的相关系数.

4. 设随机变量（X，Y）的密度函数为

$$f(x,y)=\begin{cases}1, & 0<x<1,\ |y|<x;\\ 0, & \text{其他}.\end{cases}$$

求$E(X)$，$E(Y)$，$Cov(X,Y)$，ρ_{XY}.

5. 设随机变量（X，Y）的密度函数为

$$f(x,y)=\begin{cases}\frac{1}{8}(x+y), & 0\leqslant x\leqslant 2,\ 0\leqslant y\leqslant 2;\\ 0, & \text{其他}.\end{cases}$$

求$E(X)$，$E(Y)$，$Cov(X,Y)$，ρ_{XY}，$D(X+Y)$.

*第四节 中心极限定理

在随机变量的所有分布中，正态分布占有特别重要的地位. 生产实际中所遇到的大量的随机变量都服从正态分布. 在某种条件下，即使原来并不服从正态分布的一些独立的随机变量，当随机变量的个数无限增加时，其和的分布也是趋于正态分布的.

一般说来，如果所研究的随机变量是由大量相互独立的随机因素的综合影响所形成的，而其中每一个别因素在总的影响中所起的作用都是微小的，这种随机变量服从或近似地服从正态分布.

在概率论中，有关论证随机变量的和的极限是正态分布的一类定理称为中心极限定理. 这是由Polya在1920年首先提出的，它是在长达两个世纪内概率论的中心课题，故名中心极限定理. 下面简要地介绍两个常用的中心极限定理.

定理1（独立同分布的中心极限定理） 设随机变量X_1，X_2，…，X_n，…相互独立，且服从同一分布，具有相同的期望和方差：

$$E(X_i)=\mu,\ D(X_i)=\sigma^2\neq 0\quad (i=1,2,\cdots,n,\cdots),$$

则随机变量

$$Y_n=\frac{\sum_{i=1}^{n}X_i-n\mu}{\sqrt{n}\,\sigma}$$

的分布函数 $F_n(x)$ 对任意实数 x 满足

$$\lim_{x\to+\infty}F_n(x)=\lim_{n\to+\infty}P\left(\frac{\sum_{i=1}^{n}X_i-n\mu}{\sqrt{n}\,\sigma}\leqslant x\right)=\int_{-\infty}^{x}\frac{1}{\sqrt{2\pi}}\mathrm{e}^{-\frac{x^2}{2}}\mathrm{d}x=\varphi(x).$$

这就是说，$E(X_i)=\mu$，$D(X_i)=\sigma^2\neq 0$ 的独立分布的随机变量 X_1，X_2，…，X_n，当 n 充分大时，这些随机变量的和

$$\sum_{i=1}^{n}X_i\overset{\text{近似}}{\sim}N\left(n\mu,\ n\sigma^2\right),$$

标准化后得

$$Y_n=\frac{\sum_{i=1}^{n}X_i-n\mu}{\sqrt{n}\,\sigma}\overset{\text{近似}}{\sim}N(0,\ 1).$$

在一般情况下，很难近似求出 n 个随机变量之和 $\sum_{i=1}^{n}X_i$ 的概率分布的确切形式. 定理1说明，当 n 充分大时，可以通过标准正态分布给出其形式. 这样就可以利用正态分布对 $\sum_{i=1}^{n}X_i$ 作理论分析和实际计算了.

二项分布 $B(n,\ p)$ 也是概率论中的一种重要分布，而且二项分布 $X\sim B(n,\ p)$ 可以看成 n 个相互独立的（0–1）两点分布的和：$X=\sum_{i=1}^{n}X_i$，其中，$X_i\sim$（0–1）分布. 把定理1应用于二项分布 $B(n,\ p)$，便得到如下定理.

定理2（棣莫弗–拉普拉斯中心极限定理） 设随机变量 X 服从二项分布 $B(n,\ p)$，$(n=1,\ 2,\ \cdots)$，则对任意实数 x 满足

$$\lim_{n\to+\infty}P\left(\frac{X-np}{\sqrt{npq}}\leqslant x\right)=\int_{-\infty}^{x}\frac{1}{\sqrt{2\pi}}\mathrm{e}^{-\frac{x^2}{2}}\mathrm{d}x=\varphi(x).$$

其中，$0<p<1$，$q=1-p$.

对二项分布 $B(n,\ p)$ 来说，期望 $E(X)=np$，方差 $D(X)=npq$，定理2表明，当 n 充分大时，服从二项分布 $B(n,\ p)$ 的随机变量 X 近似地服从正态分布. 即

$$X\sim B(n,\ p)\overset{\text{近似}}{\sim}N(np,\ npq).$$

将随机变量 X 经标准化后得

$$\frac{X-np}{\sqrt{npq}}\overset{\text{近似}}{\sim}N(0,\ 1).$$

定理2表明，对于二项分布 $B(n, p)$ 来说，当 n 充分大（$n \geqslant 50$）时，就可以用

$$\frac{X-np}{\sqrt{npq}} \overset{\text{近似}}{\sim} N(0, 1)$$

来计算二项分布 $B(n, p)$ 的概率.

例1 一加法器同时收到20个噪声电压 $X_i(i=1, 2, \cdots, 20)$，它们是相互独立的随机变量，且都在区间（0，10）上服从均匀分布. 求 $P\left\{\sum_{i=1}^{20} X_i > 105\right\}$.

解 由于 $X_i \sim U(0, 10)$，所以有

$$\mu = E(X_i) = 5, \ \sigma^2 = D(X_i) = \frac{100}{12} \quad (i=1, 2, \cdots, 20).$$

由定理1知

$$\frac{\sum_{i=1}^{n} X_i - n\mu}{\sqrt{n}\,\sigma} \overset{\text{近似}}{\sim} N(0, 1),$$

代入 $n=20$，$\mu=5$，$\sigma^2=\frac{100}{12}$，有

$$\frac{\sum_{i=1}^{20} X_i - 20\times 5}{\sqrt{20}\sqrt{\frac{100}{12}}} \overset{\text{近似}}{\sim} N(0, 1),$$

于是得

$$\begin{aligned}
P\left\{\sum_{i=1}^{20} X_i > 105\right\} &= P\left\{\frac{\sum_{i=1}^{20} X_i - 20\times 5}{\sqrt{20}\sqrt{\frac{100}{12}}} > \frac{105-20\times 5}{\sqrt{20}\sqrt{\frac{100}{12}}}\right\} \\
&= P\left\{\frac{\sum_{i=1}^{20} X_i - 20\times 5}{\sqrt{20}\sqrt{\frac{100}{12}}} > 0.387\right\} \\
&= 1 - P\left\{\frac{\sum_{i=1}^{20} X_i - 20\times 5}{\sqrt{20}\sqrt{\frac{100}{12}}} \leqslant 0.387\right\} \\
&\approx 1 - \Phi(0.387) \\
&= 0.348.
\end{aligned}$$

例2 设某电站供电网有10000盏电灯，夜晚每一盏灯开灯的概率都是0.7，假定开关时间彼此独立，估计夜晚同时开着的灯数在6800~7200之间的概率.

解 令 X 表示夜晚同时开灯的数目，显然随机变量 X 服从二项分布 $B(10000, 0.7)$. 若要准确计算概率，须用二项分布的概率公式，有

$$P\{6800 \leqslant X \leqslant 7200\} = \sum_{k=6800}^{7200} C_{10000}^{k} \cdot 0.7^{k} \cdot 0.3^{10000-k}.$$

这个式子的计算显然很麻烦. 下面应用定理2来近似计算这个概率.

由定理2知

$$\frac{X-np}{\sqrt{npq}} \overset{\text{近似}}{\sim} N(0,\ 1),$$

代入 $n=10000$， $p=0.7$， $q=0.3$，有

$$\frac{X-7000}{45.83} \overset{\text{近似}}{\sim} N(0,\ 1),$$

得

$$\begin{aligned} P\{6800 \leqslant X \leqslant 7200\} &= P\left\{\frac{6800-7000}{45.83} \leqslant \frac{X-7000}{45.83} \leqslant \frac{7200-7000}{45.83}\right\} \\ &= \Phi(4.36) - \Phi(-4.36) \\ &= 2\Phi(4.36) - 1 \\ &= 0.9999. \end{aligned}$$

由此可见，虽然有10000盏电灯，但只要供应7200盏灯的电力就能以相当大的概率 $(p=0.9999)$ 保证够用，这在现实生活中是很有意义的.

例3 一工厂生产某种产品的次品率为0.005. 产品按每100只包装成一箱，一箱中如含有次品数超过3只就不能通过验收. 今有10000箱产品，求多于25箱不能通过验收的概率（设各产品是否为次品相互独立，各箱是否通过验收相互独立）.

解 设一箱中含有的次品数为X，则X服从 $B(100,\ 0.005)$ 的二项分布.

由定理2知

$$\frac{X-np}{\sqrt{npq}} \overset{\text{近似}}{\sim} N(0,\ 1),$$

代入 $n=100$， $p=0.005$， $q=0.995$，有

$$\frac{X-0.5}{0.7} \overset{\text{近似}}{\sim} N(0,\ 1),$$

得

$$\begin{aligned} P\{X>3\} &= 1 - P\{X \leqslant 3\} \\ &= 1 - P\left\{\frac{X-0.5}{0.7} \leqslant \frac{3-0.5}{0.7}\right\} \\ &\approx 1 - \Phi(3.57) \\ &= 0.00017. \end{aligned}$$

再设10000箱产品中不能通过的验收数为Y，则Y服从 $B(10000,\ 0.00017)$ 的二项分布.

由定理2知

$$\frac{Y-np}{\sqrt{npq}} \overset{\text{近似}}{\sim} N(0,\ 1),$$

代入 $n=10000$， $p=0.00017$， $q=0.99983$，有

$$\frac{Y-1.7}{1.3} \overset{\text{近似}}{\sim} N(0,\ 1),$$

得

$$\begin{aligned} P\{Y>25\} &= 1-P\{Y\leqslant 25\} \\ &= 1-P\left\{\frac{Y-1.7}{1.3}\leqslant\frac{25-1.7}{1.3}\right\} \\ &\approx 1-\Phi(17.92) \\ &\approx 0. \end{aligned}$$

在例3中，虽然两次应用了定理2，但由于把二项分布概率的计算变成了标准正态分布的查表计算，所以并不感到计算的繁难.

例4 对于一名学生而言，大学报到时陪同的家长人数是个随机变量，据统计，一名学生无家长、有1名家长、有2名家长来陪同的概率分别为0.05，0.8，0.15. 若学校共有400名学生，设各学生陪同的家长人数相互独立，且服从同一分布.

（1）求陪同的家长人数超过450的概率；

（2）求有1名家长陪同的学生人数不多于340的概率.

解 （1）设陪同的家长的总人数为X，以$X_i(i=1,\ 2,\ \cdots,\ 400)$表示第$i$个学生陪同的家长人数，则$X=\sum\limits_{i=1}^{400}X_i$.

由题意知X_i的分布律如表3–15所示.

表3–15

X_i	0	1	2
P	0.05	0.8	0.15

可算得

$$\mu=E(X_i)=1.1,\ \sigma^2=D(X_i)=0.19\quad(i=1,\ 2,\ \cdots,\ 400).$$

由定理1知

$$\frac{\sum\limits_{i=1}^{n}X_i-n\mu}{\sqrt{n}\,\sigma} \overset{\text{近似}}{\sim} N(0,\ 1),$$

代入$n=400$，$\mu=1.1$，$\sigma^2=0.19$，有

$$\frac{\sum\limits_{i=1}^{400}X_i-400\times 1.1}{\sqrt{400}\sqrt{0.19}} \overset{\text{近似}}{\sim} N(0,\ 1),$$

于是

$$P\{X>450\}=P\left\{\frac{\sum\limits_{i=1}^{400}X_i-400\times 1.1}{\sqrt{400}\sqrt{0.19}}>\frac{450-400\times 1.1}{\sqrt{400}\sqrt{0.19}}\right\}$$

$$=1-P\left\{\frac{\sum_{i=1}^{400}X_i-400\times 1.1}{\sqrt{400}\sqrt{0.19}}\leqslant 1.147\right\}$$

$$\approx 1-\Phi(1.147)$$

$$=0.1251.$$

（2）设有1名家长陪同的学生人数为Y，Y服从$B(400,\ 0.8)$的二项分布.

由定理2知

$$\frac{Y-np}{\sqrt{npq}}\overset{近似}{\sim}N(0,\ 1),$$

代入$n=400$，$p=0.8$，$q=0.2$，有

$$\frac{Y-400\times 0.8}{\sqrt{400\times 0.8\times 0.2}}\overset{近似}{\sim}N(0,\ 1),$$

于是得

$$P\{Y\leqslant 340\}=P\left\{\frac{Y-400\times 0.8}{\sqrt{400\times 0.8\times 0.2}}\leqslant\frac{340-400\times 0.8}{\sqrt{400\times 0.8\times 0.2}}\right\}$$

$$=P\left\{\frac{Y-400\times 0.8}{\sqrt{400\times 0.8\times 0.2}}\leqslant 2.5\right\}$$

$$\approx\Phi(2.5)$$

$$=0.9938.$$

从中心极限定理我们可以得到两点启示：

（1）只要X_1，X_2，…，X_n，…是独立同分布的随机变量序列，即便它们本身不服从正态分布，但是n个随机变量和的极限分布是正态分布，这就是量变引起质变的道理.引导学生，如果每天更多努力一点，大学四年结束应该有个比较可观的进步.

（2）在建设国家的过程中，我们每个人都是相互独立的个体，每个人的力量都是微小的，只要我们大家目标一致，大家的合力定能实现我们美好的中国梦.

*习题3-4

1. 一保险公司有1万个投保人，每个投保人索赔金额的数学期望是280美元，标准差为800美元，求索赔总金额超过270万美元的概率.

2. 计数器在进行加法时，将每个加数舍入的误差相互独立，且都在（−0.5，0.5）服从均匀分布.

（1）将1500个数相加，问误差总和的绝对值超过15的概率是多少？

（2）最多可有几个数相加使得误差总和的绝对值小于10 的概率不小于0.90？

3. 一个系统由100个相互独立起作用的部件组成，在整个运行期间每个部件损坏

的概率为0.10. 为了使整个系统起作用，至少必须有85个部件正常工作，求整个系统起作用的概率.

4. 一个公寓有200户住户，一户住户拥有汽车辆数X的分布律如表3–16所示.

表3–16

X	0	1	2
P	0.1	0.6	0.3

问需要多少个车位，才能使每辆汽车都具有一个车位的概率至少为0.95?

5. 一食品店有3种蛋糕出售，售价分别是1元、1.2元、1.5元，售出每种蛋糕是随机的，售出的概率分别是0.3，0.2，0.5. 若售出300个蛋糕.

（1）求收入至少400元的概率；

（2）求售出价格为1.2元的蛋糕多于60个的概率.

复习题三

1. 选择题

（1）设ξ_1，ξ_2，…，ξ_n为n个随机变量，它们的均值为μ，则$\frac{1}{n}(\xi_1+\xi_2+\cdots+\xi_n)$的均值为（　　）；

A. μ　　B. $n\mu$

C. 0　　D. 1

（2）设随机变量X的方差为σ^2，则$mX+C$的方差是（　　），其中，m，C为常数；

A. $m\sigma^2$　　B. $m\sigma+C$

C. $m^2\sigma^2$　　D. $m^2\sigma^2+C$

（3）设X与Y的相关系数为0，则下列结论正确的是（　　）；

A. X与Y相互独立　　B. X与Y不一定相关

C. X与Y必不相关　　D. X与Y必相关

（4）设X与Y的期望与方差都存在，且$D(X-Y)=D(X)+D(Y)$，则以下不正确的是（　　）；

A. $D(X+Y)=D(X)+D(Y)$　　B. $E(XY)=E(X)\cdot E(Y)$

C. X与Y不相关　　D. X与Y相互独立

（5）已知X_1，X_2，X_3都在$[0,2]$上服从均匀分布，则$E(3X_1-X_2+2X_3)=$（　　）；

A. 1　　B. 2

C. 3　　D. 4

（6）若X_1与X_2都服从参数为1的泊松分布，则$E(X_1+X_2)=$（　　）；

A. 1　　B. 2

C. 3　　D. 4

（7）若随机变量X的数学期望与方差均存在，则（　　）；

A. $E(X)\geqslant 0$　　B. $D(X)\geqslant 0$

C. $E^2(X)\leqslant D(X)$　　D. $E(X)\geqslant D(X)$

（8）若随机变量$X\sim N(2,\ 2^2)$，则$D(0.5X)=$（　　）；

A. 1　　B. 2

C. 1/2　　D. 3

（9）若X与Y独立，且$D(X)=6$，$D(Y)=3$，则$D(2X-Y)=$（　　）；

A. 9　　B. 15

C. 21　　D. 27

（10）设$D(X)=4$，$D(Y)=1$，$\rho_{XY}=0.6$，则$D(2X+2Y)=$（　　）.

A. 40　　B. 34

C. 29.6　　D. 17.6

2. 设ξ的分布列如表3-17所示.

表3-17

ξ	1	2	3
p_k	$\frac{1}{6}$	$\frac{1}{2}$	a

求：（1）a的值；（2）数学期望$E(\xi)$；（3）方差$D(\xi)$.

3. 设ξ的分布列如表3-18所示.

表3-18

ξ	-1	0	2	3
p_k	$\frac{1}{8}$	$\frac{1}{4}$	$\frac{1}{8}$	$\frac{1}{2}$

求：（1）$E(\xi)$；（2）$E(\xi^2)$；（3）$E(-2\xi+1)$；（4）$D(\xi)$.

4. 设ξ的密度函数为

$$f(x)=\begin{cases} kx^{\alpha},\ 0\leqslant x\leqslant 1, \\ 0,\quad 其他, \end{cases}\quad (k>0,\ \alpha>0)$$

且已知$E(\xi)=\frac{3}{4}$，求k与α的值，并计算方差$D(\xi)$.

5. 一批零件中有9个合格品与3个次品，安装机器时，从这批零件中任取一个，若取出次品不再放回，继续重取一个. 求在取得合格品以前已取出的次品数的期望与方差.

6. 一批种子的发芽率为70%，播种时每穴播3粒，试求每穴发芽种子粒数的期望与方差.

7. 已知ξ在$[0, \pi]$上服从均匀分布，求$E\left(\xi^2\right)$和$E(\sin\xi)$.

8. 一台仪器有3个元件，各元件发生故障是相互独立的，概率分别为0.2，0.3，0.4，求发生故障的元件数的期望与方差.

9. 在射击比赛中，每人可打4发子弹，规定4 发子弹都不命中得0分，有一、二、三、四发子弹命中的，分别得15分、30分、55分、100分. 设某射手每次射击的命中率为$\frac{1}{2}$，问他期望可得多少分？得分的标准差是多少？

10. 已知$\xi \sim N(1, 2)$，$\eta \sim N(2, 4)$，且η与ξ相互独立. 求$E(3\xi-\eta+1)$及$D(\eta-2\xi)$.

11. 已知在某十字路口，一周事故发生数的数学期望为2.2，标准差为1.4.

(1) 求这一年事故总数小于100的概率；

(2) 以$\overline{X}$表示一年（52周）此十字路口事故发生数的算术平均值. 求$P\{\overline{X}<2\}$.

12. 随机取两组学生，每组80人，分别在两个实验室测量某种化合物的值. 每个人测量的结果是随机的，它们相互独立，服从同一分布，数学期望是5，方差是0.3，以$\overline{X}$，$\overline{Y}$分别表示第一组和第二组所测结果的算术平均值.

(1) 求$P\{4.9<\overline{X}<5.1\}$；

(2) 求$P\{-0.1<\overline{X}-\overline{Y}<0.1\}$.

13. 某药厂断言，该厂生产的某种新药对于医治一种血液病的治愈率为0.8. 现在任意抽查100个服用此药的病人.

(1) 求其中多于75人治愈的概率；

(2) 求其中至少有30人治愈的概率.

14. 设A和B是某试验的两个事件，且$P(A)>0$，$P(B)>0$，随机变量X，Y定义如下：

$$X=\begin{cases}1, & 若A发生,\\ 0, & 若A不发生;\end{cases} \quad Y=\begin{cases}1, & 若B发生,\\ 0, & 若B不发生.\end{cases}$$

证明：若$\rho_{XY}=0$，则X和Y必定相互独立.

15. 设随机变量(X, Y)的分布律如表3–19所示.

表3–19

X \ Y	0	1	2
0	$\frac{1}{8}$	$\frac{1}{8}$	$\frac{1}{8}$
1	$\frac{1}{8}$	0	$\frac{1}{8}$
2	$\frac{1}{8}$	$\frac{1}{8}$	$\frac{1}{8}$

求 $E(X)$，$E(Y)$，$E(XY)$，$Cov(X, Y)$，ρ_{XY}，$D(X+Y)$．

16. 设随机变量 (X, Y) 的联合概率密度为

$$f(x, y)=\begin{cases}4xy, & 0\leqslant x\leqslant 1,\ 0\leqslant y\leqslant 1, \\ 0, & \text{其他},\end{cases}$$

求 $E(X)$，$E(Y)$，$E(XY)$，$Cov(X, Y)$，ρ_{XY}，$D(X+Y)$．

第四章　数理统计的基本概念

前面三章已经研究了事件的概率、随机变量及其分布. 要弄清楚一个随机变量，必须知道它的概率分布，至少也要知道它的数字特征（期望、方差等）. 那么，怎样才知道或大体知道一个随机变量的概率分布或数字特征呢？

在生产实践和科学研究中，用概率论的方法研究随机现象，都要直接或间接地涉及对随机事件的观测和处理. 数理统计就是研究如何进行观测以及如何根据观测所得到的统计资料进行整理和分析，对被研究的随机现象的一般概率特征作出科学的推断.

第一节　总体、样本和统计量

一、总体和样本

定义 1　把所研究对象的全体称为总体，把组成总体的每一个对象称为个体.

例如，研究某批日光灯的平均寿命时，该批日光灯的全体就构成了总体，而其中每一只日光灯就是个体；再如，研究某校本科学生的平均身高时，该校所有学生就构成了总体，而每一个学生就是个体.

在实际问题中，人们关心的通常是总体的某个数量指标，如日光灯的平均寿命、学生的平均身高等，这个数量指标是一个随机变量 X .

从理论上讲，对随机现象的观测次数越多，所研究的随机现象的规律性表现得越明显，但实际上，研究的对象一般比较庞大，而对随机现象的观测是有限的，有时甚至是少量的. 比如，考查某企业生产的一批日光灯的质量，日光灯的寿命是检查产品质量的数量指标，但测定日光灯的寿命试验是破坏性的，不可能对企业生产的整批日光灯进行一一测试，只能从整批取出一小部分来测试或跟踪调查，然后根据所得到的这一部分日光灯的寿命数据来推断这批日光灯的平均寿命.

定义 2　一般地，为了考察总体的某个数量指标 X ，从总体中抽取 n 个个体来进行试验，这 n 个个体称为总体的一个样本，个数 n 称为样本容量.

通常，为使样本能够很好地反映总体的特征，抽取样本时，要使样本具有如下两个性质：

（1）代表性：抽取样本必须是随机的，使总体中的每一个个体都有等可能的机会被抽取；

（2）独立性：每次抽取样本的结果既不影响其他各次抽取的结果，也不受其他各次抽取的结果的影响.

把这种抽取样本的方法叫作简单随机抽样，这样的样本叫作简单随机样本，显然，简单随机抽样就是做独立重复试验.

在实际应用中，当总体数量不很大时，从总体中抽取样本采用有返还抽取，属于简单随机抽样；当总体数量较大或无限大时，从总体中抽取样本采用无返还抽取. 无返还抽样虽然不是简单随机抽样，但当样本容量相对于总体数量较小（一般二者比值不大于0.1）时，可近似看成是简单随机抽样. 今后，如无特别说明，所涉及的随机抽样都是简单随机抽样.

从总体中抽取容量为n的样本，就是对代表总体的随机变量X进行n次随机抽样，可以得到一组观测值

$$x_1,\ x_2,\ \cdots,\ x_n,$$

因为每次试验的结果都是随机的，所以可以把n次试验的结果看作n个随机变量

$$X_1,\ X_2,\ \cdots,\ X_n,$$

而把x_1，x_2，…，x_n看作它们的一组具体的观测值，因为试验是独立的，所以这n个随机变量X_1，X_2，…，X_n也是独立的，并且与总体X服从相同的分布. 一般地，在不会引起混乱的情况下，也用x_1，x_2，…，x_n表示n个随机变量本身.

二、统计量

当由总体获取样本后，不能由样本的观测值直接推断总体的特征，必须对其进行“加工”和“提炼”，在数理统计中是通过构造一个函数来实现的. 由于样本X_1，X_2，…，X_n是随机变量，因而它的任何函数$f(X_1,\ X_2,\ \cdots,\ X_n)$也是随机变量，人们经常用它们来估计总体的数字特征.

定义3　设在总体X中抽取一个随机样本X_1，X_2，…，X_n，把不包含任何未知参数的样本函数$f(X_1,\ X_2,\ \cdots,\ X_n)$称为统计量.

例如，设总体$X\sim N(\mu,\ \sigma^2)$，若μ是已知的，σ^2是未知的，则$\sum\limits_{i=1}^{n}(X_i-\mu)^2$是一个统计量，而$\dfrac{1}{\sigma}\sum\limits_{i=1}^{n}X_i$不是统计量.

下面介绍几个常用统计量，它们可以显示出一个样本分布的特征，人们通常用它来估计总体的数字特征.

设从总体X中抽取一个随机样本X_1，X_2，…，X_n，则统计量

（1）$\bar{X}=\dfrac{1}{n}\sum\limits_{i=1}^{n}X_i$，称为样本均值；

（2）$S^2=\frac{1}{n-1}\sum_{i=1}^{n}(X_i-\bar{X})^2$，称为样本方差；

（3）$S=\sqrt{\frac{1}{n-1}\sum_{i=1}^{n}(X_i-\bar{X})^2}$，称为样本标准差（又称样本均方差）；

（4）$M=\max\limits_{1\leqslant i\leqslant n}\{X_i\}-\min\limits_{1\leqslant i\leqslant n}\{X_i\}$，称为样本极差；

（5）$\mu_k=\frac{1}{n}\sum_{i=1}^{n}X_i^k(i=1，2，\cdots，n)$，称为 k 阶样本原点矩；

（6）$\gamma_k=\frac{1}{n}\sum_{i=1}^{n}(X_i-\bar{X})^k$，称为 k 阶样本中心矩.

样本均值提供了总体 X 的取值集中位置的信息，而样本方差提供了总体 X 取值的离散程度的信息. 样本极差反映了样本的波动幅度，同样也是反映离散程度的数量指标.

若总体 X 的期望 $E(X)$ 和方差 $D(X)$ 存在，则

$$E(\bar{X})=E\left(\frac{1}{n}\sum_{i=1}^{n}X_i\right)=\frac{1}{n}\sum_{i=1}^{n}E(X_i)=E(X),$$

$$D(\bar{X})=D\left(\frac{1}{n}\sum_{i=1}^{n}X_i\right)=\frac{1}{n^2}\sum_{i=1}^{n}D(X_i)=\frac{D(X)}{n}.$$

定义样本方差 $S^2=\frac{1}{n-1}\sum_{i=1}^{n}(X_i-\bar{X})^2$ 的式子，为什么要除以 $n-1$ 而不是 n？这是因为当总体 X 的方差存在时，有 $E(S^2)=D(X)$，即样本方差的期望等于总体方差. 下面用例1对其证明.

例1 设从总体 X 中抽取一个随机样本 $X_1，X_2，\cdots，X_n$，则 $E(S^2)=D(X)$.

证明

$$\begin{aligned}E(S^2)&=E\left[\frac{1}{n-1}\sum_{i=1}^{n}(X_i-\bar{X})^2\right]\\&=E\left[\frac{1}{n-1}\left(\sum_{i=1}^{n}X_i^2-2\bar{X}\sum_{i=1}^{n}X_i+n\bar{X}^2\right)\right]\\&=E\left[\frac{1}{n-1}\left(\sum_{i=1}^{n}X_i^2-2n\bar{X}^2+n\bar{X}^2\right)\right]\\&=E\left[\frac{1}{n-1}\left(\sum_{i=1}^{n}X_i^2-n\bar{X}^2\right)\right]\\&=\frac{1}{n-1}\sum_{i=1}^{n}E(X_i^2)-\frac{n}{n-1}E(\bar{X}^2)\\&=\frac{n}{n-1}\left[E(X^2)-E(\bar{X}^2)\right].\end{aligned}$$

由方差的性质知，$E(X^2)=D(X)+E^2(X)$，所以有

$$E(S^2)=\frac{n}{n-1}\left[D(X)+E^2(X)-\frac{D(X)}{n}-E^2(X)\right]=D(X).$$

例1告诉我们，用样本方差 $S^2=\frac{1}{n-1}\sum_{i=1}^{n}(X_i-\bar{X})^2$ 估计总体方差 $D(X)$，虽然有时会大

些，有时会小些，但平均起来没有偏差，即 $E(S^2)=D(X)$.

若采用统计量 $\frac{1}{n}\sum_{i=1}^{n}(X_i-\bar{X})^2$ ，则这个统计量的期望是 $\frac{n-1}{n}D(X)$ ，总比总体方差 $D(X)$ 小. 不过，当 n 比较大时，估计量 $\frac{1}{n}\sum_{i=1}^{n}(X_i-\bar{X})^2$ 与 $S^2=\frac{1}{n-1}\sum_{i=1}^{n}(X_i-\bar{X})^2$ 差异不大了，所以在 n 比较大时，有时也采用 $\frac{1}{n}\sum_{i=1}^{n}(X_i-\bar{X})^2$ 作为方差 $D(X)$ 的估计量.

例2　从某工厂加工的零件中抽取 $n=10$ 的样本，这10个样本零件的尺寸与标准尺寸的偏差（cm）如下：

2，1，−2，3，2，4，−2，5，3，4.

求偏差的样本均值、方差、样本极差及二阶样本中心矩.

解　样本均值

$$\bar{X}=\frac{1}{n}\sum_{i=1}^{n}X_i=\frac{1}{10}\times 20=2\text{（cm）};$$

样本方差

$$S^2=\frac{1}{n-1}\sum_{i=1}^{n}(X_i-\bar{X})^2=\frac{1}{10-1}\times 52=\frac{52}{9}=5.78\text{（cm}^2\text{）};$$

样本极差

$$M=\max\{X_i\}-\min\{X_i\}=5-(-2)=7\text{（cm）};$$

二阶样本中心矩

$$\gamma_2=\frac{1}{n}\sum_{i=1}^{n}(X_i-\bar{X})^2=\frac{1}{10}\times(0+1+16+1+0+4+16+9+1+4)=5.2\text{(cm}^2\text{)}.$$

以后所涉及的总体多为正态分布，下面证明正态总体中样本均值分布的定理，它是数理统计的基础定理之一.

定理　设总体 $X\sim N(\mu,\sigma^2)$ ，X_1，X_2，…，X_n 为总体 X 的一个样本，则

（1）样本均值 $\bar{X}=\frac{1}{n}\sum_{i=1}^{n}X_i\sim N\left(\mu,\frac{\sigma^2}{n}\right)$ ；

（2）统计量 $U=\frac{\bar{X}-\mu}{\sigma/\sqrt{n}}\sim N(0,\ 1)$.

证明　（1）由于 X_1，X_2，…，X_n 是相互独立的正态随机变量，所以 X_1，X_2，…，X_n 的线性函数仍服从正态分布，故 $\bar{X}=\frac{1}{n}\sum_{i=1}^{n}X_i$ 服从正态分布.

又因为

$$E(\bar{X})=E\left(\frac{1}{n}\sum_{i=1}^{n}X_i\right)=\frac{1}{n}\sum_{i=1}^{n}E(X_i)=\frac{1}{n}\sum_{i=1}^{n}\mu=\mu,$$

$$D(\bar{X})=D\left(\frac{1}{n}\sum_{i=1}^{n}X_i\right)=\frac{1}{n^2}\sum_{i=1}^{n}D(X_i)=\frac{1}{n^2}\sum_{i=1}^{n}\sigma^2=\frac{\sigma^2}{n},$$

所以

$$\bar{X}\sim N(\mu,\frac{\sigma^2}{n}).$$

（2）样本均值 $\bar{X}\sim N\left(\mu,\frac{\sigma^2}{n}\right)$，标准化后，统计量 $U=\frac{\bar{X}-\mu}{\sigma/\sqrt{n}}\sim N(0,\ 1)$．统计学中又称该分布为 U 分布．

样本均值 $\bar{X}$ 的密度函数

$$f(\bar{x})=\frac{\sqrt{n}}{\sqrt{2\pi}\,\sigma}\mathrm{e}^{-\frac{n(\bar{x}-\mu)^2}{2\sigma^2}}.$$

它的图像如图4–1所示．

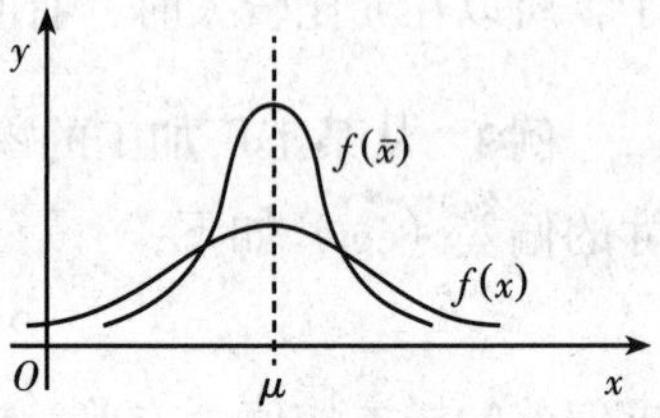

图4–1

由图4–1可以看出，$\bar{X}$ 的分布比 X_i 的分布（X 与 X_i 服从相同的分布）更集中于 μ 的附近．

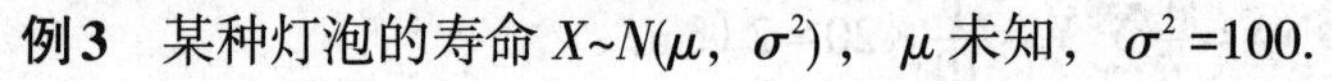

例3　某种灯泡的寿命 $X\sim N(\mu,\ \sigma^2)$，μ 未知，$\sigma^2=100$．

（1）随机地抽取100只灯泡，记 $\bar{X}$ 为这一样本的均值，求样本均值 $\bar{X}$ 与 μ 的偏差小于1的概率；

（2）若要求 $\bar{X}$ 与 μ 的偏差小于2的概率不小于0.95，问样本容量 n 至少等于多少？

解　（1）由题意知，$n=100$，$\sigma^2=100$，且 $\bar{X}\sim N\left(\mu,\frac{\sigma^2}{n}\right)$，有 $\bar{X}\sim N(\mu,\ 1)$，所以

$$P\left\{\left|\bar{X}-\mu\right|<1\right\}=P\left\{-1<\bar{X}-\mu<1\right\}=P\left\{\frac{-1}{1}<\frac{\bar{X}-\mu}{1}<\frac{1}{1}\right\}=\Phi(1)-\Phi(-1)=2\Phi(1)-1=0.6826.$$

（2）按题意要求，$P\left\{\left|\bar{X}-\mu\right|<2\right\}=P\left\{-2<\bar{X}-\mu<2\right\}$，且 $\bar{X}\sim N\left(\mu,\frac{\sigma^2}{n}\right)$，代入 $\sigma^2=100$，得 $\bar{X}\sim N\left(\mu,\frac{100}{n}\right)$，标准化后得

$$P\left\{\frac{-2}{\sqrt{\frac{100}{n}}}<\frac{\bar{X}-\mu}{\sqrt{\frac{100}{n}}}<\frac{2}{\sqrt{\frac{100}{n}}}\right\}=\Phi\left(\frac{2}{\sqrt{\frac{100}{n}}}\right)-\Phi\left(-\frac{2}{\sqrt{\frac{100}{n}}}\right)=2\Phi\left(\frac{2}{\sqrt{\frac{100}{n}}}\right)-1\geqslant 0.95.$$

整理得

$$\Phi\left(\frac{2}{\sqrt{\frac{100}{n}}}\right)\geqslant 0.975=\Phi(1.96),$$

因此要求 n 满足

$$\frac{2}{\sqrt{\frac{100}{n}}}\geqslant 1.96,$$

解得 $n\geqslant 96.04$．

所以，取 $n=97$，即可使 $\bar{X}$ 与 μ 的偏差小于2的概率不小于0.95．

习题4-1

1. 填空题

（1）设总体 $X\sim N(\mu, \sigma^2)$，$X_1, X_2, \cdots, X_n$ 为总体 X 的一个样本，则 $\bar{X}=\frac{1}{n}\sum_{i=1}^{n}X_i$ 服从__________，$U=\frac{\bar{X}-\mu}{\sigma/\sqrt{n}}$ 服从__________；

（2）设总体 $X\sim N(\mu, \sigma^2)$，其中，μ 是已知的，σ^2 是未知的，X_1, X_2, X_3, X_4 为总体 X 的一个样本. 下面样本函数中__________是统计量；

A. $\sum_{i=1}^{4}X_i$；B. $X_1-\mu$；C. $\max\{X_1, X_2, X_3, X_4\}$；D. $\sum_{i=1}^{4}\frac{X_i-\mu}{\sigma}$；E. $X_1+2\sigma-X_2$；F. $\sum_{i=1}^{4}X_i$；G. $3X_1-4\mu+5\sigma$；H. $\min\{X_1, X_2, X_3, X_4\}$；I. $\sigma^2+\sum_{i=1}^{4}\frac{X_i+\mu}{4}$.

（3）从某工厂加工的零件中抽取 $n=10$ 的样本，这10个样本零件的尺寸与标准尺寸的偏差（cm）如下：

$$0, -3, 6, 2, 4, -2, 1, -1, 5, -2.$$

偏差的样本均值为__________，方差为__________，样本极差为__________；

（4）设总体 $X\sim N(2, 0.01)$，则 $E(X)=$__________，$D(X)=$__________；

（5）设总体 $X\sim N(12, 9)$，$X_1, X_2, \cdots, X_{10}$ 为总体 X 的一个样本，则 $E(\bar{X})=$__________，$D(\bar{X})=$__________，$E(S^2)=$__________；

（6）在随机抽样时，抽取的样本应该满足__________性和__________性.

2. 选择题

（1）若总体 $\xi\sim N(\mu, \sigma^2)$，其中，μ 未知，σ^2 已知，$x_1, x_2, \cdots, x_n$ 是抽取的样本，指出下面各式中是统计量的有（　　）个；

①$\frac{1}{n}\sum_{i=1}^{n}x_i^2$；　②$\sum_{i=1}^{n}x_i^2-\bar{x}$；　③$\frac{1}{n}\sum_{i=1}^{n}x_i^2-\mu$；

④$\frac{1}{\sigma^2}\sum_{i=1}^{n}x_i^2$；　⑤$\min\{x_1, x_2, \cdots, x_n\}$；　⑥$\frac{1}{3}(x_1+x_2+x_3+x_4)-\mu$.

A. 1　　B. 2　　C. 3　　D. 4

（2）设 $x_1, x_2, \cdots, x_n$ 是正态总体 $\xi\sim N(\mu, \sigma^2)$（μ，σ^2 均未知）的一个样本，则（　　）是统计量.

A. $\frac{x_1-\mu}{\sigma}$　　B. $\frac{1}{n}\sum_{i=1}^{n}x_i$

C. $\sigma x_2+\mu$　　D. μx_1

3. 设总体 $X \sim N(9, 4)$，X_1，X_2，…，X_{100} 为总体 X 的一个样本. 求 $E(\overline{X})$，$D(\overline{X})$，$E(S^2)$.

4. (1) 设总体 $X \sim N(52, 6.3^2)$，从中抽取容量为 $n=36$ 的样本，求 $P\{50.8<\overline{X}<53.8\}$；

(2) 设总体 $X \sim N(12, 4)$，从中抽取容量为 $n=5$ 的样本，求样本均值与总体均值之差的绝对值大于1的概率.

5. 从正态总体 $X \sim N(40, 5^2)$ 中，

(1) 抽取容量为36的样本，求 $P\{38<\overline{X}<43\}$；

(2) 抽取容量为64的样本，求 $P\{|\overline{X}-40|<1\}$；

(3) 抽取容量为 n 的样本，如果要求 $P\{|\overline{X}-40|<1\} \geqslant 0.95$，问样本容量 n 应为多少？

第二节　几个常见统计量的分布

统计量的分布称为抽样分布. 因为统计推断是通过统计量进行的，而统计推断的好坏取决于统计量的分布，因此探求抽样分布是很重要的. 当总体的分布函数已知时，抽样分布是确定的，然而要求出统计量的精确分布，一般来说是困难的. 本节介绍来自正态分布总体的几个重要抽样分布.

为了讨论统计量的样本方差 S^2 的分布，引入 χ^2 分布的定义.

1. χ^2分布

定义1　设总体 $X \sim N(0, 1)$，x_1，x_2，…，x_n 为总体 X 的一个样本，它们的平方和记作 χ^2，即

$$\chi^2 = x_1^2 + x_2^2 + \cdots + x_n^2 = \sum_{i=1}^{n} x_i^2,$$

称 χ^2 服从参数为 n 的 χ^2 分布，记作 $\chi^2 \sim \chi^2(n)$. 参数 n 称为 χ^2 分布的自由度，表示 x_1，x_2，…，x_n 中独立随机变量的个数. 其密度函数为

$$f(y)=\begin{cases} \dfrac{1}{2^{\frac{n}{2}}\Gamma\left(\dfrac{n}{2}\right)} y^{\frac{n}{2}-1} \mathrm{e}^{-\frac{y}{2}}, & y \geqslant 0, \\ 0, & y<0. \end{cases}$$

其中，$\Gamma\left(\dfrac{n}{2}\right)=\int_0^{+\infty} \mathrm{e}^{-x} x^{\frac{n}{2}-1} \mathrm{d}x$ ($n>0$) 是伽马函数 $\Gamma(x)=\int_0^{+\infty} u^{x-1} \mathrm{e}^{-u} \mathrm{d}u$ 当 $x=\dfrac{n}{2}$ 时的函数值.

可以证明，$\chi^2(n)$ 分布具有可加性：

若 $\chi_1^2 \sim \chi^2(n_1)$，$\chi_2^2 \sim \chi^2(n_2)$，且 χ_1^2 与 χ_2^2 相互独立，则 $\chi_1^2+\chi_2^2 \sim \chi^2(n_1+n_2)$.

当 $n=1$，4，10时，函数 $f(y)$ 的图像如图4-2所示.

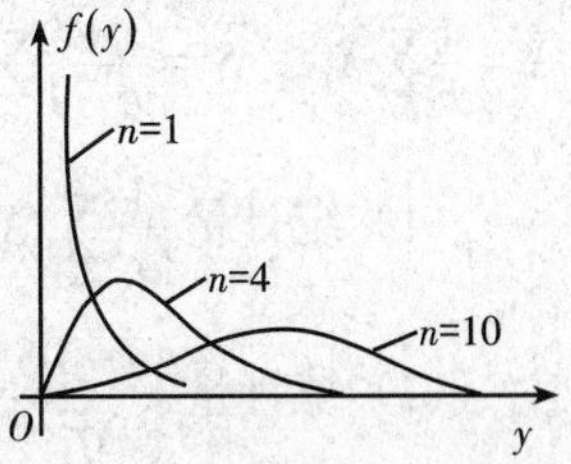

由图4-2可以看出，参数 n 对密度函数 $f(y)$ 的曲线形状有影响，当 $n\to\infty$ 时，χ^2 分布接近正态分布.

图4-2

为了今后使用方便，下面给出 χ^2 分布的 α 临界值的定义：

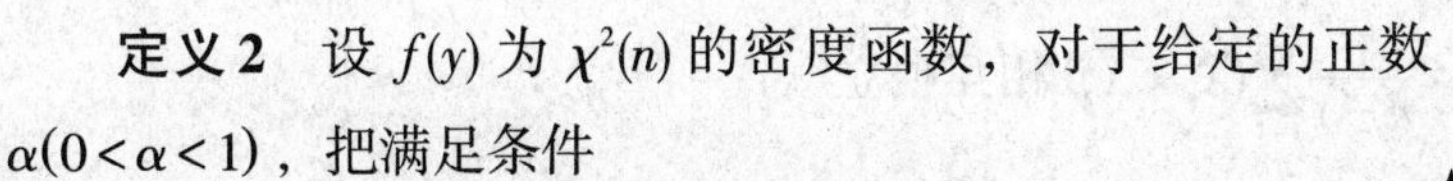

定义2 设 $f(y)$ 为 $\chi^2(n)$ 的密度函数，对于给定的正数 $\alpha(0<\alpha<1)$，把满足条件

$$\int_{\lambda}^{+\infty} f(y)\,\mathrm{d}y=\alpha$$

的点 λ 称为 $\chi^2(n)$ 分布的 α 临界值，记作 $\lambda=\chi_{\alpha}^2(n)$. 当 $\chi^2(n)>\lambda$ 时，α 表示图4-3中阴影部分的面积，即

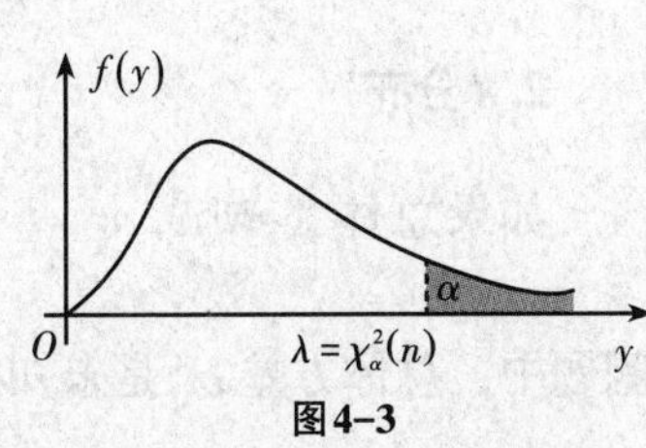

图4-3

$$P\{\chi^2(n)>\lambda\}=\int_{\lambda}^{+\infty} f(y)\mathrm{d}y=\alpha .$$

由于利用 $\int_{\lambda}^{+\infty} f(y)\mathrm{d}y=\alpha$，计算 $\lambda=\chi_{\alpha}^2(n)$ 比较烦琐，为了便于应用，给出 χ^2 分布的 α 临界值表（见附录二）. 当 $n\leqslant 45$ 时，可直接查表得临界值 $\lambda=\chi_{\alpha}^2(n)$，即满足

$$P\{\chi^2(n)>\lambda\}=\alpha$$

的点 λ；当 $n>45$ 时，比较复杂，不作研究.

例如，当 $\alpha=0.1$，$n=25$ 时，查表得 $\chi_{0.1}^2(25)=34.382$，即

$$P\{\chi^2(n)>34.382\}=\int_{34.382}^{+\infty} f(y)\mathrm{d}y=0.1 .$$

对于 $P\{\chi^2(n)<\lambda\}=\alpha$，即 $\int_0^{\lambda} f(y)\mathrm{d}y=\alpha$，由于 $\int_0^{\lambda} f(y)\mathrm{d}y+\int_{\lambda}^{+\infty} f(y)\mathrm{d}y=1$，可得

$$\int_{\lambda}^{+\infty} f(y)\mathrm{d}y=1-\int_0^{\lambda} f(y)\mathrm{d}y=1-\alpha,$$

因此 $\lambda=\chi_{1-\alpha}^2(n)$，如图4-4所示.

一般地，有如下计算公式：

（1）若 $P\{\chi^2(n)>\lambda\}=\alpha$，则 $\lambda=\chi_{\alpha}^2(n)$；

（2）若 $P\{\chi^2(n)<\lambda\}=\alpha$，则 $\lambda=\chi_{1-\alpha}^2(n)$.

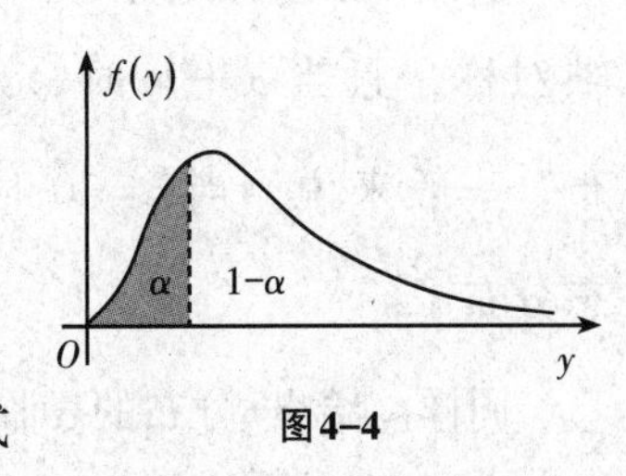

图4-4

例1 已知 $f(y)$ 为 $\chi^2(4)$ 的密度函数，查表求下列式子的 λ 的值：

（1）$\int_{\lambda}^{+\infty} f(y)\mathrm{d}y=0.05$；（2）$\int_0^{\lambda} f(y)\mathrm{d}y=0.05$.

解 （1）由 χ^2 分布的临界值的定义知，$\int_{\lambda}^{+\infty} f(y)\mathrm{d}y=0.05$，即 $\lambda=\chi_{0.05}^2(4)$. 查附录二的 χ^2 分布的临界值表，得 $\lambda=\chi_{0.05}^2(4)=9.488$.

（2）由 $\int_0^{\lambda} f(y)\,\mathrm{d}y=0.05$ 知，$P\{\chi^2(4)<\lambda\}=0.05$，因此 $\lambda=\chi_{1-0.05}^2(4)=\chi_{0.95}^2(4)$. 查附录二的 χ^2 分布的临界值表，得 $\lambda=\chi_{0.95}^2(4)=0.711$.

定理1 如果总体 $X\sim N(\mu,\sigma^2)$，$X_1, X_2, \cdots, X_n$ 为总体 X 的一个样本，

$\overline{X}=\frac{1}{n}\sum_{i=1}^{n}X_i$，$S^2=\frac{1}{n-1}\sum_{i=1}^{n}(X_i-\overline{X})^2$，那么

（1）统计量 $\frac{1}{\sigma^2}\sum_{i=1}^{n}(X_i-\mu)^2\sim\chi^2(n)$；

（2）统计量 $\frac{(n-1)S^2}{\sigma^2}\sim\chi^2(n-1)$；

（3）$\overline{X}=\frac{1}{n}\sum_{i=1}^{n}X_i$ 和 $S^2=\frac{1}{n-1}\sum_{i=1}^{n}(X_i-\overline{X})^2$ 相互独立.

2. t分布

如果总体 $X\sim N(\mu,\sigma^2)$，当 σ^2 已知时，$\frac{(n-1)S^2}{\sigma^2}\sim\chi^2(n-1)$，但是，在很多实际问题中，总体方差 σ^2 是未知的，$\frac{(n-1)S^2}{\sigma^2}$ 就不是统计量，为此，给出如下定义：

定义3　设 X，Y 为两个相互独立的随机变量，且 $X\sim N(0,1)$，$Y\sim\chi^2(n)$，则随机变量 $T=\frac{X}{\sqrt{Y/n}}$ 称为服从自由度为 n 的 t 分布，记作 $T\sim t(n)$.

t 分布的密度函数为

$$f(t)=\frac{\Gamma\left(\frac{n+1}{2}\right)}{\Gamma\left(\frac{n}{2}\right)\sqrt{n\pi}}\left(1+\frac{t^2}{n}\right)^{-\frac{n+1}{2}}\quad(-\infty<t<+\infty).$$

当 $n=1$，4，10时，密度函数 $f(t)$ 的图像如图4-5所示.

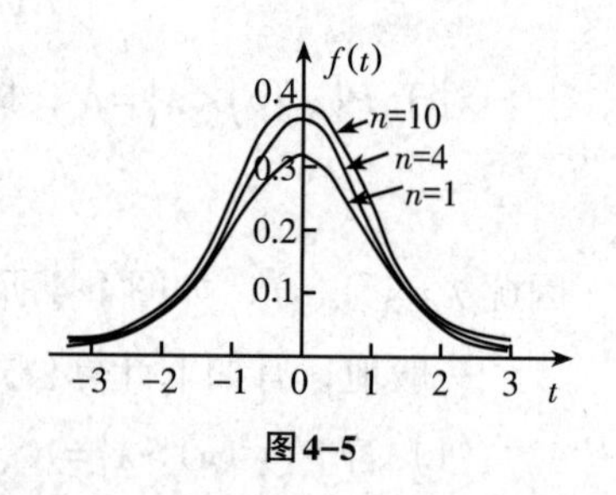

图4-5

由图4-5可以看出，t 分布的密度函数的图像关于 y 轴对称，且当 $n\to\infty$ 时，t 分布非常接近标准正态分布，一般来说，当 $n=30$ 时，t 分布就近似当成标准正态分布了.

同样，给出 t 分布的 α 临界值的定义：

定义4　设 $f(t)$ 为 $t(n)$ 的密度函数，对于给定的正数 $\alpha(0<\alpha<1)$，把满足条件

$$\int_{\lambda}^{+\infty}f(t)\mathrm{d}t=\alpha$$

的点 λ 称为 t 分布的 α 临界值，记作 $\lambda=t_\alpha(n)$. 当 $t(n)>\lambda$ 时，α 表示图4-6中右侧阴影部分的面积，即

$$P\{t(n)>\lambda\}=\int_{\lambda}^{+\infty}f(y)\mathrm{d}y=\alpha.$$

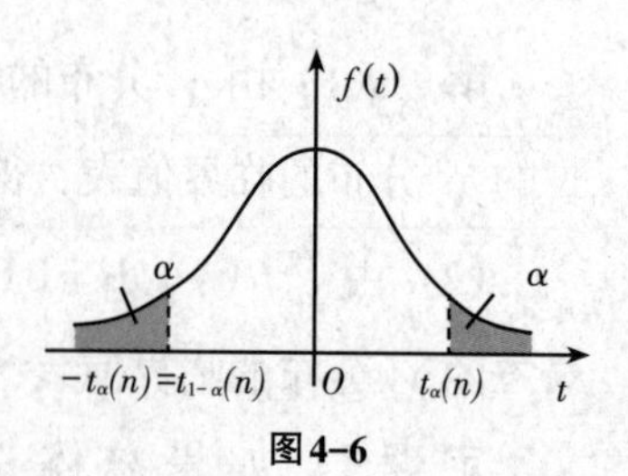

图4-6

由于 t 分布的密度函数的图像关于 y 轴对称，所以 $t_\alpha(n)$ 的对称点为 $-t_\alpha(n)$. 又因为

$$\int_{-t_\alpha(n)}^{+\infty} f(t)\mathrm{d}t = 1-\alpha = \int_{t_{1-\alpha}(n)}^{+\infty} f(t)\mathrm{d}t\ ,$$

所以

$$-t_\alpha(n) = t_{1-\alpha}(n)\ .$$

于是

$$P\{|t(n)| < t_\alpha(n)\} = \int_{t_{1-\alpha}(n)}^{t_\alpha(n)} f(t)\mathrm{d}t = 1-2\alpha\ .$$

当 $n \leqslant 45$ 时，可以查附录二的 t 分布的临界值表得到临界值；当 $n > 45$ 时，无法在表中查到，因为此时 t 分布非常接近于标准正态分布，可以用标准正态分布代替 t 分布查 $t_\alpha(n)$ 的值，即 $\lambda = t_\alpha(n)$ 可由 $\Phi(\lambda) = 1-\alpha$ 得到.

当 $\alpha < 0.5$ 时，临界值 $\lambda = t_\alpha(n)$ 可直接查表得到；当 $\alpha > 0.5$ 时，可通过 $t_\alpha(n) = -t_{1-\alpha}(n)$ 转化后查表得到.

一般地，有如下计算公式：

（1）若 $P\{t(n) > \lambda\} = \alpha$，则 $\lambda = t_\alpha(n)$；

（2）若 $P\{t(n) < \lambda\} = \alpha$，则 $\lambda = t_{1-\alpha}(n)$；

（3）若 $P\{|t(n)| < \lambda\} = \alpha$，则 $\lambda = t_{\frac{1-\alpha}{2}}(n)$.

例 2　求下列各式中的 λ 的值：

（1）$P\{t(10) > \lambda\} = 0.1$；（2）$P\{t(10) < \lambda\} = 0.1$；（3）$P\{|t(10)| < \lambda\} = 0.9$.

解　（1）由 $P\{t(10) > \lambda\} = 0.1$，得 $\lambda = t_{0.1}(10)$.

查附录二的 t 分布的临界值表，得

$$\lambda = t_{0.1}(10) = 1.3722\ ;$$

（2）由 $P\{t(10) < \lambda\} = 0.1$，得 $\lambda = t_{0.9}(10)$.

查附录二的 t 分布的临界值表，得

$$\lambda = t_{0.9}(10) = -t_{0.1}(10) = -1.3722\ ;$$

（3）由 $P\{|t(10)| < \lambda\} = 0.9$，得 $\lambda = t_{0.05}(10)$.

查附录二的 t 分布的临界值表，得

$$\lambda = t_{0.05}(10) = 1.8125\ .$$

定理 2　如果总体 $X \sim N(\mu,\ \sigma^2)$，x_1，x_2，…，x_n 为总体 X 的一个样本，$\bar{x} = \frac{1}{n}\sum_{i=1}^{n} x_i$，$S^2 = \frac{1}{n-1}\sum_{i=1}^{n}(x_i - \bar{x})^2$，那么，统计量 $T = \frac{\bar{x}-\mu}{S/\sqrt{n}} \sim t(n-1)$.

***3. *F* 分布**

定义 5　设 $U \sim \chi^2(n_1)$，$V \sim \chi^2(n_2)$，且 U，V 相互独立，则称

$$F = \frac{U/n_1}{V/n_2}$$

服从自由度为 (n_1, n_2) 的 F 分布，记为 $F \sim F(n_1, n_2)$. 其中，参数 n_1 称为第一自由度，n_2 称为第二自由度.

可以证明，$F \sim F(n_1, n_2)$ 的概率密度为

$$f_F(x)=\begin{cases}\dfrac{\Gamma\left(\dfrac{n_1+n_2}{2}\right)\left(\dfrac{n_1}{n_2}\right)^{\frac{n_1}{2}}x^{\frac{n_1}{2}-1}}{\Gamma\left(\dfrac{n_1}{2}\right)\Gamma\left(\dfrac{n_2}{2}\right)\left(1+\dfrac{n_1x}{n_2}\right)^{\frac{n_1+n_2}{2}}}, & x \geqslant 0,\\ 0, & x<0,\end{cases}$$

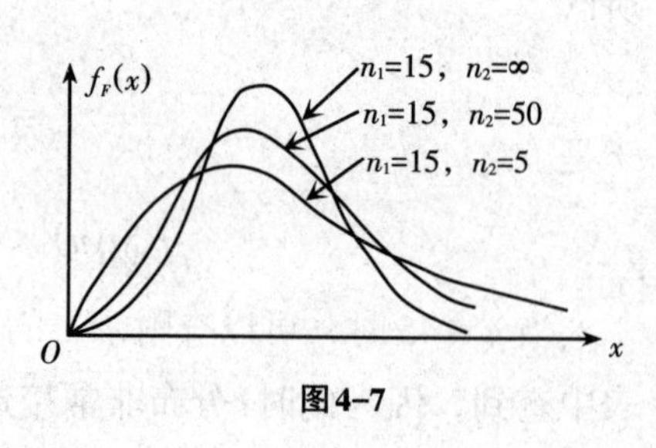

图 4-7

其图像如图 4-7 所示.

由定义 5 知，若 $F \sim F(n_1, n_2)$，则 $\dfrac{1}{F} \sim F(n_2, n_1)$.

定义 6 设 $F \sim F(n_1, n_2)$，对于给定的正数 α，$0<\alpha<1$，满足条件

$$P\{F>F_\alpha(n_1, n_2)\}=\int_{F_\alpha(n_1,n_2)}^{\infty} f_F(x)\mathrm{d}x$$

的点 $F_\alpha(n_1, n_2)$，称为 F 分布的 α 临界值.

F 分布的 α 临界值，表示图 4-8 中右侧阴影部分的面积，$F_\alpha(n_1, n_2)$ 的值可查附录二的 F 分布的临界值表.

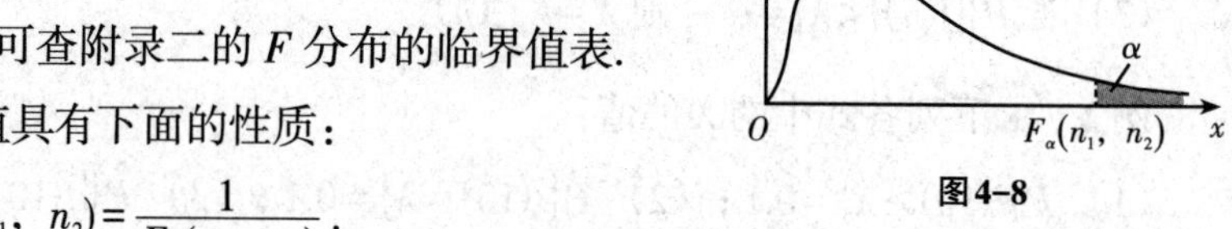

图 4-8

F 分布的 α 临界值具有下面的性质：

$$F_{1-\alpha}(n_1, n_2)=\frac{1}{F_\alpha(n_2, n_1)}.$$

例如，$F_{0.95}(10, 6)=\dfrac{1}{F_{0.05}(6, 10)}=\dfrac{1}{3.22}=0.31$.

对于两个正态分布的总体，其样本均值和样本方差有如下定理.

定理 3 总体 $X \sim N(\mu_1, \sigma_1^2)$，$x_1, x_2, \cdots, x_{n_1}$ 为 X 的一个样本，且

$$\bar{x}=\frac{1}{n_1}\sum_{i=1}^{n_1}x_i,\quad S_1^2=\frac{1}{n_1-1}\sum_{i=1}^{n_1}(x_i-\bar{x})^2;$$

总体 $Y \sim N(\mu_2, \sigma_2^2)$，$y_1, y_2, \cdots, y_{n_2}$ 为 Y 的一个样本，且

$$\bar{y}=\frac{1}{n_2}\sum_{i=1}^{n_2}y_i,\quad S_2^2=\frac{1}{n_2-1}\sum_{i=1}^{n_2}(y_i-\bar{y})^2.$$

这两个样本相互独立，则有

（1）$F=\dfrac{S_1^2/\sigma_1^2}{S_2^2/\sigma_2^2} \sim F(n_1-1, n_2-1)$；

（2）当 $\sigma_1^2=\sigma_2^2=\sigma^2$ 时

$$\frac{(\overline{X}-\overline{Y})-(\mu_1-\mu_2)}{S_w\sqrt{\dfrac{1}{n_1}+\dfrac{1}{n_2}}} \sim t\ (n_1+n_2-2),$$

其中

$$S_w=\sqrt{\frac{(n_1-1)S_1{}^2+(n_2-1)S_2^2}{n_1+n_2-2}}.$$

例3　查表求 $\chi_{0.05}^2(10)$，$t_{0.05}(5)$，$F_{0.05}(5,4)$，并且说明它们的意义.

解　由 $\alpha=0.05$，$n=10$，查表（附录二的 χ^2 分布的临界值表）得到 $\chi_{0.05}^2(10)=18.307$，即自由度为10的 χ^2 随机变量，它的取值大于或等于18.307这个事件的概率为0.05. 或者 $\chi^2(10)$ 随机变量落入 $[18.307,+\infty)$ 区间的概率为0.05.

由 $\alpha=0.05$，$n=5$，查表（附录二的 t 分布的临界值表）得到 $t_{0.05}(5)=2.571$，即 $t(5)$ 随机变量落入区间 $[2.571,+\infty)$ 的概率为0.05，落入区间（$-\infty$，2.571）的概率为 $1-\alpha=0.95$.

由 $\alpha=0.05$，$n_1=5$. $n_2=4$，查表（附录二的 F 分布的临界值表）得到 $F_{0.05}(5,4)=6.26$，即 $F(5,4)$ 随机变量落入区间 $[6.26,+\infty)$ 的概率为0.05.

例4　（1）设 $X_i\sim N(2,3)(i=1,2,\cdots,6)$，求 A 使得 $P\left\{\sum_{i=1}^{6}(X_i-2)^2\leqslant A\right\}=0.95$；

（2）从总体 $X\sim N(\mu_1,12)$ 中取出样本容量 $n_1=61$ 的样本，再从总体 $Y\sim N(\mu_2,18)$ 中取出样本容量 $n_2=31$ 的样本，两样本相互独立，方差分别为 S_1^2，S_2^2，求概率 $P\left\{\frac{S_1^2}{S_2^2}>1.16\right\}$.

解　（1）因为 $X_i\sim N(2,3)$，所以 $\frac{X_i-2}{\sqrt{3}}\sim N(0,1)$，且相互独立. 因而

$$\sum_{i=1}^{6}\left(\frac{X_i-2}{\sqrt{3}}\right)^2\sim\chi^2(6).$$

要使 $P\left\{\sum_{i=1}^{6}(X_i-2)^2\leqslant A\right\}=0.95$，则

$$0.95=P\left\{\sum_{i=1}^{6}\left(\frac{X_i-2}{\sqrt{3}}\right)^2\leqslant\frac{A}{3}\right\}=1-P\left\{\chi^2(6)>\frac{A}{3}\right\},$$

即

$$P\left\{\chi^2(6)>\frac{A}{3}\right\}=1-0.95=0.05.$$

查 $\chi^2(6)$ 表知

$$P\{\chi^2(6)>12.592\}=1-0.95=0.05,$$

故

$$\frac{A}{3}=12.592,\quad A=37.776.$$

（2）由定理3知

$$\frac{S_1{}^2/\sigma_1^2}{S_2{}^2/\sigma_2^2}\sim F(n_1-1,n_2-1),$$

代入

$$\sigma_1^2=12,\ \sigma_2^2=18,\ n_1=61,\ n_2=31$$

得

$$\frac{S_1^2/12}{S_2^2/18}\sim F(60,\ 30),$$

则

$$P\left\{\frac{S_1^2}{S_2^2}>1.16\right\}=P\left\{\frac{S_1^2/12}{S_2^2/18}>\frac{1.16/12}{1/18}\right\}=P\left\{\frac{S_1^2/12}{S_2^2/18}>1.74\right\}.$$

查表知，$F_{0.05}(60,\ 30)=1.74$，即 $P\left\{\frac{S_1^2/12}{S_2^2/18}>1.74\right\}=0.05$.

因此

$$P\left\{\frac{S_1^2}{S_2^2}>1.16\right\}=0.05.$$

习题4-2

1. 查表，求下列各式的值：

（1）$\chi_{0.01}^2(10)=$__________，$\chi_{0.05}^2(12)=$__________；

（2）$t_{0.01}(10)=$__________，$t_{0.05}(12)=$__________；

（3）$F_{0.01}(6,\ 10)=$__________，$F_{0.95}(10,\ 6)=$__________.

2. 查表，求下列各分布的临界值 λ：

（1）$P\{\chi^2(15)>\lambda\}=0.01$，则 $\lambda=$__________；

（2）$P\{\chi^2(15)<\lambda\}=0.01$，则 $\lambda=$__________；

（3）$P\{t(8)>\lambda\}=0.1$，则 $\lambda=$__________；

（4）$P\{t(8)<\lambda\}=0.1$，则 $\lambda=$__________；

（5）$P\{|F(8,\ 6)|<\lambda\}=0.95$，则 $\lambda=$__________；

（6）$P\{|F(4,\ 6)|>\lambda\}=0.01$，则 $\lambda=$__________.

3. 选择题

（1）设总体 $X\sim N(0,\ 1)$，$x_1,\ x_2,\ \cdots,\ x_n$ 为总体 X 的一个样本，则 $\sum_{i=1}^{n}x_i^2$ 服从（　　）分布；

A. $\chi^2(n-1)$　　　　B. $\chi^2(n)$

C. $\chi^2(n+1)$　　　　D. $\chi^2(n^2)$

（2）设 X，Y 为两个相互独立的随机变量，且 $X\sim N(0,1)$，$Y\sim\chi^2(n)$，则随机变量 $\dfrac{X}{\sqrt{Y/n}}$ 服从（　　）分布；

A. $t(n)$　　B. $t(n-1)$

C. $t(n+1)$　　D. $\chi^2(n)$

（3）如果总体 $X\sim N(\mu,\sigma^2)$，$x_1,x_2,\cdots,x_n$ 为总体 X 的一个样本，$\bar{x}=\dfrac{1}{n}\sum_{i=1}^{n}x_i$，$S^2=\dfrac{1}{n-1}\sum_{i=1}^{n}(x_i-\bar{x})^2$，那么，统计量 $\dfrac{\bar{x}-\mu}{S/\sqrt{n}}$ 服从（　　）分布.

A. $t(n)$　　B. $t(n-1)$

C. $t(n+1)$　　D. $\chi^2(n)$

4. 设 $X_i\sim N(76.4,383)$ $(i=1,2,\cdots,4)$ 为总体 X 的一个样本.

（1）问 $A=\sum_{i=1}^{4}\dfrac{(X_i-76.4)^2}{383}$，$B=\sum_{i=1}^{4}\dfrac{(X_i-\overline{X})^2}{383}$ 分别服从什么分布？

（2）求 $P\{0.711<A<7.779\}$，$P\{0.352<B<6.251\}$.

5. 设总体 $X\sim N(5,49)$，$x_1,x_2,\cdots,x_{16}$ 为总体 X 的一个样本，求 $P\left\{\sum_{i=1}^{16}(x_i-5)^2>583.69\right\}$.

复习题四

1. 对某种型号飞机的飞行速度进行了10次试验，测得最大飞行速度为

2.36，　2.42，　2.38，　2.34，　2.40，

2.42，　2.39，　2.43，　2.39，　2.37.

求样本均值和样本方差、样本标准差.

2. 若总体 $\xi\sim N(\mu,\sigma^2)$，其中，μ 未知，σ^2 已知，$x_1,x_2,\cdots,x_n$ 是抽取的样本，指出下面各式中哪些是统计量，哪些不是统计量.

（1）$\dfrac{1}{n}\sum_{i=1}^{n}x_i^2$；　（2）$\sum_{i=1}^{n}x_i^2-\bar{x}$；　（3）$\dfrac{1}{n}\sum_{i=1}^{n}x_i^2-\mu$；　（4）$\dfrac{1}{\sigma^2}\sum_{i=1}^{n}x_i^2$；

（5）$\min\{x_1,x_2,\cdots,x_n\}$；　（6）$\dfrac{\frac{1}{n}\sum_{i=1}^{4}X_i-\mu}{\sigma}$；　（7）$\dfrac{1}{3}(x_1+x_2+x_3+x_4)-\mu$.

3. 若总体 $X\sim N(\mu,\sigma^2)$，其中，μ，σ^2 是已知的，$x_1,x_2,\cdots,x_n$ 是抽取的样本，$\bar{x}=\dfrac{1}{n}\sum_{i=1}^{n}x_i$，$S^2=\dfrac{1}{n-1}\sum_{i=1}^{n}(x_i-\bar{x})^2$，写出下面统计量的表达式及服从的分布：

（1）$U=$ ____________ 服从 ____________ 分布；

（2）$T=$ ____________ 服从 ____________ 分布；

（3）$\chi^2=$____________服从____________分布；

（4）统计量 $\frac{10S^2}{\sigma^2}$ 服从____________分布；

（5）统计量 $\frac{\bar{x}-\mu}{\sigma/\sqrt{10}}$ 服从____________分布；

（6）统计量 $\frac{\bar{x}-\mu}{S/\sqrt{10}}$ 服从____________分布；

（7）统计量 $\frac{1}{10}\sum_{i=1}^{10}x_i$ 服从____________分布.

4. 设总体 $X\sim N(4,\ 0.25)$.

（1）抽取容量为9的样本，求 $P\{3.8<\overline{X}<4.3\}$；

（2）抽取样本容量 n 为多大时，才能使 $P\{|\overline{X}-4|<0.2\}=0.95$？

5. 从总体 $X\sim N(2,\ 3^2)$ 中抽取容量为16的样本 X_1，X_2，…，X_{16}，样本均值为 $\overline{X}$，样本方差为36.

（1）求 $P\left\{\sum_{i=1}^{16}\left(\frac{X_i-2}{3}\right)^2>9.312\right\}$；

（2）求 $P\left\{\frac{\overline{X}-2}{3}>0.25\right\}$.

6. 从总体 $X\sim N(20,\ 3)$ 中随机抽取容量分别为10，15的两个独立样本.

（1）求这两个独立样本均值的绝对值大于0.3的概率；

（2）其样本方差分别为 S_1^2，S_2^2. 求 $P\left\{\frac{S_1^2}{S_2^2}>2.12\right\}$.

7. 从总体 $X\sim N(52,\ \sigma^2)$ 中随机抽取容量为16的样本，且 $S^2=36$，求样本均值 $\overline{X}$ 落在50.04~53.95之间的概率.

8. 从总体 $X\sim N(1,\ 4)$ 中随机抽取容量为5的样本，求 $P\{S^2>0.711\}$.

第五章　参数估计

在实际问题中，有时已知总体的分布，但其中含有未知参数，需要利用总体的一组样本观测值和适当的统计量来确定总体的未知参数，这就是参数估计问题. 参数估计又分点估计和区间估计.

第一节　参数的点估计

一、参数的点估计

定义 1　设 $x_1, x_2, \cdots, x_n$ 为总体的一个样本，总体分布中含有未知参数 θ，若用统计量 $\hat{\theta}=\hat{\theta}(x_1, x_2, \cdots, x_n)$ 的值作为总体未知参数 θ 的估计值，则统计量 $\hat{\theta}$ 称为 θ 的估计量. 把利用估计量 $\hat{\theta}$ 来估计未知参数 θ 的值的估计，称为参数的点估计.

1. 数字特征法

设总体 $\xi \sim N(\mu, \sigma^2)$，$x_1, x_2, \cdots, x_n$ 为总体 ξ 的一个样本，则样本均值 $\bar{x} \sim N\left(\mu, \frac{\sigma^2}{n}\right)$. 因为统计量 $\bar{x}$ 较任何一个 x_i 更集中于均值 μ 的附近，所以可以用样本均值 $\bar{x}=\frac{1}{n}\sum_{i=1}^{n}x_i$ 来估计正态总体的均值，即 $\hat{\mu}=\bar{x}$；用样本方差 $S^2=\frac{1}{n-1}\sum_{i=1}^{n}(x_i-\bar{x})^2$ 来估计正态总体的方差 σ^2，即 $\hat{\sigma}^2=S^2$.

对于其他分布，也可以用样本均值 $\bar{x}$、样本方差 S^2 来估计总体的均值和方差. 这种用样本的数字特征来估计总体的数字特征的方法称为数字特征法.

由于样本具有代表性和独立性，因此在讨论问题时，估计量都作为随机变量，如果样本是一次观测的结果，那么可由估计量计算出一个具体数值，称为估计值.

例 1　某企业生产一批铆钉，现在检验铆钉头部的直径. 从该批产品中随机地选取 12 只，测得直径（单位：mm）分别为

13.30，13.38，13.40，13.32，13.43，13.48，

13.51，13.31，13.34，13.47，13.44，13.50.

设铆钉头部的直径总体 $\xi \sim N(\mu, \sigma^2)$，其中，$\mu$，$\sigma^2$ 未知，用数字特征法估计 μ 和 σ^2.

解 μ 和 σ^2 的估计值分别为

$$\begin{aligned}\hat{\mu} &= \bar{x} \\ &= \frac{1}{12} \times (13.30 + 13.38 + 13.40 + 13.32 + 13.43 + 13.48 + 13.51 + 13.31 + 13.34 + \\ &\quad 13.47 + 13.44 + 13.50) \\ &= 13.41,\end{aligned}$$

$$\begin{aligned}\hat{\sigma}^2 &= S^2 \\ &= \frac{1}{12-1} \times [(13.30-13.41)^2 + (13.38-13.41)^2 + (13.40-13.41)^2 + (13.32-13.41)^2 + \\ &\quad (13.43-13.41)^2 + (13.48-13.41)^2 + (13.51-13.41)^2 + (13.31-13.41)^2 + \\ &\quad (13.34-13.41)^2 + (13.47-13.41)^2 + (13.44-13.41)^2 + (13.50-13.41)^2] \\ &\approx 0.0058.\end{aligned}$$

例 2 某炸药制造厂一天中发生着火现象的次数 ξ 是一个随机变量，假设它服从以 λ 为参数的泊松分布，参数 λ 未知，现有观测数据如表 5-1 所示.

表 5-1

着火次数 k	0	1	2	3	4	5	6
发生 k 次着火的天数 n_k	75	90	54	22	6	2	1

试求未知参数 λ 的估计值.

解 由 $\xi \sim P(\lambda)$ 可知 $\lambda = E(\xi)$. 样本平均值

$$\bar{x} = \frac{\sum_{k=0}^{6} k n_k}{\sum_{k=0}^{6} n_k} = \frac{1}{250} \times (0\times75 + 1\times90 + 2\times54 + 3\times22 + 4\times6 + 5\times2 + 6\times1) = 1.22,$$

所以

$$\hat{\lambda} = \bar{x} = 1.22 .$$

2. 极大似然法

在估计 θ 的值时，建立关于样本观测值 $x_1, x_2, \cdots, x_n$ 且包含 θ 的函数 $L(x_1, x_2, \cdots, x_n, \theta)$，使得该函数达到极大值，从而求得 θ 的估计值 $\hat{\theta}$. 这样得到的参数估计值称为极大似然估计值，相应的估计量称为极大似然估计量，该方法称为极大似然法.

极大似然法的直观思想是：如果随机试验的结果是一组样本观测值 $x_1, x_2, \cdots, x_n$，那么该组样本观测值出现的可能性应该是最大的，所以 θ 的估计值 $\hat{\theta}$ 应该是关于 $x_1, x_2, \cdots, x_n$ 和 θ 的函数 $L(x_1, x_2, \cdots, x_n, \theta)$（称为似然函数）取得极大值时 θ 的值.

建立似然函数 $L(x_1, x_2, \cdots, x_n, \theta)$ 有如下方法.

（1）若总体 ξ 是离散型随机变量，样本观测值 x_1，x_2，…，x_n 的概率为 $p(x_i, \theta)$ $(i=1, 2, \cdots, n)$，其中，θ 为未知参数，则如下建立似然函数：

$$L(\theta)=L(x_1, x_2, \cdots, x_n, \theta)=\prod_{i=1}^{n} p(x_i, \theta).$$

（2）若总体 ξ 是连续型随机变量，样本观测值 x_1，x_2，…，x_n 的密度函数为 $f(x_i, \theta)$ $(i=1, 2, \cdots, n)$，其中，θ 为未知参数，则如下建立似然函数：

$$L(\theta)=L(x_1, x_2, \cdots, x_n, \theta)=\prod_{i=1}^{n} f(x_i, \theta).$$

例3　设 $\xi \sim P(\lambda)$，其中，λ 为未知参数，如果取得的样本观测值为 x_1，x_2，…，x_n，求参数 λ 的极大似然估计量.

解　泊松分布的概率是 $P\{\xi=x\}=\dfrac{\lambda^x}{x!}\mathrm{e}^{-\lambda}$，所以

$$L(\lambda)=\prod_{i=1}^{n}\frac{\lambda^{x_i}}{x_i!}\mathrm{e}^{-\lambda}=\frac{\lambda^{\sum\limits_{i=1}^{n}x_i}}{\prod\limits_{i=1}^{n}(x_i!)}\mathrm{e}^{-n\lambda}.$$

取对数，得

$$\ln L(\lambda)=\left(\sum_{i=1}^{n}x_i\right)\ln\lambda-\sum_{i=1}^{n}\ln(x_i!)-n\lambda.$$

对 λ 求导，并令导数等于0，得

$$\frac{\mathrm{d}\ln L}{\mathrm{d}\lambda}=\frac{1}{\lambda}\sum_{i=1}^{n}x_i-n=0.$$

解方程，可得 λ 的极大似然估计量为

$$\hat{\lambda}=\frac{1}{n}\sum_{i=1}^{n}x_i.$$

例4　设总体的密度函数为 $f(x, \lambda)=\lambda\,\mathrm{e}^{-\lambda x}(x>0)$，其中，$\lambda$ 为未知参数，如果取得的样本观测值为 x_1，x_2，…，x_n，求参数 λ 的极大似然估计量.

解　建立似然函数：

$$L(\lambda)=\prod_{i=1}^{n}\lambda\mathrm{e}^{-\lambda x_i}=\lambda^n\,\mathrm{e}^{-\lambda\sum\limits_{i=1}^{n}x_i}.$$

取对数，得

$$\ln L(\lambda)=n\ln\lambda-\lambda\sum_{i=1}^{n}x_i.$$

对 λ 求导，并令导数等于0，得

$$\frac{\mathrm{d}\ln L}{\mathrm{d}\lambda}=\frac{n}{\lambda}-\sum_{i=1}^{n}x_i=0.$$

解方程，可得 λ 的极大似然估计量为

$$\hat{\lambda}=\frac{n}{\sum_{i=1}^{n}x_i}.$$

二、估计量的无偏性和有效性

估计量是随机变量，对于不同的样本观测值，它有不同的估计值，用估计量 $\hat{\theta}$ 来估计未知参数 θ 时，总是希望选择最佳的统计量来得到参数的最佳估计值——最接近 θ 的值. 那么，用什么标准来衡量统计量的好坏呢？下面介绍两种衡量标准.

1. 无偏性

定义2 设 $\hat{\theta}$ 是未知参数 θ 的估计量，若 $\hat{\theta}$ 的均值等于未知参数 θ，即

$$E(\hat{\theta})=\theta,$$

则称 $\hat{\theta}$ 是 θ 的无偏估计量，相应的估计值称为无偏估计值. 否则，称 $\hat{\theta}$ 是 θ 的有偏估计量，相应的估计值称为有偏估计值.

下面以正态分布为例，解释说明样本均值 $\bar{x}$ 是总体均值 μ 的无偏估计量，而2阶样本中心矩 $\gamma_2=\frac{1}{n}\sum_{i=1}^{n}(x_i-\bar{x})^2$ 是 σ^2 的有偏估计量.

对于正态分布，有

$$E(\bar{x})=E\left(\frac{1}{n}\sum_{i=1}^{n}x_i\right)=\frac{1}{n}\sum_{i=1}^{n}E(x_i)=\frac{1}{n}\times n\mu=\mu.$$

先把 $\gamma_2=\frac{1}{n}\sum_{i=1}^{n}(x_i-\bar{x})^2$ 变形：

$$\begin{aligned}\gamma_2&=\frac{1}{n}\sum_{i=1}^{n}(x_i-\bar{x})^2=\frac{1}{n}\sum_{i=1}^{n}\left[(x_i-\mu)-(\bar{x}-\mu)\right]^2\\&=\frac{1}{n}\sum_{i=1}^{n}(x_i-\mu)^2-\frac{2}{n}(\bar{x}-\mu)\sum_{i=1}^{n}(x_i-\mu)+(\bar{x}-\mu)^2\\&=\frac{1}{n}\sum_{i=1}^{n}(x_i-\mu)^2-\frac{2}{n}(\bar{x}-\mu)(n\bar{x}-n\mu)+(\bar{x}-\mu)^2\\&=\frac{1}{n}\sum_{i=1}^{n}(x_i-\mu)^2-(\bar{x}-\mu)^2.\end{aligned}$$

又因为

$$E\left[(x_i-\mu)^2\right]=D(x_i)=\sigma^2,$$

$$E\left[(\bar{x}-\mu)^2\right]=D(\bar{x})=D\left(\frac{1}{n}\sum_{i=1}^{n}x_i\right)=\frac{1}{n^2}\sum_{i=1}^{n}D(x_i)=\frac{1}{n^2}\cdot n\sigma^2=\frac{\sigma^2}{n},$$

所以

$$E(\gamma_2)=\frac{1}{n}\sum_{i=1}^{n}E\left[(x_i-\mu)^2\right]-E\left[(\bar{x}-\mu)^2\right]=\frac{1}{n}\cdot n\sigma^2-\frac{\sigma^2}{n}=\frac{n-1}{n}\sigma^2.$$

可见，样本平均值 $\bar{x}$ 是总体均值 μ 的无偏估计量，而2阶样本中心矩 $\gamma_2=\frac{1}{n}\sum_{i=1}^{n}(x_i-\bar{x})^2$ 是总体方差 σ^2 的有偏估计量.

为了得到 σ^2 的无偏估计量，只需要将 γ_2 乘以 $\frac{n}{n-1}$，即

$$S^2=\frac{n}{n-1}\gamma_2=\frac{1}{n-1}\sum_{i=1}^{n}(x_i-\bar{x})^2,$$

此时，有

$$E(S^2)=E\left(\frac{n}{n-1}\gamma_2\right)=\sigma^2.$$

也就是说，S^2 是 σ^2 的无偏估计量.

例5　测得自动车床加工的10个零件的尺寸与规定尺寸的偏差（单位：μm）如下：

+2，+1，−2，+3，+2，+4，−2，+5，+3，+4.

求零件尺寸偏差的均值和方差的无偏估计值.

解　根据题意，有

$$\hat{\mu}=\bar{x}=\frac{1}{10}\sum_{i=1}^{10}x_i=+2\ (\mu\text{m}),$$

$$\hat{\sigma}^2=S^2=\frac{1}{9}\sum_{i=1}^{10}(x_i-\bar{x})^2=5.78\ (\mu\text{m}^2).$$

注意：在估计总体方差时，用样本方差较为合适；但当样本容量很大时，γ_2 近似于 S^2，也可以用 γ_2 作为 σ^2 的估计值.

2. 有效性

$E(\bar{x})=\mu$，表明任意一组观测值 $x_1, x_2, \cdots, x_n$ 的样本平均值都是均值 μ 的无偏估计量. 因此，在 θ 的众多无偏估计量中，应以相对 θ 偏差较小的为好，也就是说，一个较好的估计量应当有尽可能小的方差. 为此，引入另一个衡量标准——有效性.

定义3　设统计量 $\hat{\theta}_1$ 和 $\hat{\theta}_2$ 都是 θ 的无偏估计量，对于给定的 n，如果

$$D(\hat{\theta}_1)<D(\hat{\theta}_2),$$

那么称 $\hat{\theta}_1$ 较 $\hat{\theta}_2$ 有效. 若对于给定的 n，在 θ 的估计值中，$D(\hat{\theta})$ 的值最小，则称 $\hat{\theta}$ 是 θ 的有效估计量.

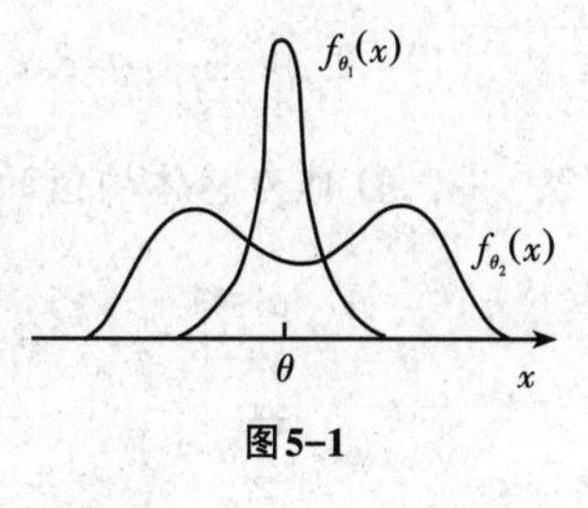

图5–1

这就是说，两个无偏估计量以方差小的为好，图5–1画出了 $\hat{\theta}_1$，$\hat{\theta}_2$ 的概率密度曲线. 这意味着使用估计量 $\hat{\theta}_1$ 得到的估计值落在靠近 θ 的概率要比 $\hat{\theta}_2$ 的大.

例如，x_i 和 $\bar{x}$ 都是 μ 的无偏估计量，若 $n\neq 1$，由于

$$D(\bar{x})=\frac{\sigma^2}{n}<\sigma^2=D(x_i),$$

因此，样本均值 $\bar{x}$ 较个别观测值 x_i 有效.

习题5-1

1. 某厂某天生产了一大批显像管，从中抽取 $n=10$ 的样本，测试寿命（单位：万h）数据如下：

$$10，11，10，11，12，12，10，11，13，10.$$

问该天生产的显像管的平均寿命、样本方差及样本标准差大约是多少？

2. 设总体 $X\sim U(0, b)$，$b>0$，抽取样本容量 $n=5$ 的样本，测得数据为5，6，3，8，9，求 b 的点估计值.

3. 设离散型随机变量 X 服从参数 $\lambda>0$ 的泊松分布，从总体 X 中抽得容量 $n=10$ 的样本观察值：

$$12，10，14，15，17，10，11，12，13，16.$$

求参数 λ 的极大似然估计.

4. 已知 x_1，x_2，x_3，x_4 为来自均值为 θ 的指数分布总体的样本，其中，θ 未知. 设估计量

$$A_1=\frac{1}{6}x_1+\frac{1}{6}x_2+\frac{1}{3}x_3+\frac{1}{3}x_4，\quad A_2=\frac{1}{4}(x_1+x_2+x_3+x_4).$$

（1）A_1，A_2 是 θ 的无偏估计量吗?

（2）A_1，A_2 对 θ 的估计哪个更有效?

5. 设总体 $\xi\sim N(\mu, \sigma^2)$，其中，均值 μ 未知，样本观察值为 x_1，x_2，…，x_n. 试证下列统计量都是 μ 的无偏估计量，并指出使用哪个统计量估计最好.

（1）$\hat{\mu}_1=\frac{1}{4}x_1+\frac{1}{2}x_2+\frac{1}{4}x_3$；（2）$\hat{\mu}_2=\frac{1}{3}x_1+\frac{1}{3}x_2+\frac{1}{3}x_3$；

（3）$\hat{\mu}_3=\frac{1}{5}x_1+\frac{3}{5}x_2+\frac{1}{5}x_3$；（4）$\hat{\mu}_4=\frac{1}{6}x_1+\frac{5}{6}x_3$.

6. 多项选择题

（1）设 x_1，x_2，…，x_n 是正态总体 $\xi\sim N(\mu, \sigma^2)$ 的一个样本，用 $\sum_{i=1}^{n}a_ix_i(a_i\geqslant0, i=1, 2, \cdots, n)$ 作为总体均值的估计量，当（　　）时，估计量是无偏估计量；

A. $a_i=1$ B. $\sum_{i=1}^{n}a_i=n$

C. $\sum_{i=1}^{n}a_i=1$ D. $a_1=a_2=0.5$，$a_3=a_4=\cdots=a_n=0$

（2）设 x_1，x_2，…，x_n 是正态总体 $\xi\sim N(\mu, \sigma^2)$ 的一个样本，且 μ 已知，则（　　）是 σ^2 的无偏估计量.

A. $(x_i-\mu)^2$　　B. $\frac{1}{n}\sum_{i=1}^{n}(x_i-\bar{x})^2$

C. $\frac{1}{n}\sum_{i=1}^{n}(x_i-\mu)^2$　　D. $\frac{1}{n-1}\sum_{i=1}^{n}(x_i-\bar{x})^2$

第二节　参数的区间估计

在实际问题中，不仅需要求出未知参数的点估计，往往还需要大致估计这些参数估计量的精确度，即找到未知参数 θ 的一个变化区间[$\hat{\theta}_1$, $\hat{\theta}_2$]. 由于 $\hat{\theta}$ 是随机变量，所以区间[$\hat{\theta}_1$, $\hat{\theta}_2$]是随机区间，它可能包含 θ ，也可能不包含 θ ，因此还需要知道区间[$\hat{\theta}_1$, $\hat{\theta}_2$]的可靠性.

用随机区间来表示包含未知参数 θ 的范围和可靠程度的估计方法称为参数的区间估计.

定义　设总体分布含有未知参数 θ ， $\hat{\theta}_1$ 和 $\hat{\theta}_2$ 是由样本观测值确定的两个统计量，对于给定的常数 α ($0<\alpha<1$)，使得

$$P\left\{\hat{\theta}_1\leqslant\theta\leqslant\hat{\theta}_2\right\}=1-\alpha ,$$

则把区间[$\hat{\theta}_1$, $\hat{\theta}_2$]称为参数 θ 的概率为 $1-\alpha$ 的置信区间. $1-\alpha$ 称为置信水平或置信度.

一般情况下， α 取0.01，0.05，0.10等，使置信度分别为0.99，0.95，0.90等.

置信区间的意义是：若进行了100组随机抽样（样本容量相等），可以得到100个样本，每一个样本可以确定一个区间[$\hat{\theta}_1$, $\hat{\theta}_2$]. 在这100个区间中，有的区间包含参数 θ ，有的区间不包含 θ . 对于 $\alpha=0.05$ ，即 $1-\alpha=0.95$ 时，在这100个区间中，包含参数 θ 的区间大约占95%，不包含参数 θ 的区间大约占5%，也就是说，置信区间的可靠程度为95%.

在实际问题中，大多数总体都是服从正态分布的，因此下面仅讨论总体服从正态分布的参数 μ, σ^2 的置信区间.

1. 已知 σ^2 ，确定正态总体 μ 的置信区间

若总体 $\xi\sim N(\mu, \sigma^2)$ ， $x_1, x_2, \cdots, x_n$ 为总体 ξ 的一个随机样本，样本均值 $\bar{x}\sim N\left(\mu,\frac{\sigma^2}{n}\right)$ ，标准化后，得 $\frac{\bar{x}-\mu}{\sigma/\sqrt{n}}\sim N(0, 1)$ ，则参数 μ 的置信水平为 $1-\alpha$ 的置信区间是 $\left[\bar{x}-\frac{\lambda\sigma}{\sqrt{n}}, \bar{x}+\frac{\lambda\sigma}{\sqrt{n}}\right]$ ，其中， λ 的值可由 $\Phi(\lambda)=1-\frac{\alpha}{2}$ ，查附录二的标准正态分布表得到.

例1　某商店用机器包装一种商品，每包的质量 ξ 服从正态分布，为检查打包机的

工作质量，某日开工后随机抽取9包商品，测得质量（单位：kg）如下：

99.3，98.7，100.5，101.2，98.3，99.7，95.5，102.1，100.5.

根据长期使用包装机的统计经验可知，该包装机包装这种商品每包质量的标准差大致稳定在1.2kg. 试对机器包装的商品每包质量的均值 μ 作区间估计.（$\alpha=0.05$）

解 （方法一）根据题意，需求出满足 $P\{\hat{\theta}_1<\mu<\hat{\theta}_2\}=1-0.05=0.95$ 的 μ 的置信区间.

引入统计量 $U=\dfrac{\bar{x}-\mu}{\sigma/\sqrt{n}}\sim N(0,\ 1)$，问题转化为求 $P\{|U|<\lambda\}=0.95$ 的统计量 U 的置信区间.

查附录二的标准正态分布表，由 $\Phi(\lambda)=1-\dfrac{\alpha}{2}$，得 $\Phi(\lambda)=1-\dfrac{0.05}{2}=0.975$，得$\lambda\approx$ 1.96. 如图5-2所示.

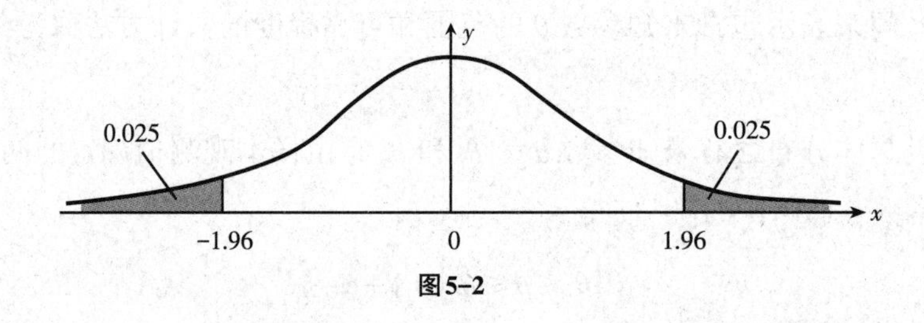

图5-2

由样本值得样本均值

$$\bar{x}=\frac{1}{9}\times(99.3+98.7+100.5+101.2+98.3+99.7+95.5+102.1+100.5)\approx 99.98.$$

把 $\sigma^2=1.2^2$，$n=9$ 代入式子 $P\left\{\left|\dfrac{\bar{x}-\mu}{\sigma/\sqrt{n}}\right|<\lambda\right\}=0.95$ 中，得

$$P\left\{\left|\frac{\bar{x}-\mu}{\sigma/\sqrt{n}}\right|<\lambda\right\}=P\left\{\left|\frac{99.98-\mu}{1.2/\sqrt{9}}\right|<1.96\right\}=0.95.$$

于是，μ 的置信水平为0.95的置信区间为

$$\left|\frac{99.98-\mu}{1.2/\sqrt{9}}\right|<1.96,$$

整理得

$$|99.98-\mu|<0.784,$$

即

$$99.2<\mu<100.76.$$

所以，该种商品每包质量的均值 μ 的置信水平为0.95的置信区间为[99.2，100.76].

（方法二）参数 μ 的置信水平为 $1-\alpha$ 的置信区间是 $\left[\bar{x}-\dfrac{\lambda\sigma}{\sqrt{n}},\ \bar{x}+\dfrac{\lambda\sigma}{\sqrt{n}}\right]$. 其中，$\lambda$ 的

值可查附录二的标准正态分布表得到. 由 $\Phi(\lambda)=1-\frac{0.05}{2}=0.975$，得 $\lambda\approx1.96$.

由样本值得样本均值

$$\bar{x}=\frac{1}{9}\times(99.3+98.7+100.5+101.2+98.3+99.7+95.5+102.1+100.5)\approx99.98.$$

于是

$$\hat{\theta}_1=\bar{x}-\frac{\lambda\sigma}{\sqrt{n}}=99.98-\frac{1.96\times1.2}{\sqrt{9}}\approx99.2,$$

$$\hat{\theta}_2=\bar{x}+\frac{\lambda\sigma}{\sqrt{n}}=99.98+\frac{1.96\times1.2}{\sqrt{9}}\approx100.76,$$

所以，该种商品每包质量的均值 μ 的置信水平为0.95的置信区间为[99.2，100.76].

2. 未知 σ^2，确定正态总体 μ 的置信区间

在很多实际问题中，正态总体的方差 σ^2 是未知的，若要估计均值 μ 的置信区间，一般用 σ^2 的估计量 S^2 来代替. 这时就要利用统计量 $T=\frac{\bar{x}-\mu}{S/\sqrt{n}}$ 来确定参数 μ 的置信水平为 $1-\alpha$ 的置信区间.

若总体 $\xi\sim N(\mu,\ \sigma^2)$，$x_1,\ x_2,\ \cdots,\ x_n$ 为总体 ξ 的一个样本，样本均值 $\bar{x}=\frac{1}{n}\sum_{i=1}^{n}x_i$，样本方差 $S^2=\frac{1}{n-1}\sum_{i=1}^{n}(x_i-\bar{x})^2$，这时应选取统计量 $T=\frac{\bar{x}-\mu}{S/\sqrt{n}}\sim t(n-1)$，则参数 μ 的置信水平为 $1-\alpha$ 的置信区间为 $\left[\bar{x}-\frac{\lambda S}{\sqrt{n}},\ \bar{x}+\frac{\lambda S}{\sqrt{n}}\right]$，其中，$\lambda=t_{\frac{\alpha}{2}}(n-1)$ 可查附录二的 t 分布的临界值表得到. 如图5-3所示.

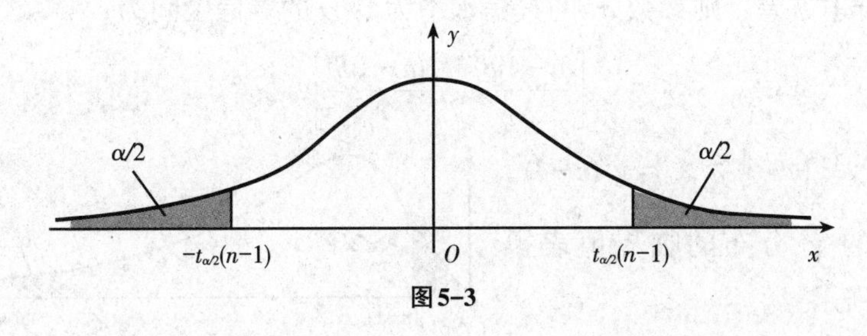

图5-3

证明略.

例2　测得加工的10个零件的尺寸与规定尺寸的偏差（单位：μm）如下：

+2，+1，−2，+3，+2，+4，−2，+5，+3，+4.

若给出置信水平为0.95及0.99，求零件尺寸偏差的均值的置信区间.

解　选取统计量 $T=\frac{\bar{x}-\mu}{S/\sqrt{n}}\sim t(n-1)$，容易求得

$$\bar{x}=\frac{1}{10}\sum_{i=1}^{10}x_i=+2\ (\mu\text{m}),\quad S=\sqrt{\frac{1}{n-1}\sum_{i=1}^{n}(x_i-\bar{x})^2}=\sqrt{\frac{1}{10-1}\sum_{i=1}^{10}(x_i-\bar{x})^2}=2.40(\mu\text{m}).$$

（1）当置信水平为 $1-\alpha=0.95$，即 $\alpha=0.05$ 时，查附录二的 t 分布的临界值表，得 $\lambda=t_{0.025}(10-1)\approx 2.2622$，于是

$$\hat{\theta}_1=\bar{x}-\frac{\lambda S}{\sqrt{n}}=2-\frac{2.2622\times 2.40}{\sqrt{10}}\approx 0.28\ (\mu\text{m}),$$

$$\hat{\theta}_2=\bar{x}+\frac{\lambda S}{\sqrt{n}}=2+\frac{2.2622\times 2.40}{\sqrt{10}}\approx 3.72\ (\mu\text{m}).$$

所以，零件尺寸偏差的均值的置信区间为[0.28，3.72].

（2）当置信水平为 $1-\alpha=0.99$，即 $\alpha=0.01$ 时，查附录二的 t 分布的临界值表，得 $\lambda=t_{0.005}(10-1)\approx 3.2498$，于是

$$\hat{\theta}_1=\bar{x}-\frac{\lambda S}{\sqrt{n}}=2-\frac{3.2498\times 2.40}{\sqrt{10}}\approx 0.47\ (\mu\text{m}),$$

$$\hat{\theta}_2=\bar{x}+\frac{\lambda S}{\sqrt{n}}=2+\frac{3.2498\times 2.40}{\sqrt{10}}\approx 4.47\ (\mu\text{m}).$$

所以，零件尺寸偏差的均值的置信区间为[0.47，4.47].

从例2可以看到：当样本容量一定时，为了提高区间估计的可靠程度，应当取较大的置信水平，但这时求出的置信区间也较长，降低了区间的精确度；若要提高估计的精确度，则应当缩小置信区间，然而对应的置信水平也随之减小. 由此可见，区间估计与置信水平有着密切的关系.

3. 确定正态总体的方差 σ^2 的置信区间

为了确定方差 σ^2 的置信水平为 $1-\alpha$ 的置信区间，引入统计量

$$\chi^2=\frac{(n-1)S^2}{\sigma^2}\sim\chi^2(n-1),$$

其中，S^2 为样本方差，则参数 σ^2 的置信水平为 $1-\alpha$ 的置信区间为

$$\left[\frac{(n-1)S^2}{\lambda_2},\ \frac{(n-1)S^2}{\lambda_1}\right].$$

其中，取 $\lambda_1=\chi^2_{1-\frac{\alpha}{2}}(n-1)$，$\lambda_2=\chi^2_{\frac{\alpha}{2}}(n-1)$，可查附录二的 χ^2 分布的临界值表得到. 如图5-4所示.

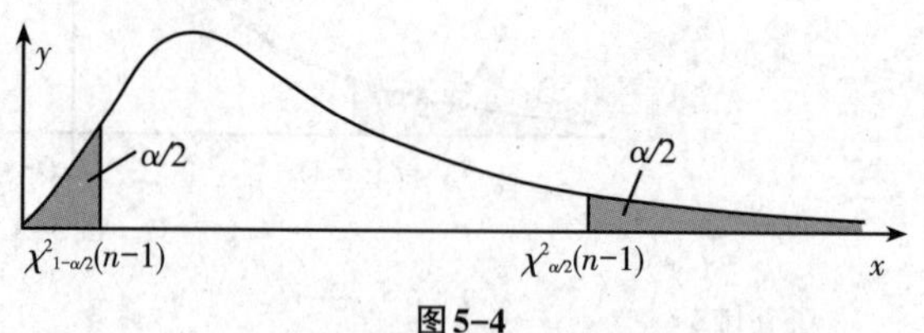

图5-4

证明略.

例3 在例2中，假设给出置信水平为0.95，求零件尺寸偏差的方差的置信区间.

解 已经求得

$$S^2=\frac{1}{10-1}\sum_{i=1}^{10}(x_i-\bar{x})^2=5.78\ (\mu\text{m}^2).$$

选取统计量

$$\chi^2=\frac{(n-1)S^2}{\sigma^2}\sim\chi^2(n-1).$$

已知 $1-\alpha=0.95$，即 $\alpha=0.05$，查附录二的 χ^2 分布的临界值表，得

$$\lambda_1=\chi^2_{1-\frac{\alpha}{2}}(n-1)=\chi^2_{0.975}(10-1)=2.700\,,\quad \lambda_2=\chi^2_{\frac{\alpha}{2}}(n-1)=\chi^2_{0.025}(10-1)=19.023\,,$$

于是

$$\hat{\theta}_1=\frac{(n-1)S^2}{\lambda_2}=\frac{(10-1)\times 5.78}{19.023}\approx 2.74\,,$$

$$\hat{\theta}_2=\frac{(n-1)S^2}{\lambda_1}=\frac{(10-1)\times 5.78}{2.700}\approx 19.27\,.$$

所以，零件尺寸偏差的方差的置信区间为[2.74，19.27].

4. 确定两个正态总体方差比的置信区间

在实际中会遇到这样的问题：已知产品的某一指标服从正态分布，但由于原料、设备、操作人员或工艺的改变等因素，引起总体均值、总体方差有所改变. 人们需要知道这些变化有多大，这就需要考虑两个正态总体均值差或方差比的估计问题.

下面仅以统计量 $F=\dfrac{S_1^{\ 2}/\sigma_1^2}{S_2^{\ 2}/\sigma_2^2}\sim F(n_1-1,\ n_2-1)$ 来介绍一下两个正态总体方差比的区间估计问题.

设已知置信水平为 $1-\alpha$，第一个总体 $X\sim N(\mu_1,\ \sigma_1^{\ 2})$，$x_1,\ x_2,\ \cdots,\ x_{n_1}$ 为总体 X 的一个样本，其样本均值为 $\bar{x}$，样本方差为 S_1^2；第二个总体 $Y\sim N(\mu_2,\ \sigma_2^{\ 2})$，$y_1,\ y_2,\ \cdots,\ y_{n_2}$ 为总体 Y 的一个样本，其样本均值为 $\bar{y}$，样本方差为 S_2^2，且这两个样本相互独立.

引入统计量

$$F=\frac{S_1^{\ 2}/\sigma_1^2}{S_2^{\ 2}/\sigma_2^2}\sim F(n_1-1,\ n_2-1)\,,$$

可得

$$P\left\{F_{1-\frac{\alpha}{2}}(n_1-1,n_2-1)<\frac{S_1^{\ 2}/\sigma_1^2}{S_2^{\ 2}/\sigma_2^2}<F_{\frac{\alpha}{2}}(n_1-1,\ n_2-1)\right\}=1-\alpha\,.$$

于是，$\dfrac{\sigma_1^2}{\sigma_2^2}$ 的置信水平为 $1-\alpha$ 的置信区间是

$$\left[\frac{1}{F_{\frac{\alpha}{2}}(n_1-1,\ n_2-1)}\cdot\frac{S_1^2}{S_2^2},\ \ \frac{1}{F_{1-\frac{\alpha}{2}}(n_1-1,\ n_2-1)}\cdot\frac{S_1^2}{S_2^2}\right].$$

其中，$F_{1-\frac{\alpha}{2}}(n_1-1,\ n_2-1)$，$F_{\frac{\alpha}{2}}(n_1-1,\ n_2-1)$ 可以查附录二的 F 分布的临界值表得到.

证明略.

例 4　分别由工人和机器包装一个部件，测得数据如下：

工人 X：4.02，3.94，4.03，4.02，3.95，4.06，4；

机器 Y：4.01，3.99，4.03，4.02，4.01，4.02，4，4.

设两总体分别为工人 $X\sim N(\mu_1,\ \sigma_1^{\ 2})$，机器 $Y\sim N(\mu_2,\ \sigma_2^{\ 2})$，且两样本相互独立. 求 $\dfrac{\sigma_1^2}{\sigma_2^2}$ 的

置信水平为 0.90 的置信区间.

解 由题意得，$1-\alpha=0.9$，$\dfrac{\alpha}{2}=0.05$，查附录二的 F 分布的临界值表得

$$F_{0.05}(6，7)=3.87，F_{0.95}(6，7)=\frac{1}{F_{0.05}(7，6)}=\frac{1}{4.21}.$$

由观测值计算得

$$S_X^2=0.00189，S_Y^2=0.00017.$$

于是，$\dfrac{\sigma_1^2}{\sigma_2^2}$ 的置信水平为 0.90 的置信区间是

$$\left[\frac{1}{F_{0.05}(6，7)}\cdot\frac{S_X^2}{S_Y^2}，\frac{1}{F_{0.95}(6，7)}\cdot\frac{S_X^2}{S_Y^2}\right]=[2.87，46.81].$$

这个区间的下限大于1，在实际中就认为 σ_1^2 比 σ_2^2 大，说明机器包装比工人包装稳定.

为了便于使用，现将正态总体参数的区间估计公式列于表5-2中.

表5-2

	估计参数	条 件	统计量	置 信 区 间	确定 λ 或 λ_1，λ_2
一个正态总体	μ	σ^2 已知	$U=\dfrac{\bar{x}-\mu}{\sigma/\sqrt{n}}$	$\left[\bar{x}-\dfrac{\lambda\sigma}{\sqrt{n}},\ \bar{x}+\dfrac{\lambda\sigma}{\sqrt{n}}\right]$	$\Phi(\lambda)=1-\dfrac{\alpha}{2}$
		σ^2 未知	$T=\dfrac{\bar{x}-\mu}{S/\sqrt{n}}$	$\left[\bar{x}-\dfrac{\lambda S}{\sqrt{n}},\ \bar{x}+\dfrac{\lambda S}{\sqrt{n}}\right]$	$\lambda=t_{\frac{\alpha}{2}}(n-1)$
	σ^2	μ 未知	$\chi^2=\dfrac{(n-1)S^2}{\sigma^2}$	$\left[\dfrac{(n-1)S^2}{\lambda_2},\ \dfrac{(n-1)S^2}{\lambda_1}\right]$	$\lambda_1=\chi^2_{1-\frac{\alpha}{2}}(n-1)$，$\lambda_2=\chi^2_{\frac{\alpha}{2}}(n-1)$
		μ 已知	$\chi^2=\dfrac{\sum\limits_{i=1}^{n}(x_i-\mu)^2}{\sigma^2}$	$\left[\dfrac{\sum\limits_{i=1}^{n}(x_i-\mu)^2}{\lambda_2},\ \dfrac{\sum\limits_{i=1}^{n}(x_i-\mu)^2}{\lambda_1}\right]$	$\lambda_1=\chi^2_{1-\frac{\alpha}{2}}(n)$, $\lambda_2=\chi^2_{\frac{\alpha}{2}}(n)$
两个正态总体	$\dfrac{\sigma_1^2}{\sigma_2^2}$	μ 未知	$F=\dfrac{S_1^2/\sigma_1^2}{S_2^2/\sigma_2^2}$	$\left[\dfrac{1}{\lambda_2}\cdot\dfrac{S_1^2}{S_2^2},\ \dfrac{1}{\lambda_1}\cdot\dfrac{S_1^2}{S_2^2}\right]$	$\lambda_1=F_{\frac{\alpha}{2}}(n_1-1,\ n_2-1)$, $\lambda_2=F_{1-\frac{\alpha}{2}}(n_1-1,\ n_2-1)$

习题5-2

1. 填空题

(1) 已知 σ^2，确定正态总体 μ 的置信区间，需选用统计量 $U=$__________，服从__________分布；

(2) 未知 σ^2，确定正态总体 μ 的置信区间，需选用统计量 $T=$__________，服从__________分布；

(3) μ 未知，确定正态总体的方差 σ^2 的置信区间，需选用统计量 $\chi^2=$__________，服从__________分布；

(4) 确定两个正态总体方差比的置信区间，需选用统计量 $F=$__________，服从__________分布.

2. 新生儿的体重服从正态分布，随机测定12名新生儿，得体重（单位：g）如下：

3100，2520，3000，3000，3600，3160，3560，3320，2880，2600，3400，2540. 分别就（1）$\sigma^2=375^2$，（2）σ^2 未知这两种情况，估计新生儿的平均体重的置信水平为90%的置信区间.

3. 已知某炼铁厂的铁水含碳量服从 $\xi \sim N(\mu,\ 0.108^2)$，现测得9炉铁水，其平均含碳量（单位：%）为4.484，求此厂铁水平均含碳量的置信区间，并要求有95%的可靠性.

4. 已知灯泡的寿命 $\xi \sim N(\mu,\ \sigma^2)$，测得10个灯泡的样本均值 $\bar{X}=1500\ \text{min}$，样本方差 $S^2=400\ \text{min}^2$，求 μ 及 σ 的可靠性为95%的置信区间.

5. 设 $\xi \sim N(\mu,\ \sigma^2)$，如果 σ^2 已知，当样本容量 n 取多大时，方能保证 μ 的置信区间的长度不大于给定的 D?（$\alpha=0.05$）

6. 设甲、乙两批导线的电阻分别服从 $N(\mu_1,\ {\sigma_1}^2)$ 和 $N(\mu_2,\ {\sigma_2}^2)$，且彼此相互独立. 随机地从甲批导线中抽取4根，从乙批导线中抽取5根，测得电阻（单位：Ω）如下：

甲批：0.143，0.142，0.143，0.137；

乙批：0.140，0.142，0.136，0.138，0.140.

(1) 求 $\dfrac{\sigma_1^2}{\sigma_2^2}$ 的置信区间（$\alpha=0.05$）；

(2) 当 ${\sigma_1}^2={\sigma_2}^2=0.0025^2$ 时，求 $\mu_1-\mu_2$ 的置信度为0.95的置信区间.

*第三节　参数的单侧置信限

第二节介绍的是对未知参数 θ，给出两个统计量 $\hat{\theta}_1$，$\hat{\theta}_2$，即找到未知参数 θ 的一个变化区间 $[\hat{\theta}_1,\ \hat{\theta}_2]$，这个区间称为参数 θ 的双侧置信区间. 但在实际问题中，例如，对于设备、原件的寿命来说，平均寿命大是人们所希望的，但人们在意的是平均寿命 θ 的“下限”，即最小值；与此相反，在考虑药品中杂质含量的均值 θ 时，人们常关心 θ 的“上限”，即最大值. 这就是下面要讲的单侧置信区间的概念.

定义　设总体分布含有未知参数 θ，$\hat{\theta}_1$ 和 $\hat{\theta}_2$ 是由样本观测值确定的两个统计量，对于给定的常数 $\alpha(0<\alpha<1)$，如果有

(1) $P\{\theta>\hat{\theta}_1\}=1-\alpha$，那么把随机区间 $(\hat{\theta}_1,\ +\infty)$ 称为参数 θ 的置信水平为 $1-\alpha$ 的单侧置信区间，$\hat{\theta}_1$ 称为 θ 的单侧置信下限；

（2）$P\{\theta < \hat{\theta}_2\} = 1-\alpha$，那么把随机区间$(-\infty,\ \hat{\theta}_2)$称为参数$\theta$的置信水平为$1-\alpha$的单侧置信区间，$\hat{\theta}_2$称为$\theta$的单侧置信上限.

下面仅讨论总体服从正态分布的参数μ，σ^2的置信区间.

1. 已知σ^2，确定正态总体μ的单侧置信区间

若总体$\xi \sim N(\mu,\ \sigma^2)$，$x_1$，$x_2$，…，$x_n$为总体$\xi$的一个随机样本，样本均值$\bar{x} \sim N\left(\mu, \dfrac{\sigma^2}{n}\right)$，标准化后，得统计量$U = \dfrac{\bar{x}-\mu}{\sigma/\sqrt{n}} \sim N(0,\ 1)$，转化为$P\{U<\lambda\} = 1-\alpha$，如图5-5所示，其中，$\lambda$的值可由$\Phi(\lambda) = 1-\alpha$，查附录二的标准正态分布表得到. 查$P\{U<\lambda\} = P\left\{\dfrac{\bar{x}-\mu}{\sigma/\sqrt{n}} < \lambda\right\} = 1-\alpha$，整理得，参数$\mu$的置信水平为$1-\alpha$的单侧置信下限是$\bar{x}-\dfrac{\lambda\sigma}{\sqrt{n}}$，单侧置信区间为$\left(\bar{x}-\dfrac{\lambda\sigma}{\sqrt{n}},\ +\infty\right)$.

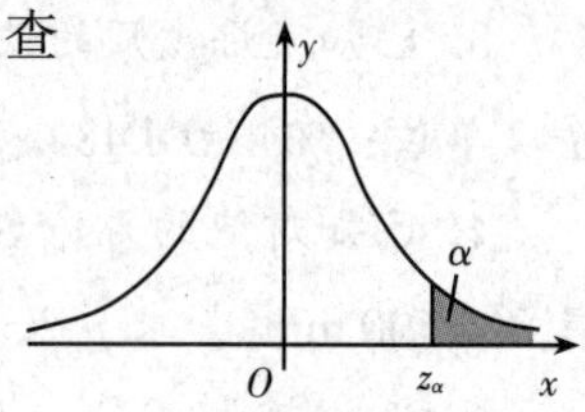

图5-5

同理可得，参数μ的置信水平为$1-\alpha$的单侧置信上限是$\bar{x}+\dfrac{\lambda\sigma}{\sqrt{n}}$，单侧置信区间为$\left(-\infty,\ \bar{x}+\dfrac{\lambda\sigma}{\sqrt{n}}\right)$.

例1 设一批物品，每袋净重$\xi \sim N(\mu,\ 0.049)$（单位：kg）. 从中任取8袋，测得其平均净重$\bar{x}=12.15$，求每袋净重的均值μ的单侧置信下限.（$\alpha = 0.10$）

解 由题意知，$n=8$，$\sigma = \sqrt{0.049}$，$\bar{x}=12.15$. 这里，$1-\alpha = 1-0.10 = 0.9$，可由$\Phi(\lambda) = 0.99$，查附录二的标准正态分布表得到$\lambda = 2.33$.

因此，每袋净重的均值μ的单侧置信下限为

$$\bar{x}-\frac{\lambda\sigma}{\sqrt{n}} = 12.15 - \frac{2.33\times\sqrt{0.049}}{\sqrt{8}} = 11.97.$$

说明此种物品每袋净重大于11.97kg的可信度为99%.

2. 未知σ^2，确定正态总体μ的单侧置信区间

在很多实际问题中，正态总体的方差σ^2是未知的，这时就要利用统计量$T = \dfrac{\bar{x}-\mu}{S/\sqrt{n}}$来确定参数$\mu$的置信水平为$1-\alpha$的单侧置信区间.

若总体$\xi \sim N(\mu,\ \sigma^2)$，$x_1$，$x_2$，…，$x_n$为总体$\xi$的一个样本，样本均值$\bar{x} = \dfrac{1}{n}\sum\limits_{i=1}^{n} x_i$，样本方差$S^2 = \dfrac{1}{n-1}\sum\limits_{i=1}^{n}(x_i-\bar{x})^2$，这时应选取统计量$T = \dfrac{\bar{x}-\mu}{S/\sqrt{n}} \sim t(n-1)$，如图5-6所示，则参数$\mu$的置信水平为$1-\alpha$的单侧置信区间是$\left(-\infty,\ \bar{x}+\dfrac{\lambda S}{\sqrt{n}}\right)$，单侧置

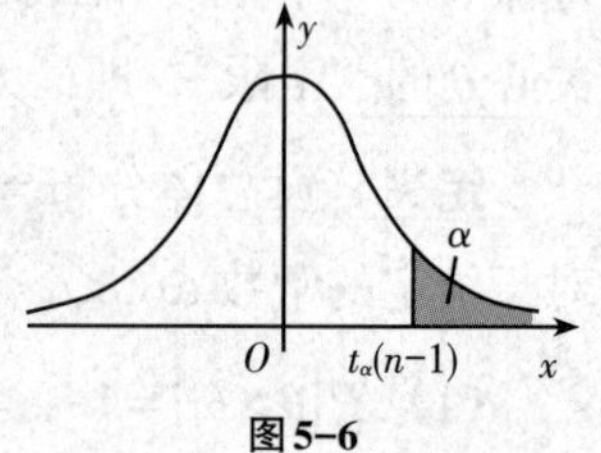

图5-6

信上限为 $\bar{x}+\dfrac{\lambda S}{\sqrt{n}}$. 其中，$\lambda=t_{\alpha}(n-1)$，可查附录二的 t 分布的临界值表得到.

类似地可得单侧置信区间为 $\left(\bar{x}-\dfrac{\lambda S}{\sqrt{n}},\ +\infty\right)$，单侧置信下限是 $\bar{x}-\dfrac{\lambda S}{\sqrt{n}}$.

例 2　某池塘里鱼的一种有毒化学物的含量 $\xi\sim N(\mu,\ \sigma^2)$（单位：mg/kg），从中捕获10条鱼，测得这种有毒化学物的含量的样本均值 $\bar{x}=11.72$，样本方差 $S^2=0.69^2$，求这种鱼的有毒化学物的含量 μ 的单侧置信上限.（$1-\alpha=0.95$）

解　由题意知，$n=10$，$\bar{x}=11.72$，$S=0.69$. 这里，$1-\alpha=0.95$，可查附录二的 t 分布的临界值表，得到 $\lambda=t_{0.05}(10-1)=1.8331$.

因此，这种鱼的有毒化学物的均值 μ 的单侧置信上限为

$$\bar{x}+\frac{\lambda S}{\sqrt{n}}=11.72+\frac{1.8331\times 0.69}{\sqrt{10}}=12.12.$$

说明此池塘的此种鱼的这种有毒化学物的含量大于12.12（单位：mg/kg）的可能性为95%.

3. 确定正态总体的方差 σ^2 的置信区间

为了确定方差 σ^2 的置信水平为 $1-\alpha$ 的置信区间，引入统计量

$$\chi^2=\frac{(n-1)S^2}{\sigma^2}\sim\chi^2(n-1),$$

其密度函数如图5-7所示. 其中，S^2 为样本方差. 从而参数 σ^2 的置信水平为 $1-\alpha$ 的单侧置信下限为 $\dfrac{(n-1)S^2}{\lambda_2}$，单侧置信上限为 $\dfrac{(n-1)S^2}{\lambda_1}$，其中，取 $\lambda_1=\chi^2_{1-\alpha}(n-1)$，$\lambda_2=\chi^2_{\alpha}(n-1)$，可查附录二的 χ^2 分布的临界值表得到.

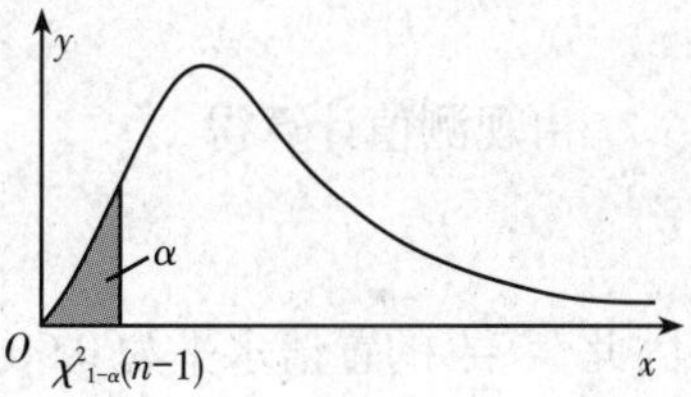

图5-7

例 3　在例2中，求这种鱼的有毒化学物的含量的方差 σ^2 的单侧置信下限.（$1-\alpha=0.95$）

解　由题意知，$n=10$，$S=0.69$. 这里，$1-\alpha=0.95$，可查附录二的 χ^2 分布的临界值表，得到 $\lambda=\chi^2_{0.05}(10-1)=16.919$.

因此，这种鱼的有毒化学物的含量的总体方差 σ^2 的单侧置信下限为

$$\frac{(n-1)S^2}{\lambda}=\frac{(10-1)\times 0.69}{16.919}=0.367.$$

4. 确定两个正态总体方差比的单侧置信区间

设已知置信水平为 $1-\alpha$，第一个总体 $X\sim N(\mu_1,\ \sigma_1{}^2)$，$x_1,\ x_2,\ \cdots,\ x_{n_1}$ 为总体 X 的一个样本，其样本均值为 $\bar{x}$，样本方差为 S_1^2；第二个总体 $Y\sim N(\mu_2,\ \sigma_2{}^2)$，$y_1,\ y_2,\ \cdots,\ y_{n_2}$ 为总体 Y 的一个样本，其样本均值为 $\bar{y}$，样本方差为 S_2^2，且这两个样本相互独立.

引入统计量 $F=\dfrac{S_1{}^2/\sigma_1^2}{S_2{}^2/\sigma_2^2}\sim F(n_1-1,\ n_2-1)$，得 $\dfrac{\sigma_1^2}{\sigma_2^2}$ 的置信水平为 $1-\alpha$ 的单侧置信下限

是

$$\frac{1}{F_{\alpha}(n_1-1,\ n_2-1)}\cdot\frac{S_1^2}{S_2^2};$$

$\dfrac{\sigma_1^2}{\sigma_2^2}$的置信水平为$1-\alpha$的单侧置信上限是

$$\frac{1}{F_{1-\alpha}(n_1-1,\ n_2-1)}\cdot\frac{S_1^2}{S_2^2}.$$

其中，$F_{1-\alpha}(n_1-1,\ n_2-1)$，$F_{\alpha}(n_1-1,\ n_2-1)$可以查附录二的$F$分布的临界值表得到.

例4 下面列出了某地吸烟和不吸烟的男子的收缩血压（单位：mmHg）：

吸 烟 X：124，134，136，133，127，135，133，125，118，125，131；

不吸烟Y：130，122，128，118，122，116，135，120，122，115，123，120，129，127.

设吸烟男子的收缩血压$X\sim N(\mu_1,\ \sigma_1^2)$，不吸烟男子的收缩血压$Y\sim N(\mu_2,\ \sigma_2{}^2)$，且两样本相互独立. 求$\dfrac{\sigma_1^2}{\sigma_2^2}$的置信水平为0.90的单侧置信下限.

解 由题意知，$n_1=11$，$n_2=14$，这里，$1-\alpha=0.9$，$\alpha=0.1$，查附录二的F分布的临界值表得

$$F_{0.1}(10,\ 13)=2.14.$$

由观测值计算得

$$S_1^2=5.72^2,\quad S_2^2=5.73^2.$$

因此，$\dfrac{\sigma_1^2}{\sigma_2^2}$的置信水平为0.90的置信下限是

$$\frac{1}{F_{\alpha}(n_1-1,\ n_2-1)}\cdot\frac{S_1^2}{S_2^2}=\frac{1}{2.14}\times\frac{5.72^2}{5.73^2}=0.4657,$$

即$\dfrac{\sigma_1^2}{\sigma_2^2}$的置信水平为0.90的单侧置信区间是$(0.4657,\ +\infty)$. 在实际中，就认为$\sigma_1^2$比$\sigma_2^2$大，说明吸烟比不吸烟男子的收缩血压不稳定.

*习题5-3

1. 在冬天里，捕到的鱼的长度$\xi\sim N(\mu,\ \sigma^2)$（单位：cm），从中抽取容量$n=13$的样本，测得数据如下：

13.1，5.1，18，8.7，16.5，23，12，9.8，12，6.8，17.8，25.4，19.2.

求捕到的鱼的长度均值μ的单侧置信下限.（$\alpha=0.05$）

2. 某厂制造的零件的寿命$\xi\sim N(\mu,\ 1296)$（单位：h），从中抽取容量$n=27$的样

本，测得样本均值 $\overline{X}=1478$．求：

（1）总体均值 μ 的置信水平为0.95的单侧置信下限；

（2）总体均值 μ 的置信水平为0.99的单侧置信上限.

3. 健康人的血液中铬的含量 $X\sim N(\mu_1,\ \sigma_1^{\ 2})$，有病人的血液中铬的含量 $Y\sim N(\mu_2,\ \sigma_2^{\ 2})$，从中抽取如下相互独立的样本（单位：mg）：

X：23，15，11，18，9，10，28，12；

Y：32，25，35，40，20，10，22，32，18，16.

设 $\alpha=0.05$，求：

（1）σ_1 的单侧置信上限；

（2）$\dfrac{\sigma_1^2}{\sigma_2^2}$ 的单侧置信上限.

复习题五

1. 我国1983—1992年十年中的人口出生率（单位：‰）分别是

19.90，21.04，22.43，23.33，22.37，21.58，21.06，19.68，18.24，18.09.

试分别计算出前五年和后五年我国人口出生率的均值、方差和标准差，从计算结果可以得到什么结论？

2. 设 x_1，x_2 是正态总体 $\xi\sim N(\mu,\ 1)$ 的一个样本，$k_1x_1+k_2x_2$（$k_1\geqslant 0$，$k_2\geqslant 0$）是 μ 的无偏估计量. 当 k_1，k_2 取何值时，$k_1x_1+k_2x_2$ 是 μ 的最有效估计量？

3. 设统计量 $\hat{\theta}_1$ 和 $\hat{\theta}_2$ 都是 θ 的相互独立的无偏估计量，且 $D(\hat{\theta}_1)=2D(\hat{\theta}_2)$，试求常数 k_1，k_2，使得 $k_1\hat{\theta}_1+k_2\hat{\theta}_2$ 也是 θ 的无偏估计量，且使它在所有这种类型的估计量中最好.

4. 已知总体的密度函数为 $f(x,\ \theta)=\theta x^{\theta-1}$，$x\in(0,\ 1)$，$x_1$，$x_2$，…，$x_n$ 是总体的一个样本，求未知参数 θ 的极大似然估计量. 若随机抽取一组样本，得样本观测值为

0.5，0.6，0.5，0.4.

求 θ 的一个极大似然估计值.

5. 电话总机在某一段时间内接到的呼叫次数服从泊松分布，观察1min内接到的呼叫次数，假设共观察40次，获得的数据如表5-3所示.

表5-3

接到呼叫的次数	0	1	2	3	4	5	6	7
观察次数	5	10	12	8	3	2	0	0

求泊松分布中未知参数 λ 的估计值.

6. 某企业从一天生产的灯泡中抽取10个进行寿命试验，得到灯泡寿命（单位：

h）的数据如下：

1050，1100，1080，1120，1200，1250，1040，1130，1300，1200.

求该日生产的灯泡的平均寿命及寿命方差的无偏估计值.

7. 证明：若已知总体ξ的均值为μ，则总体方差的无偏估计量为$\hat{\sigma}^2=\frac{1}{n}\sum_{i=1}^{n}(x_i-\mu)^2$，其中，$x_1$，$x_2$，…，$x_n$为样本观测值.

8. 设总体ξ服从0–1分布：

$$P\{\xi=x\}=p^x(1-p)^{1-x} \quad (x=0，1).$$

如果取得的样本观察值为x_1，x_2，…，x_n（$x_i=0$或1），求参数p的极大似然估计量.

9. 设总体$\xi\sim N(\mu,\ \sigma^2)$，其中，$\mu$及$\sigma$是未知参数，如果取得的样本观测值为$x_1$，$x_2$，…，$x_n$，求参数$\mu$及$\sigma^2$的极大似然估计量.

10. 某生产车间生产的滚珠的直径$\xi\sim N(\mu,\ 0.06^2)$. 现从中随机抽取6个，测得其直径（单位：mm）如下：

14.6，15.1，14.9，14.8，15.2，15.1.

分别求在$\alpha=0.01$和$\alpha=0.05$时，平均直径的置信水平为$1-\alpha$的置信区间.

11. 对飞机的飞行速度进行15次独立试验，测得飞机的最大飞行速度（单位：m/s）如下：

422.2，417.2，425.6，420.3，425.8，423.1，418.7，428.2，
438.3，434.0，412.3，431.5，413.5，441.3，423.0.

设飞机的最大飞行速度服从正态分布，试对最大飞行速度的均值和方差进行区间估计.（$\alpha=0.05$）

12. 有过滤嘴香烟的焦油含量$X\sim N(\mu_1,\ {\sigma_1}^2)$，无过滤嘴香烟的焦油含量$Y\sim N(\mu_2,\ {\sigma_2}^2)$，从中抽取如下相互独立的样本（单位：mg）：

X：0.9，1.1，0.1，0.7，0.3，0.9，0.8，1.0，0.4；
Y：1.5，0.9，1.6，0.5，1.4，1.9，1.0，1.2，1.3.

求：（1）$\frac{\sigma_1^2}{\sigma_2^2}$的置信区间（$\alpha=0.05$）；

（2）$\frac{\sigma_1^2}{\sigma_2^2}$的单侧置信上限（$\alpha=0.05$）；

（3）σ_1^2的单侧置信下限（$\alpha=0.05$）.

第六章　假设检验

假设检验是统计推断中另一类重要问题，它与参数估计一样，也是利用样本的信息对总体参数进行推断，所不同的是，它是对总体的分布参数作出某种假设，根据抽取的样本观测值，运用数理统计的分析方法，检验这种假设是否正确，从而决定接受假设或拒绝假设，这一统计推断过程就是参数的假设检验.

假设检验的基本依据是小概率事件原理. 所谓小概率事件原理，就是“小概率事件（即概率很小的事件）在一次试验中几乎是不可能发生的”. 也就是说，如果小概率事件在一次试验中竟然发生了，就有理由怀疑这一事件是“小概率事件”的真实性，拒绝接受这一事件是“小概率事件”的说法.

例如，一个口袋中装有100个球，既有白球又有红球，但不知道各有多少个. 假如有人说有99个白球、1个红球. 为证实他的说法是否正确，首先假定是正确的，然后随机抽取一个球，看其颜色. 如果随机抽得一个竟然是红球，显然小概率事件发生了，而通常认为小概率事件在一次试验中是不可能发生的，因此拒绝“有99个白球、1个红球”的说法.

概率小到什么程度才算“小概率事件”呢？要根据实际问题而定. 一般常控制 α 取非常小的正数，如0.1，0.05，0.01等，选择这些数是为了在运算过程中可以方便地查附录二的表，常称 α 为显著性水平.

按照上述原理，决定接受或拒绝假设不免要犯错. 因为概率再小的事件也有可能发生，并非绝对不发生，因此假设检验中的错误可分两类：

第一类错误，当 H_0 正确时，却错误地拒绝了它，此为“弃真”错误；

第二类错误，当 H_0 实际上不正确时，却错误地接受了它，此为“存伪”错误.

当然，人们希望犯这两种错误的概率越小越好. 一般来说，当样本容量一定时，两类错误的概率不可能同时减小，要使弃真概率小，存伪概率就会增大；要使存伪概率小，弃真概率就会增大. 如果同时减少两种错误的概率，那么只有增大样本容量，而这样会使成本增大.

所以，在实际工作中，通过对 α 的控制来采取保护措施，例如在验收产品时，对价格高的商品，生产者希望在质检中犯第一类错误的概率尽可能小些，以免把合格品视为不合格品；而在危及人们健康的药检中，要求把不合格品当作合格品验收的可能性尽量小，即要求犯第二类错误的概率应很小.

第一节　正态总体参数的假设检验

下面先讨论一个正态总体参数 μ，σ^2 的假设检验.

1. U 检验法

结合下面的实际例子，来阐明假设检验的思想方法及主要步骤.

例1　某食盐精加工厂用一台包装机包装食盐，额定标准为每袋净重0.5kg. 设包装机称得食盐净重服从正态分布 $N(0.5,\ 0.015^2)$. 现为了检验包装机是否正常，随机抽取了9袋食盐，称得质量（单位：kg）如下：

0.497，0.506，0.518，0.524，0.488，0.511，0.510，0.515，0.512.

试问包装机的工作是否正常？

解　包装机的工作是否正常？实际上是问：根据抽样，是否可以认为每袋食盐净重的额定标准是0.5kg？或者说，每袋食盐的净重服从均值为0.5kg的正态分布吗？

不妨假设每袋食盐的净重服从均值为0.5kg的正态分布，即假设 $\mu=0.5$，简记为 H_0：$\mu=0.5$. 下面检验假设是否正确.

由样本可以计算出 $\bar{x}=0.509$kg，对于 $\bar{x}$ 与0.5之间的差异，可以有以下两种不同的解释：

（1）假设 H_0 是正确的，即每袋食盐的净重确实服从均值为0.5kg的正态分布，由于抽样是随机的，$\bar{x}$ 与0.5之间产生差异是可能的；

（2）假设 H_0 是不正确的，即每袋食盐的净重不服从均值为0.5kg的正态分布，因为样本平均值不等于0.5kg.

这两种解释任何一种都有一定的道理，但哪一种比较合理呢？

为了明确回答这个问题，应当给出一个临界概率 α，在假设 H_0：$\mu=0.5$ 成立的条件下，确定 $\bar{x}-0.5$ 的临界值 ε_α，使得事件 $|\bar{x}-0.5|>\varepsilon_\alpha$ 发生的概率等于 α，即

$$P\{|\bar{x}-0.5|>\varepsilon_\alpha\}=\alpha.$$

其中，α 应该是非常小的正数，通常给定 $\alpha=0.05$ 或 0.01 等. 由于 α 反映了样本平均值 $\bar{x}$ 与0.5出现差异的显著性程度，所以称 α 为检验水平或显著性水平.

不妨取检验水平 $\alpha=0.05$，则有

$$P\{|\bar{x}-0.5|>\varepsilon_{0.05}\}=0.05,$$

现在来求临界值 $\varepsilon_{0.05}$.

选择统计量 $U=\dfrac{\bar{x}-\mu_0}{\sigma/\sqrt{n}}$，将式 $P\{|\bar{x}-0.5|>\varepsilon_{0.05}\}=0.05$ 中括号的不等式两边同时除以

$\frac{\sigma}{\sqrt{n}}$，得

$$P\left\{\left|\frac{\bar{x}-0.5}{\sigma/\sqrt{n}}\right|>\frac{\varepsilon_{0.05}}{\sigma/\sqrt{n}}\right\}=0.05,$$

即

$$P\left\{|U|>\frac{\varepsilon_{0.05}}{\sigma/\sqrt{n}}\right\}=0.05.$$

令 $\lambda=\frac{\varepsilon_{0.05}}{\sigma/\sqrt{n}}$，因为 $U\sim N$（0，1），由 $\Phi(\lambda)=1-\frac{0.05}{2}$=0.975，查附录二的标准正态分布表，得 $\lambda=1.96$.

将 $\lambda=1.96$，$\sigma=0.015$，$n=9$ 代入 $\lambda=\frac{\varepsilon_{0.05}}{\sigma/\sqrt{n}}$，得 $\varepsilon_{0.05}=0.0098$. 所以

$$P\{|\bar{x}-0.5|>0.0098\}=0.05.$$

因为 $\alpha=0.05$ 很小，根据小概率原理，认为在假设 H_0： $\mu=0.5$ 成立的条件下这样的事件实际上是不可能发生的. 现在再看抽样检查的结果：

$$|\bar{x}-0.5|=|0.509-0.5|=0.009<0.0098,$$

也就是说，上述小概率事件没有发生，应该接受假设 H_0： $\mu=0.5$，即机器工作正常.

现在来考虑另一种情形：假如样本平均值 $\bar{x}=0.512$，那么

$$|\bar{x}-0.5|=|0.512-0.5|=0.012>0.0098,$$

说明小概率事件竟然发生了，这表明抽样检查的结果与假设不符，或者说，样本平均值 $\bar{x}$ 与0.5有显著性差异，因而不能不使人怀疑假设 H_0 的正确性，所以应该拒绝假设 H_0.

例1是利用统计量 $U=\frac{\bar{x}-\mu_0}{\sigma/\sqrt{n}}$ 来检验已知方差 σ^2 的正态总体均值 $\mu=\mu_0$（已知常数）的，把这种检验方法称为 U 检验法.

利用 U 检验法检验正态总体的均值，通常不确定 ε_α 的值，而是利用 λ 给出接受假设和拒绝假设时统计量 U 的取值范围，根据由样本观测值计算出 $\frac{\bar{x}-\mu_0}{\sigma/\sqrt{n}}$ 的值所在的范围判断拒绝假设或接受假设.

U 检验法的具体步骤如下：

（1）假设 H_0： $\mu=\mu_0$；

（2）给定检验水平 α，由 $\Phi(\lambda)=1-\frac{\alpha}{2}$，查附录二的标准正态分布表确定 λ 的值；

（3）给出区间 $(-\infty, -\lambda)\cup(\lambda, +\infty)$ 和区间 $[-\lambda, \lambda]$，把这两个区间分别称为拒绝

域和接受域，如图6-1所示，图中，λ为标准正态分布的α的临界值；

（4）由样本观测值计算$U_0=\dfrac{\bar{x}-\mu_0}{\sigma/\sqrt{n}}$，当$U_0$落入拒绝域$(-\infty, -\lambda)\cup(\lambda, +\infty)$时，拒绝假设

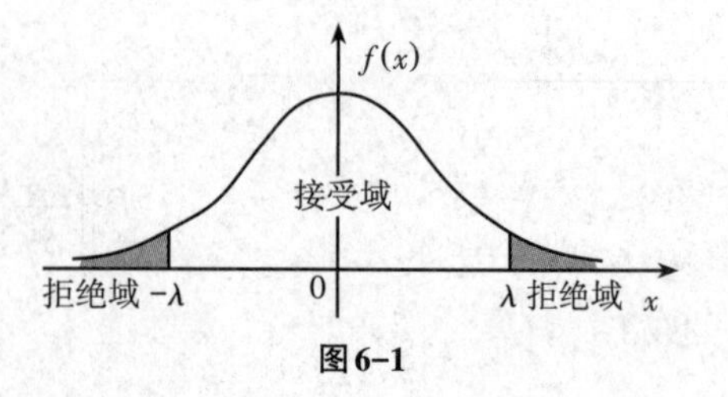

图6-1

H_0：$\mu=\mu_0$；当U_0落入接受域$[-\lambda, \lambda]$时，接受假设$\mu=\mu_0$.

应当指出的是，在上述检验方法中，显然拒绝域、接受域取决于检验水平，若改变检验水平，假设检验的结论就有可能改变，假设检验的结论与选取的检验水平有密切的关系，因此，必须说明假设检验是在怎样的检验水平下进行的.

例2 已知某炼铁厂在正常情况下铁水的含碳量$\xi \sim N(4.55, 0.108^2)$，现观测了5炉铁水，测得它们的含碳量（单位：%）分别为

$$4.28,\ 4.40,\ 4.42,\ 4.35,\ 4.37.$$

若方差未改变，在检验水平$\alpha=0.05$下，检验总体均值变化是否显著.

解 根据题意，已知$\sigma=0.108$，采用U检验法，这里选取$U=\dfrac{\bar{x}-\mu_0}{\sigma/\sqrt{n}}$.

（1）假设H_0：$\mu=4.55$；

（2）已知$\alpha=0.05$，由$\Phi(\lambda)=1-\dfrac{0.05}{2}=0.975$，查附录二的标准正态分布表，得$\lambda=1.96$；

（3）拒绝域为$(-\infty, -1.96)\cup(1.96, +\infty)$，接受域为$[-1.96, 1.96]$；

（4）计算得$\bar{x}=4.364$，又知$\sigma=0.108$，$n=5$，从而

$$U_0=\frac{\bar{x}-\mu_0}{\sigma/\sqrt{n}}=\frac{4.364-4.55}{0.108/\sqrt{5}}\approx-3.851.$$

因为$U_0=-3.851\in(-\infty, -1.96)\cup(1.96, +\infty)$，所以，拒绝假设$H_0$：$\mu=4.55$，即总体均值有显著变化.

2. t检验法

U检验法要求总体服从正态分布并且方差已知，但是，在很多实际问题中，正态总体的方差是未知的，这时可以利用统计量$T=\dfrac{\bar{x}-\mu_0}{S/\sqrt{n}}$来检验正态总体$\xi$的均值$\mu=\mu_0$（已知常数），把这种检验方法称为$t$检验法.

当选取统计量$T=\dfrac{\bar{x}-\mu_0}{S/\sqrt{n}}$时，检验正态总体均值$\mu$的$t$检验法的步骤如下：

（1）假设H_0：$\mu=\mu_0$；

（2）给定检验水平α，由$\lambda=t_{\frac{\alpha}{2}}(n-1)$，查附录二的$t$分布的临界值表确定$\lambda$的值；

（3）给出拒绝域$(-\infty, -\lambda)\cup(\lambda, +\infty)$和接受域$[-\lambda, \lambda]$；

（4）由样本观测值计算 $T_0=\dfrac{\bar{x}-\mu_0}{S/\sqrt{n}}$，当 T_0 落入拒绝域 $(-\infty,\ -\lambda)\cup(\lambda,\ +\infty)$ 时，拒绝假设 H_0：$\mu=\mu_0$；当 T_0 落入接受域 $[-\lambda,\ \lambda]$ 时，接受假设 H_0：$\mu=\mu_0$.

例3　某种零件经测定其强度的均值为48kg/mm²，现由于材料采购困难，使用了某种替代材料，现抽取5个零件进行了强度测定，测得数据（单位：kg/mm²）如下：

$$47.7,\ 46.8,\ 47.5,\ 48.1,\ 47.9.$$

问零件强度的均值有无显著性差异？（检验水平 $\alpha=0.05$）

解　根据题意，σ^2 未知，采用 t 检验法，这里选取统计量 $T=\dfrac{\bar{x}-\mu_0}{S/\sqrt{n}}$.

（1）假设 H_0：$\mu=48$；

（2）已知 $\alpha=0.05$，由附录二的 t 分布的临界值表查得 $\lambda=t_{0.025}(5-1)\approx 2.7764$；

（3）拒绝域为 $(-\infty,\ -2.7764)\cup(2.7764,\ +\infty)$，接受域为 $[-2.7764,\ 2.7764]$；

（4）求得 $\bar{x}=\dfrac{1}{5}\times(47.7+46.8+47.5+48.1+47.9)\approx 47.6$，$S=0.5$，代入，得

$$T_0=\frac{\bar{x}-\mu_0}{S/\sqrt{n}}=\frac{47.6-48}{0.5/\sqrt{5}}\approx -1.79\,.$$

因为 $T_0=-1.79\in[-2.7764,\ 2.7764]$，所以，可以接受假设 H_0：$\mu=48$，即使用替代材料后，强度的均值无显著性差异.

3. χ^2 检验法

在实际问题中，仅对正态总体的均值进行假设检验是不够的，有时还需要对正态总体的方差进行检验. 一般来说，有两种情况.

第一种情况：当正态总体均值 μ 已知时，对方差 $\sigma^2=\sigma_0^2$（σ_0 为已知常数）进行检验.

利用统计量 $\chi^2=\dfrac{\sum\limits_{i=1}^{n}(x_i-\mu)^2}{\sigma_0^2}$ 来检验，已知均值 μ 的正态总体的方差 $\sigma^2=\sigma_0^2$（σ_0 为已知常数）的检验方法称为 χ^2 检验法.

χ^2 检验法检验正态总体方差的步骤如下：

（1）假设 H_0：$\sigma^2=\sigma_0^2$；

（2）给定检验水平 α，由 $\lambda_1=\chi^2_{1-\frac{\alpha}{2}}(n)$，$\lambda_2=\chi^2_{\frac{\alpha}{2}}(n)$，查附录二的 χ^2 分布的临界值表确定 λ_1，λ_2 的值；

（3）确定拒绝域 $(0,\ \lambda_1)\cup(\lambda_2,\ +\infty)$ 和接受域 $[\lambda_1,\ \lambda_2]$；

（4）由样本观测值计算 $\chi_0^2=\dfrac{\sum\limits_{i=1}^{n}(x_i-\mu)^2}{\sigma_0^2}$，当 χ_0^2 落入拒绝域 $(0,\ \lambda_1)\cup(\lambda_2,\ +\infty)$ 时，

拒绝假设 H_0： $\sigma^2=\sigma_0^2$；当 χ_0^2 落入接受域 $[\lambda_1, \lambda_2]$ 时，接受假设 H_0： $\sigma^2=\sigma_0^2$.

例 4 已知总体服从正态分布 $N(0, \sigma^2)$，数据

$$-0.2, -0.9, -0.6, 0.1$$

为总体的一个样本观测值. 试检验在检验水平 $\alpha=0.05$ 下，假设 H_0： $\sigma^2=1$ 是否成立.

解 根据题意，已知 $\mu=0$，采用 χ^2 检验法，选取统计量 $\chi^2=\dfrac{\sum_{i=1}^{n}(x_i-\mu)^2}{\sigma_0^2}$.

（1）假设 H_0： $\sigma^2=1$；

（2）已知 $\alpha=0.05$，查附录二的 χ^2 分布的临界值表，得

$$\lambda_1=\chi_{0.975}^2(4)=0.484, \quad \lambda_2=\chi_{0.025}^2(4)=11.143;$$

（3）拒绝域为（0，0.484）∪（11.143，+∞），接受域为[0.484，11.143]；

（4）计算 $\chi_0^2=\dfrac{\sum_{i=1}^{n}(x_i-\mu)^2}{\sigma_0^2}=\sum_{i=1}^{4}x_i^2=1.22$.

由于 $\chi_0^2=1.22\in[0.484, 11.143]$，所以可以接受假设 H_0： $\sigma^2=1$.

第二种情况：当正态总体均值 μ 未知时，对方差 $\sigma^2=\sigma_0^2$（σ_0 为已知常数）进行检验.

如果总体服从正态分布，参数 μ 未知，这时检验正态总体的方差 $\sigma^2=\sigma_0^2$（σ_0 为已知常数），可选取统计量 $\chi^2=\dfrac{(n-1)S^2}{\sigma_0^2}$，并用 $\lambda_1=\chi_{1-\frac{\alpha}{2}}^2(n-1)$， $\lambda_2=\chi_{\frac{\alpha}{2}}^2(n-1)$ 确定拒绝域和接受域. 方法、步骤均与正态总体均值已知的情形相同. 此时的检验法仍然称为 χ^2 检验法.

例 5 自动车床加工的某种零件的直径服从正态分布 $N(\mu, \sigma^2)$，原来的加工精度 $\sigma^2=0.09$，经过一段时间后，需要检验是否保持原来的加工精度，为此，从该车床加工的零件中抽取10个，测得数据（单位：mm）如下：

$$9.2, 9.4, 9.6, 9.8, 10, 10.2, 10.4, 10.6, 10.8, 10.$$

问加工精度是否有显著性变化?（检验水平 $\alpha=0.05$）

解 因为 μ 未知，采用 χ^2 检验法，选取统计量 $\chi^2=\dfrac{(n-1)S^2}{\sigma_0^2}$.

（1）假设 H_0： $\sigma^2=0.09$；

（2）已知 $\alpha=0.05$，查附录二的 χ^2 分布的临界值表，得

$$\lambda_1=\chi_{0.975}^2(10-1)=2.700, \quad \lambda_2=\chi_{0.025}^2(10-1)=19.023;$$

（3）拒绝域为 $(0, 2.7000)\cup(19.023, +\infty)$，接受域为[2.700，19.023]；

（4）经计算得 $\bar{x}=10$， $S^2\approx0.27$，又知 $\sigma^2=0.09$， n=10，代入，得

$$\chi_0^2=\frac{(n-1)S^2}{\sigma_0^2}\approx\frac{(10-1)\times0.27}{0.09}=27.0.$$

由于 $\chi_0^2=27.0\in(0,\ 2.7000)\cup(19.023,\ +\infty)$，所以，拒绝假设 H_0：$\sigma^2=0.09$，即在显著性水平 $\alpha=0.05$ 下，认为该自动车床的加工精度变差了.

4. *F* 检验法

有时，经常涉及要比较两个总体的方差. 设第一个总体 $X\sim N(\mu_1,\ \sigma_1^2)$，$x_1,\ x_2,\ \cdots,\ x_{n_1}$ 为总体 X 的一个样本，其样本均值为 $\bar{x}$，样本方差为 S_1^2；第二个总体 $Y\sim N(\mu_2,\ \sigma_2^2)$，$y_1,\ y_2,\ \cdots,\ y_{n_2}$ 为总体 Y 的一个样本，其样本均值为 $\bar{y}$，样本方差为 S_2^2，且这两个样本相互独立.

利用统计量 $F=\dfrac{S_1^2/\sigma_1^2}{S_2^2/\sigma_2^2}\sim F(n_1-1,\ n_2-1)$，假设 $\sigma_1^2=\sigma_2^2$，得 F 的显著性水平 α 的接受域为

$$\left[\frac{1}{F_{\frac{\alpha}{2}}(n_1-1,\ n_2-1)}\cdot\frac{S_1^2}{S_2^2},\quad \frac{1}{F_{1-\frac{\alpha}{2}}(n_1-1,\ n_2-1)}\cdot\frac{S_1^2}{S_2^2}\right].$$

其中，$F_{1-\frac{\alpha}{2}}(n_1-1,\ n_2-1)$，$F_{\frac{\alpha}{2}}(n_1-1,\ n_2-1)$ 可以查附录二的 F 分布的临界值表得到. 上述检验法称为 F 检验法.

F 检验法比较两个正态总体方差的步骤如下：

（1）假设 H_0：$\sigma_1^2=\sigma_2^2$；

（2）给定检验水平 α，由 $\lambda_1=F_{1-\frac{\alpha}{2}}(n_1-1,\ n_2-1)$，$\lambda_2=F_{\frac{\alpha}{2}}(n_1-1,\ n_2-1)$，可以查附录二的 F 分布的临界值表得到 λ_1，λ_2 的值；

（3）确定拒绝域 $(0,\ \lambda_1)\cup(\lambda_2,\ +\infty)$ 和接受域 $[\lambda_1,\ \lambda_2]$；

（4）由样本观测值计算 $F_0=\dfrac{S_1^2/\sigma_1^2}{S_2^2/\sigma_2^2}=\dfrac{S_1^2}{S_2^2}$，当 F_0 落入拒绝域 $(0,\ \lambda_1)\cup(\lambda_2,\ +\infty)$ 时，拒绝假设 H_0：$\sigma_1^2=\sigma_2^2$；当 F_0 落入接受域 $[\lambda_1,\ \lambda_2]$ 时，接受假设 H_0：$\sigma_1^2=\sigma_2^2$.

例6　用甲、乙两台机器加工同一种产品，从它们所加工的产品中随机抽取，测得直径（单位：mm）如下：

甲：20.5，19.8，19.7，20.4，20.1，20.0，19.0，19.9；

乙：19.7，20.8，20.5，19.8，19.4，20.6，19.20.

假设两台机器加工的产品直径 X 和 Y 分别服从 $X\sim N(\mu_1,\ \sigma_1^2)$ 与 $Y\sim N(\mu_2,\ \sigma_2^2)$. 比较它们加工的产品的精度有无显著性差异.（$\alpha=0.05$）

解　提出假设 H_0：$\sigma_1^2=\sigma_2^2$.

引入统计量 $F=\dfrac{S_1^2/\sigma_1^2}{S_2^2/\sigma_2^2}=\dfrac{S_1^2}{S_2^2}\sim F(n_1-1,\ n_2-1)$，其中，$n_1=8$，$n_2=7$.

给定检验水平 $\alpha=0.05$，查附录二的 F 分布的临界值表得

$$\lambda_1=F_{1-\frac{\alpha}{2}}(n_1-1,\ n_2-1)=F_{1-0.025}(7,\ 6)=\frac{1}{F_{0.025}(6,\ 7)}=0.195,$$

$$\lambda_2=F_{\frac{\alpha}{2}}(n_1-1,\ n_2-1)=F_{0.025}(7,\ 6)=5.7.$$

确定拒绝域 $(0, 0.195)\cup(5.7, +\infty)$ 和接受域 $[0.195, 5.7]$.

计算观测值得 $S_1^2=0.216$，$S_2^2=0.397$，代入，得

$$F_0=\frac{S_1^2}{S_2^2}=\frac{0.216}{0.397}=0.544.$$

因为 $F_0=0.544\in[0.195, 5.7]$，所以接受原假设，即认为甲、乙两台机器加工的产品的精度无显著性差异.

为了便于使用，现把正态总体的参数假设检验公式列于表6–1中.

表6–1

假设 H_0	条 件	选取统计量	分布	拒绝域与接受域
$\mu=\mu_0$ （μ_0 为常数）	方差 σ^2 已知 检验水平 α	$U=\frac{\bar{x}-\mu_0}{\sigma/\sqrt{n}}$	$N(0, 1)$	拒绝域：$(-\infty, -\lambda)\cup(\lambda, +\infty)$， 接受域：$[-\lambda, \lambda]$， 其中，$\Phi(\lambda)=1-\frac{\alpha}{2}$
	方差 σ^2 未知 检验水平 α	$T=\frac{\bar{x}-\mu_0}{S/\sqrt{n}}$	$t(n-1)$	拒绝域：$(-\infty, \lambda_1)\cup(\lambda_2, +\infty)$， 接受域：$[-\lambda, \lambda]$， 其中，$\lambda=t_{\frac{\alpha}{2}}(n-1)$
$\sigma^2=\sigma_0^2$ （σ_0 为常数）	均值 μ 已知 检验水平 α	$\chi^2=\frac{\sum_{i=1}^{n}(x_i-\mu)^2}{\sigma_0^2}$	$\chi^2(n)$	拒绝域：$(0, \lambda_1)\cup(\lambda_2, +\infty)$， 接受域：$[\lambda_1, \lambda_2]$， 其中，$\lambda_1=\chi^2_{1-\frac{\alpha}{2}}(n)$，$\lambda_2=\chi^2_{\frac{\alpha}{2}}(n)$
	均值 μ 未知 检验水平 α	$\chi^2=\frac{(n-1)S^2}{\sigma_0^2}$	$\chi^2(n-1)$	拒绝域：$(0, \lambda_1)\cup(\lambda_2, +\infty)$， 接受域：$[\lambda_1, \lambda_2]$， 其中，$\lambda_1=\chi^2_{1-\frac{\alpha}{2}}(n-1)$，$\lambda_2=\chi^2_{\frac{\alpha}{2}}(n-1)$
${\sigma_1}^2=\sigma_2^2$	均值 μ_1, μ_2 未知 检验水平 α	$F=\frac{{S_1}^2/\sigma_1^2}{{S_2}^2/\sigma_2^2}$	$F(n_1-1, n_2-1)$	拒绝域：$(0, \lambda_1)\cup(\lambda_2, +\infty)$， 接受域：$[\lambda_1, \lambda_2]$， 其中，$\lambda_1=F_{\frac{\alpha}{2}}(n_1-1, n_2-1)$， $\lambda_2=F_{1-\frac{\alpha}{2}}(n_1-1, n_2-1)$

*5. 单边检验

上述假设检验中都是提出假设 H_0：$\varepsilon=\varepsilon_0$，其中也可能 $\varepsilon<\varepsilon_0$ 或 $\varepsilon>\varepsilon_0$，也称形如 H_0：$\varepsilon=\varepsilon_0$ 的假设检验为双边检验.

有时，只需要检验假设 H_0：$\varepsilon\leqslant\varepsilon_0$，形如这样的假设检验，称为右边检验.

类似的，有时需要检验假设 H_0：$\varepsilon\geqslant\varepsilon_0$，形如这样的假设检验，称为左边检验.

右边检验和左边检验统称为单边检验.

单边检验的方法和步骤与双边检验是一样的，下面用一个例子简要介绍单边检验.

例7 通过测定牛奶的冰点，可以检测出牛奶是否掺水. 纯牛奶的冰点温度近似服从正态分布，且温度 $X\sim N(-0.545, 0.008^2)$（单位：℃）. 牛奶掺水可使冰点温度升高而接近水的冰点温度（0℃）. 随机测得5批牛奶的冰点温度，其样本均值是 $\bar{X}=-0.535$ ℃.

问是否可以认为牛奶中掺水？（检验水平 $\alpha=0.05$）

解　按题意，已知 $\sigma=0.008$，采用 U 检验法.

（1）需提出假设 H_0：$\mu\leqslant\mu_0=-0.545$，即假设牛奶未掺水；

（2）引入统计量 $U=\dfrac{\bar{X}-\mu_0}{\sigma/\sqrt{n}}$，给定检验水平 $\alpha=0.05$，由 $\Phi(\lambda)=1-\alpha=0.95$，查附录二的标准正态分布表确定 U 的临界值 $\lambda=1.645$；

（3）得出统计量 $U=\dfrac{\bar{X}-\mu_0}{\sigma/\sqrt{n}}$ 的接受域是 $(-\infty,\ 1.645]$，拒绝域是 $(1.645,\ +\infty)$；

（4）判断：把已知 $\bar{X}=-0.535$，$n=5$，$\sigma=0.008$，$\mu_0=-0.545$ 代入，得

$$U_0=\frac{\bar{X}-\mu_0}{\sigma/\sqrt{n}}=\frac{-0.535+0.545}{0.008/\sqrt{5}}=2.7951.$$

因为 $U_0=2.7951>1.645$，落在拒绝域 $(1.645,\ +\infty)$ 中，所以在检验水平 $\alpha=0.05$ 下，拒绝假设 H_0：$\mu\leqslant\mu_0=-0.545$，即牛奶中掺水.

研究双边和单边假设检验的关键是记住检验统计量，会查表得出对应的临界值. 综上所述，假设检验问题的步骤都是：

（1）根据实际问题要求，提出假设 H_0；

（2）给出显著性水平 α，选择合适的检验统计量，通过查表确定对应的临界值；

（3）得出检验统计量的拒绝域和接受域；

（4）作出判断：根据样本值计算检验统计量的值，当检验统计量的值落在拒绝域内，则拒绝原假设 H_0；当检验统计量的值落在接受域内，则接受原假设 H_0.

例 8（水滴石穿） 设 A 表示“水滴落下击穿石头”，且 $P(A)=0.00002$.

设 B 表示水滴落下 n 次，石头被击穿，那么 B 的概率是多少呢？

解
$$P(B)=1-P\left(\overline{B}\right)=1-(1-0.00002)^n,\ \lim_{n\to\infty}P(B)=1.$$

由此可看出：①水滴落下一次击穿石头的概率非常小，它是个小概率事件，在一次实验中一般不会发生. 但是，只要水滴持之以恒，坚持不懈地落下，水滴可以穿石.

②同学们在平时的学习或将来的工作中，“勿以恶小而为之”，更不要以身试法！一次错误或一次受贿可能侥幸逃脱法律的制裁，但常此进行下去，一定会受到惩罚.

习题 6-1

1. 参数假设检验的基本思想方法是____________________；

参数假设检验的主要步骤是：

（1）______________________________；

（2）______________________________；

（3）____；

（4）____.

2. 某地早稻收割根据长势估计平均亩产为310kg，收割时，随机抽取了10块，计算出实际亩产量的平均值 $\bar{x}=320$. 如果已知早稻亩产量 ξ 服从正态分布 $N(\mu, 12^2)$ ，试问所估产量是否正确?（检验水平 $\alpha=0.05$ ）

3. 某工厂生产一种电子元件，在正常情况下电子元件的使用寿命 ξ （单位：h）服从正态分布 $N(2500, 120^2)$. 某日从该厂生产的一批电子元件中随机抽取16个，测得样本平均值 $\bar{x}=2435$ ，假定电子元件寿命的方差不变，能否认为该日生产的这批电子元件的寿命均值 $\mu=2500$?（检验水平分别取 $\alpha=0.05$ 和 $\alpha=0.01$ ）

4. 从某种含铜溶液的4次测定值算得溶液含铜量的平均值 $\bar{x}=8.3\%$ ，样本方差 $S_0^2=0.03^2$ ，若测定值总体服从正态分布，试在检验水平 $\alpha=0.05$ 下检验总体均值 μ 的假设 H_0 ： $\mu=8.32\%$.

5. 一台自动车床加工零件的长度服从正态分布，车床正常时，加工零件长度的均值为10.5，经过一段时间生产后，要检验这台车床工作是否正常，为此抽取该车床加工的31个零件，测得数据如表6-2所示.

表6-2

零件长度/mm	10.1	10.3	10.6	11.2	11.5	11.8	12.0
频 数	1	3	7	10	6	3	1

若加工零件的方差不变，问此车床工作是否正常?（检验水平 $\alpha=0.05$ ）

6. 已知某厂生产的维尼纶纤度（表示纤维粗细程度的量）在正常条件下服从正态分布 $N(1.405, 0.048^2)$ ，某天抽取5根纤维，测得其纤度为

$$1.33，1.55，1.36，1.40，1.44.$$

问这一天纤度的总体标准差是否正常?（检验水平 $\alpha=0.10$ ）

7. 某厂生产的电池，其寿命服从方差为 $\sigma^2=5000(\mathrm{h}^2)$ 的正态分布. 现有一批这种电池，从生产情况来看，其寿命的波动性有所改变. 为了检验这个问题，随机抽取了26只电池，计算得样本方差 $S^2=9200\,(\mathrm{h}^2)$，试推断这批电池的寿命的波动性是否比以往明显增大?（检验水平 $\alpha=0.01$ ）

8. 假设新生男婴的体重服从正态分布，随机抽取12名新生男婴，测得其体重（单位：g）分别为

$$3100，2520，3000，3000，3600，3320，$$

$$3160，3560，2880，2600，3400，2540.$$

假设检验： $\sigma^2>375^2$.（ $\alpha=0.10$ ）

9. 冷拉钢丝的折断力服从正态分布 $N(\mu, 12^2)$ ，从一批钢丝中任意抽取10根试验折断力，测得数据（单位：kg）为

578，572，570，568，572，570，570，596，584，572.

假设检验：$\mu<560$（单位：kg）.（$\alpha=0.10$）

10. 为比较不同季节出生的女婴的体重，从1985年1月和7月出生的女婴中分别抽取6名和10名，测得体重（单位：g）如下：

1月：3520，2960，2560，2960，3260，3960；

7月：3220，3220，3760，3000，2920，3740，3060，3080，2940，3060.

假定女婴的体重服从正态分布，检验水平$\alpha=0.05$，试说明新生女婴体重的方差1月比7月的小.

*第二节　分布拟合检验

上节中只讨论了已知总体是正态分布情形下，假设检验其中含有的未知参数. 在实际中有时不能知道总体服从什么类型的分布，这时就需要根据样本，来假设检验总体服从某一分布. 下面介绍用来假设检验总体分布的χ^2-拟合检验法.

若总体ξ的分布未知，x_1，x_2，…，x_n为总体ξ的一个随机样本. 需要假设检验总体ξ的分布函数.

提出假设H_0：总体ξ的分布函数为$F(x)$.（也可以检验分布律或用概率密度代替分布函数）

（1）先设H_0中所假设的分布函数$F(x)$不含未知参数，将在H_0下把总体ξ可能取值的全体分成互不相交的子集θ_1，θ_2，…，θ_k，以f_1，f_2，…，f_k表示样本值x_1，x_2，…，x_n落在θ_1，θ_2，…，θ_k的个数，于是，在n次独立试验中，事件$\theta_i(i=1，2，…，k)$发生的频率是$\dfrac{f_i}{n}$.

另一方面，当假设H_0为真时，可以利用H_0中所假设的分布函数为$F(x)$来计算事件θ_i的概率，记$p_i=P(\theta_i)$（$i=1，2，…，k$）. 事实上，概率$p_i=P(\theta_i)$和频率$\dfrac{f_i}{n}$会有差异. 但一般来说，当假设H_0为真时，试验的次数非常多时，这种差异不应很大，即$\left(\dfrac{f_i}{n}-p_i\right)^2$不大，因此选取形如$\sum\limits_{i=1}^{k}C_i\left(\dfrac{f_i}{n}-p_i\right)^2$（$i=1，2，…，k$）的统计量来度量样本与假设$H_0$中的$\xi$的分布的吻合程度，其中，$C_i$为给定的常数. 皮尔逊证明了，如果选取$C_i=\dfrac{n}{p_i}$（$i=1，2，…，k$），那么统计量$\sum\limits_{i=1}^{k}C_i\left(\dfrac{f_i}{n}-p_i\right)^2$具有下述定理的性质，所以选取

$$\sum_{i=1}^{k}C_i\left(\frac{f_i}{n}-p_i\right)^2=\sum_{i=1}^{k}\frac{n}{p_i}\left(\frac{f_i}{n}-p_i\right)^2=\sum_{i=1}^{k}\frac{f_i^2}{np_i}-n$$

作为检验统计量.

(2) 当假设 H_0 中总体 ξ 的分布函数 $F(x)$ 包含未知参数时，需要在 H_0 下，先利用样本值求出未知参数的最大似然估计值，以估计值作为参数值，再由 H_0 中所假设的总体 ξ 的分布函数 $F(x)$ 求出事件 θ_i 的概率 p_i 的估计值 $\hat{p}_i$，用 $\hat{p}_i$ 代替 p_i.

因此，选取的统计量就变为

$$\sum_{i=1}^{k}\frac{f_i^2}{n\hat{p}_i}-n.$$

那么，选取的统计量 $\sum_{i=1}^{k}\frac{f_i^2}{np_i}-n$ 和 $\sum_{i=1}^{k}\frac{f_i^2}{n\hat{p}_i}-n$ 服从什么分布呢?

定理 若样本容量 $n\geqslant 50$，假设 H_0：总体 ξ 的分布函数 $F(x)$ 为真时：

(1) 若 $F(x)$ 不含未知参数，则统计量 $\sum_{i=1}^{k}\frac{f_i^2}{np_i}-n$ 近似服从 $\chi^2(k-1)$；

(2) 若 $F(x)$ 含 r 个未知参数，则统计量 $\sum_{i=1}^{k}\frac{f_i^2}{n\hat{p}_i}-n$ 近似服从 $\chi^2(k-r-1)$.

证明略.

由上述讨论知，当假设 H_0 为真时，统计量 $\sum_{i=1}^{k}\frac{f_i^2}{np_i}-n$ 和 $\sum_{i=1}^{k}\frac{f_i^2}{n\hat{p}_i}-n$ 中的 χ^2 不应太大，如 χ^2 过大，就拒绝假设 H_0. 因此，拒绝域的形式为 $\chi^2>C$ （$C>0$ 且为常数).

对于给定的检验水平 α，确定 $P\{\chi^2>C\}=\alpha$，根据上述定理知，统计量 $\sum_{i=1}^{k}\frac{f_i^2}{n\hat{p}_i}-n$ 近似服从 $\chi^2(k-r-1)$，则得拒绝域为

$$\chi^2\geqslant\chi_\alpha^2(k-r-1),$$

从而在显著性水平 α 下拒绝假设 H_0；否则，就接受假设 H_0. 这就是 χ^2-拟合检验法.

χ^2-拟合检验法是基于上述定理得出的方法，所以使用时必须满足样本容量 $n\geqslant 50$. 另外，np_i 不能太小，应有 $np_i\geqslant 5$，否则应适当地合并子集 θ_i，以满足要求. 下面用三个例题来说明 χ^2-拟合检验法的使用.

例1 某部门统计了日本西部地震在一天中发生的时间段，共观察了527次地震，这些地震在一天的4个时间段的分布如表6-3所示.

表6-3

时间段	0—6时	6—12时	12—18时	18—24时
次数	123	135	141	128

取检验水平 $\alpha=0.05$，假设检验：地震在各时间段内发生是等可能的.

解 提出假设 H_0：一天中地震在各时间段内发生是等可能的.

已知 $n=527$，可使用 χ^2-拟合检验法. 事件 θ_i 表示一天中在各时间段内发生地震（$i=1, 2, 3, 4$）.

列表整理数据，如表6−4所示.

表6−4

事件 θ_i	频率 f_i	概率 p_i	np_i	$\frac{f_i^2}{np_i}$
θ_1	123	$\frac{1}{4}$	131.75	114.83
θ_2	135	$\frac{1}{4}$	131.75	138.33
θ_3	141	$\frac{1}{4}$	131.75	150.90
θ_4	128	$\frac{1}{4}$	131.75	124.36
$\sum \frac{f_i^2}{np_i} - n = 528.42 - 527 = 1.42$				

这里，$k=4$，假设 H_0 中没有未知参数，所以 $r=0$. 由检验水平 $\alpha=0.05$，查 $\chi^2(k-r-1)$ 表，得临界值为

$$\lambda = \chi^2_\alpha(k-r-1) = \chi^2_{0.05}(4-0-1) = \chi^2_{0.05}(3) = 7.815 .$$

因为 $\sum_{i=1}^{k} \frac{f_i^2}{n\hat{p}_i} - n = 528.42 - 527 = 1.42 \in (0,\ 7.815)$，所以接受假设 H_0：一天中地震在各时间段内发生是等可能的.

例2　表6−5记录了某地1998年每天报火警的次数.

表6−5

一天报火警的次数	0	1	2	3	⩾4
天数	151	118	77	19	0

取检验水平 $\alpha=0.05$，假设检验：每天报火警的次数服从泊松分布.

解　提出假设 H_0：每天报火警的次数 $X \sim P(\lambda)$.

已知 $n=365$，可使用 χ^2−拟合检验法. 在假设 H_0 中参数 λ 未知，需先求出 λ 的最大似然估计值 $\hat{\lambda}$，以估计值 $\hat{\lambda}$ 作为参数 λ 的值.

在假设 H_0 下，由第五章第一节例3知：

$$\hat{\lambda} = \bar{x} = \frac{0\times152 + 1\times118 + 2\times77 + 3\times19 + 0}{365} = 0.90 ,$$

即假设检验：每天报火警的次数 $X \sim P(0.90)$.

这里，事件 θ_i 表示每天报火警 i 次（$i=0$，1，2，3），则

$$\hat{p}(\theta_i) = \hat{p}\{X=i\} = \frac{\hat{\lambda}^i}{i!}e^{-\hat{\lambda}} .$$

计算得

$$\hat{p}(\theta_0) = \hat{p}\{X=0\} = \frac{0.90^0}{0!}e^{-0.90} = 0.4066 ,\quad \hat{p}(\theta_1) = \hat{p}\{X=1\} = \frac{0.90}{1!}e^{-0.90} = 0.3659 ,$$

$$\hat{p}(\theta_2) = \hat{p}\{X=2\} = \frac{0.90^2}{2!}e^{-0.90} = 0.1647 ,\quad \hat{p}(\theta_3) = \hat{p}\{X=3\} = \frac{0.90^3}{3!}e^{-0.90} = 0.0628 .$$

列表整理数据，如表6−6所示.

表6-6

事件 θ_i	频率 f_i	概率 $\hat{p}_i$	$n\hat{p}_i$	$\frac{f_i^2}{n\hat{p}_i}$
θ_0	152	0.4066	148.409	153.6362
θ_1	118	0.3659	133.5535	104.2578
θ_2	77	0.1647	60.1155	98.6268
θ_3	19	0.0628	22.922	15.7491
$\sum\frac{f_i^2}{n\hat{p}_i}-n=372.2699-365=7.2699$				

这里，$k=4$，假设中有一个未知参数，所以 $r=1$．由检验水平 $\alpha=0.05$，查 $\chi^2(k-r-1)$ 表，得临界值为

$$\lambda=\chi_\alpha^2(k-r-1)=\chi_{0.05}^2(4-1-1)=\chi_{0.05}^2(2)=5.992\,.$$

因为 $\sum\frac{f_i^2}{n\hat{p}_i}-n=7.2699\notin(0，5.992)$，所以拒绝假设 H_0：每天报火警的次数不服从泊松分布.

例3 下面给出了某医院在1978年统计的70名孕妇的怀孕期（单位：天）：

251	264	234	283	226	244	269	241	276	274
263	243	254	276	241	232	260	248	284	253
265	235	259	279	256	256	254	256	250	269
240	261	263	262	259	230	268	284	259	261
268	268	264	271	263	259	294	259	263	278
267	293	247	244	250	266	286	263	274	253
281	286	266	249	255	233	245	266	265	264

试取检验水平 $\alpha=0.1$，检验数据是否来自正态分布总体.

解 提出假设 H_0：怀孕期 $X\sim N(\mu，\sigma^2)$.

在假设 H_0 中参数 μ，σ 都未知，需先求出 μ 和 σ 的最大似然估计值 $\hat{\mu}$ 和 $\hat{\sigma}$.

利用极大似然估计法得

$$\hat{\mu}=\bar{x}=260.31\,，\quad \hat{\sigma}^2=\frac{n-1}{n}S^2=\frac{69}{70}\times232.81=229.48\,.$$

数据的最小值是226，最大值是294，所以数据落在[225.5，294.5]内，为计算方便，将区间调整为[219.5，229.5]．将这一区间8等分，小区间的长度为10．为了作 χ^2－拟合检验，将区间 $(-\infty，+\infty)$ 分成8个区间：

$A_1=(-\infty，229.5)$，$A_2=(229.5，239.5)$，…，$A_7=(279.5，289.5)$，$A_8=(289.5，+\infty)$.

在假设 H_0：怀孕期 $X\sim N(\mu，\sigma^2)$ 下，计算得

$$\hat{p}_1=p\{X\leqslant229.5\}=\Phi\left(\frac{229.5-260.31}{\sqrt{229.48}}\right)=0.021\,,$$

$$\hat{p}_2=p\{229.5<X\leqslant239.5\}=\Phi\left(\frac{239.5-260.31}{\sqrt{229.48}}\right)-0.021=0.064\,,$$

$$\hat{p}_3 = p\{239.5 < X \leqslant 249.5\} = \Phi\left(\frac{249.5 - 260.31}{\sqrt{229.48}}\right) - 0.064 = 0.1539,$$

$$\hat{p}_4 = p\{249.5 < X \leqslant 259.5\} = \Phi\left(\frac{259.5 - 260.31}{\sqrt{229.48}}\right) - 0.1539 = 0.2396,$$

$$\hat{p}_5 = p\{259.5 < X \leqslant 269.5\} = \Phi\left(\frac{269.5 - 260.31}{\sqrt{229.48}}\right) - 0.2396 = 0.2495,$$

$$\hat{p}_6 = p\{269.5 < X \leqslant 279.5\} = \Phi\left(\frac{279.5 - 260.31}{\sqrt{229.48}}\right) - 0.2495 = 0.169,$$

$$\hat{p}_7 = p\{279.5 < X \leqslant 289.5\} = \Phi\left(\frac{289.5 - 260.31}{\sqrt{229.48}}\right) - 0.169 = 0.0759,$$

$$\hat{p}_8 = p\{X > 289.5\} = 1 - \Phi\left(\frac{289.5 - 260.31}{\sqrt{229.48}}\right) = 0.0271.$$

列表整理数据，如表6-7所示.

表6-7

事件 A_i	频率 f_i	概率 $\hat{p}_i$	$n\hat{p}_i$	$\frac{f_i^2}{n\hat{p}_i}$
A_1	1	0.021	1.47	0.680
A_2	5	0.064	4.48	5.580
A_3	10	0.1539	10.773	9.282
A_4	16	0.2396	16.772	15.263
A_5	23	0.2495	17.465	30.289
A_6	7	0.169	11.83	4.142
A_7	6	0.0759	5.313	6.776
A_8	2	0.0271	1.897	12.109
$\sum \frac{f_i^2}{n\hat{p}_i} - n = 74.121 - 70 = 4.121$				

这里，$k=8$，假设中有2个未知参数，所以 $r=2$．由检验水平 $\alpha=0.1$，查 $\chi^2(k-r-1)$ 表，得临界值为

$$\lambda = \chi_\alpha^2(k-r-1) = \chi_{0.1}^2(8-2-1) = \chi_{0.1}^2(5) = 9.236.$$

因为 $\sum \frac{f_i^2}{n\hat{p}_i} - n = 4.121 \in (0,\ 9.236)$，所以接受假设 H_0：怀孕期 $X \sim N(\mu,\ \sigma^2)$.

综上所述，χ^2-拟合检验法的一般步骤是：

（1）根据实际问题要求，提出假设 H_0；在 H_0 为真下，根据分布函数，计算概率 $p_i = p(\theta_i)$.

（2）列表整理数据，如表6-8所示.

表6-8

事件 θ_i	频率 f_i	概率 p_i	np_i	$\frac{f_i^2}{np_i}$
θ_1				
θ_2				
$\vdots$				
θ_k				
计算统计量 $\chi_0^2=\sum_{i=1}^{k}\frac{f_i^2}{np_i}-n$ 的值				

（3）根据给出的显著性水平 α 的值，查 $\chi^2(k-r-1)$ 表，得临界值 $\lambda=\chi_\alpha^2(k-r-1)$，得拒绝域为 $\left[\chi_\alpha^2(k-r-1),\ +\infty\right)$.

（4）作出判断：

当 $\chi_0^2=\sum_{i=1}^{k}\frac{f_i^2}{np_i}-n\in\left[\chi_\alpha^2(k-r-1),\ +\infty\right)$ 时，拒绝假设 H_0；

当 $\chi_0^2=\sum_{i=1}^{k}\frac{f_i^2}{np_i}-n\in\left(0,\ \chi_\alpha^2(k-r-1)\right]$ 时，接受假设 H_0.

*习题6-2

1. 某种鸭子一般一巢下4只蛋，以 X 表示一巢蛋中孵出小鸭子的只数，已知 X 的分布律如表6-9所示.

表6-9

X	0	1	2	3	4
p_i	0.03	0.1	0.41	0.36	0.1

对鸭蛋作某种处理，再随机抽取200巢经处理的蛋，统计其中每巢孵出小鸭子的只数，如表6-10所示.

表6-10

一巢孵出小鸭子的只数	0	1	2	3	4
巢　数	12	30	89	57	12
A_i	A_1	A_2	A_3	A_4	A_5

问这种处理是否影响蛋的孵化率？（$\alpha=0.05$）

2. 统计某地区100个月中发生的特大地震的次数，如表6-11所示.

表6-11

一个月中特大地震的次数	0	1	2	3	4
月　数	57	31	8	3	1

试取检验水平 $\alpha=0.05$，检验假设：一个月中特大地震的次数服从泊松分布.

3. 研究患某种疾病的21—44岁的男子的收缩压 X（单位：mmHg）. 为此抽查63个男子，测得数据如下：

100	130	120	138	110	110	115	134	120	122	110
120	115	162	130	130	110	147	122	120	131	110
138	124	122	126	120	130	142	110	128	120	124
110	119	132	125	131	117	112	148	108	107	117
121	130	119	121	132	118	126	117	98	115	123
141	129	140	120	96	141	106	114			

试取检验水平 $\alpha=0.05$，检验假设：男子的收缩压 X 服从正态分布.

复习题六

1. 选择题

（1）设 x_1，x_2，…，x_n 是正态总体 $\xi \sim N(\mu_0, \sigma^2)$ 的一个样本，σ^2 已知，检验 H_0：$\mu=\mu_0$ 时，需要用统计量（　　）；

A. $U=\dfrac{\bar{x}-\mu_0}{\sigma/\sqrt{n}}$　　B. $T=\dfrac{\bar{x}-\mu_0}{S/\sqrt{n-1}}$

C. $T=\dfrac{\bar{x}-\mu_0}{S_0/\sqrt{n}}$　　D. $\chi^2=\dfrac{nS}{\sigma^2}$

（2）在对正态总体方差的假设检验中，若已知均值 μ，使用的统计量服从（　　）；

A. 自由度为 $n-1$ 的 t 分布　　B. 自由度为 n 的 t 分布

C. 自由度为 $n-1$ 的 χ^2 分布　　D. 自由度为 n 的 χ^2 分布

（3）设 x_1，x_2，…，x_n 是正态总体 $N(\mu, \sigma^2)$（σ^2 已知）的一个样本，按给定的检验水平 α 检验 H_0：$\mu=\mu_0$（μ_0 为已知常数）时，判断是否接受 H_0 与（　　）有关.

A. 样本观测值、显著性水平 α

B. 样本观测值、样本容量 n

C. 样本容量 n、显著性水平 α

D. 样本观测值、样本容量 n、显著性水平 α

2. 正常人的脉搏平均为72次/分，某医生测得10例慢性中毒者的脉搏（单位：次/分）为

$$54, 67, 68, 70, 66, 67, 70, 65, 69, 78.$$

设中毒者的脉搏服从正态分布，问中毒者和正常人的脉搏有无显著性差异？（检验水平 $\alpha=0.05$）

3. 某化肥厂用自动打包机包装化肥，每包质量标准为100kg，实际包重服从正态分布. 某天为了检验打包机是否正常，随机抽取了9包进行检验，测得质量（单位：

kg）如下：

99.5，98.7，100.6，101.1，98.5，99.6，99.7，102.1，100.6.

试问该日打包机是否正常？（检验水平 $\alpha=0.05$）

4. 自动车床加工的某种零件的直径（单位：mm）服从正态分布 $N(\mu,\ 0.3^2)$，经过一段时间后，需要检验是否保持原来的加工精度，从该车床加工的零件中抽取30个，测得数据如表6–12所示.

表6–12

零件的直径/mm	9.2	9.4	9.6	9.8	10.0	10.2	10.4	10.6	10.8
频　数	1	1	3	6	7	5	4	2	1

试问加工精度是否变差？（检验水平 $\alpha=0.05$）

5. 分别在两种牌号的灯泡中各取 $n_1=7$，$n_2=10$ 的样本，测得灯泡的寿命（单位：h）的样本方差分别为 $S_1^2=9201$，$S_2^2=4856$，设两样本相互独立，且两总体的分布服从 $N(\mu_1,\ \sigma_1^{\ 2})$ 和 $N(\mu_2,\ \sigma_2^{\ 2})$，其中，$\mu_1$，$\sigma_1^{\ 2}$，$\mu_2$，$\sigma_2^{\ 2}$ 都未知. 假设检验：$\sigma_1^2\leqslant\sigma_2^{\ 2}$.（检验水平 $\alpha=0.05$）

6. 测定家庭空气污染时，用 X 和 Y 分别表示无吸烟者和有吸烟者在24h内的悬浮颗粒量（$\mu g/m^3$），设 $X\sim N(\mu_1,\ \sigma_1^{\ 2})$，$Y\sim N(\mu_2,\ \sigma_2^{\ 2})$，其中，$\mu_1$，$\sigma_1^{\ 2}$，$\mu_2$，$\sigma_2^{\ 2}$ 都未知. 从中分别抽取 $n_1=9$，$n_2=11$ 的样本，计算得样本标准差分别为 $S_1=13.2$，$S_2=7.1$，两样本独立. 试检验假设：$\sigma_1^2=\sigma_2^{\ 2}$.（检验水平 $\alpha=0.05$）

7. 在某城市随机选取500个年龄大于18岁且拥有学士及以上学位的人，作一项调查研究.

调查数据如表6–13所示.

表6–13

年　龄	18—24岁	25—34岁	35—44岁	45—54岁	55—64岁	≥65岁
人　数	30	150	155	75	35	55

取检验水平 $\alpha=0.1$，检验该城市年龄分布是否来自具有如表6–14所示分布律的总体.

表6–14

X（年龄）	18—24岁	25—34岁	35—44岁	45—54岁	55—64岁	≥65岁
p（概率）	0.05	0.29	0.3	0.16	0.1	0.1

8. 现随机抽取1000个元件，测得数据（单位：h）如表6–15所示.

表6–15

寿命/h	≤150	(150，300]	(300，450]	(450，600]	(600，750]	>750
只　数	543	258	120	48	20	11

取检验水平 $\alpha=0.05$，检验假设 H_0：这些数据来自均值 $\theta=200$ 的指数分布总体.

第七章　一元线性回归分析

由于一切运动着的事物都是相互联系、相互制约的，因此描述事物运动的变量之间也是相互联系、相互制约的. 变量之间的相互关系可以分为两类. 一类是一个变量随着其他变量的确定而确定，这种关系称为确定性关系，也就是常说的函数关系，例如，圆的面积S与半径r之间的关系$S=\pi r^2$. 另一类是两变量之间存在一定的关系，但很难准确地用等式表示出来，具有某种不确定性，这种关系称为相关关系，例如，人的身高和体重之间有一定的关系，但是根据身高不能准确地计算出体重，根据体重也不能准确地计算出身高；再如人的年龄与血压之间的关系，农业上的施肥量与亩产量之间的关系，等等.

然而，确定性关系与相关关系之间并不存在不可逾越的鸿沟，由于试验误差等原因，确定性关系在实际问题中往往通过相关关系来表示. 另一方面，当认识了事物的内部规律之后，相关关系也有可能转化为确定性关系.

第一节　回归直线方程及求法

一、回归直线方程

应用数理统计方法，为寻求一个近似数学表达式来描述变量之间的相关关系所进行的统计分析称为回归分析，所求出的数学表达式通常称为回归方程，只有两个变量的回归方程称为一元回归方程. 如果一元回归方程是一次方程，称这两个变量的关系是线性关系，或者称这两个变量是线性相关的，相应的回归方程称为一元回归直线方程. 一元线性回归分析是回归分析中最简单、最常见的一种.

先看下面的例子.

例1　随机地抽取生产同类产品的11家企业，调查了它们的产量x（单位：t）和生产费用Y（单位：万元）的情况，得到的数据如表7–1所示.

表7–1

x/t	5	10	15	20	30	40	50	60	70	90	120
Y/万元	6	10	10	13	16	17	19	23	25	29	46

试分析生产费用 Y 与产量 x 之间的关系是否能用线性方程近似表示.

因为对于相同的产量，11家企业的生产费用未必相同，故 x 是一般的变量，而 Y 是随机变量. 判断 Y 和 x 之间是否存在近似线性关系，通常采用作图的方法. 以变量 x 的取值作为横坐标，把 Y 的相应取值作为纵坐标，在平面直角坐标系中描出各点 (x_i, y_i) $(i=1, 2, \cdots, 11)$，所得到的图称为散点图，如图7–1所示.

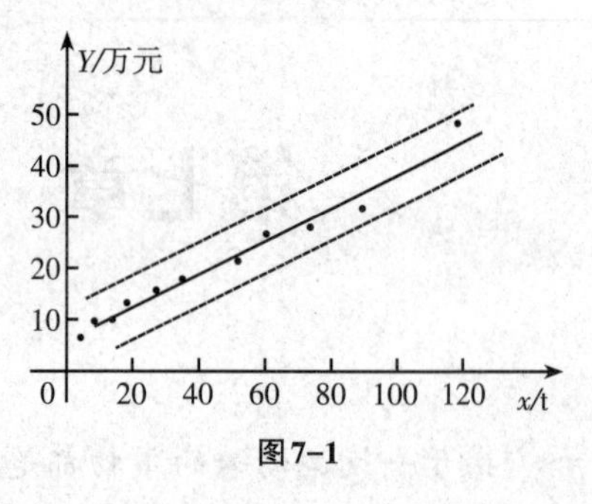

图7–1

从图7–1可以看出，这些点大致分布在一个狭窄的直线带内，变量 Y 与 x 之间的关系可以近似地看作线性关系，由此得到启示：可以在散点图中找到一条直线，使得它能最好地反映 x 与 Y 之间的关系. 把这条直线的方程设为

$$\hat{y}=a+bx,$$

当 x 取值 $x_i\,(i=1, 2, \cdots, 11)$ 时，Y 相应的观测值为 y_i，而直线上对应于 x_i 的纵坐标是 $\hat{y}_i$. 该式称为 Y 对 x 的回归直线方程，这条直线称为回归直线. a，b 称为回归系数. 要确定回归直线方程，只要确定回归系数 a，b 即可.

下面来研究回归直线方程的求法.

二、最小二乘法

设 x，y 的一组观测值为 $(x_i, y_i)\,(i=1, 2, \cdots, n)$，且回归直线方程为

$$\hat{y}=a+bx.$$

当 $x=x_i\,(i=1, 2, \cdots, n)$ 时，Y 的观测值为 y_i，对应回归直线上的 $\hat{y}$ 取 $\hat{y}_i=a+bx_i$. 差 $y_i-\hat{y}_i\,(i=1, 2, \cdots, n)$ 反映了实际观测值 y_i 与回归直线上相应纵坐标 $\hat{y}_i$ 之间的偏离程度，如图7–2所示.

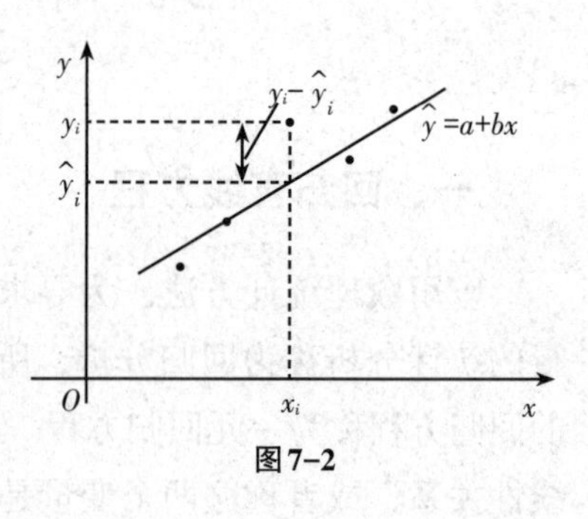

图7–2

y_i 与 $\hat{y}_i$ 的 n 个偏差构成的总偏差越小越好，这才说明所找的直线是最理想的. 显然，这个总偏差不能用 n 个偏差之和 $\sum\limits_{i=1}^{n}(y_i-\hat{y}_i)$ 来表示，通常是用偏差的平方和

$$Q=\sum_{i=1}^{n}(y_i-\hat{y}_i)^2=\sum_{i=1}^{n}\left[y_i-(a+bx_i)\right]^2$$

作为总偏差，并使之达到最小. 这样，回归直线就是直线带 Q 内取最小值的那一条. 这种使偏差平方和 $Q=\sum\limits_{i=1}^{n}[y_i-(a+bx_i)]^2$ 最小的方法称为最小二乘法.

为使偏差平方和达到最小，将偏差平方和展开，得

$$Q=\sum_{i=1}^{n}[(y_i-a)-bx_i]^2=\sum_{i=1}^{n}y_i^2-2a\sum_{i=1}^{n}y_i+na^2-2b\sum_{i=1}^{n}x_iy_i+2ab\sum_{i=1}^{n}x_i+b^2\sum_{i=1}^{n}x_i^2$$

$$=na^2+2a\left(b\sum_{i=1}^{n}x_i-\sum_{i=1}^{n}y_i\right)+b^2\sum_{i=1}^{n}x_i^2-2b\sum_{i=1}^{n}x_iy_i+\sum_{i=1}^{n}y_i^2.$$

把上式看成关于 a 的二次函数，a^2 的系数 $n>0$，当

$$a=-\frac{2\left(b\sum_{i=1}^{n}x_i-\sum_{i=1}^{n}y_i\right)}{2n}=\frac{1}{n}\left(\sum_{i=1}^{n}y_i-b\sum_{i=1}^{n}x_i\right)=\bar{y}-b\bar{x}$$

时，Q 取最小值. 其中

$$\bar{y}=\frac{1}{n}\sum_{i=1}^{n}y_i,\quad \bar{x}=\frac{1}{n}\sum_{i=1}^{n}x_i.$$

同理，把 Q 的展开式重新按 b 的降幂排列，看成关于 b 的二次函数，可以得到，当

$$b=\frac{\sum_{i=1}^{n}x_iy_i-a\sum_{i=1}^{n}x_i}{\sum_{i=1}^{n}x_i^2}$$

时，Q 取最小值. 将 $a=\frac{1}{n}\left(\sum_{i=1}^{n}y_i-b\sum_{i=1}^{n}x_i\right)$ 代入，得

$$b=\frac{\sum_{i=1}^{n}x_iy_i-n\bar{x}\cdot\bar{y}}{\sum_{i=1}^{n}x_i^2-n\bar{x}^2}.$$

从而，回归系数 a，b 可由公式

$$b=\frac{\sum_{i=1}^{n}x_iy_i-n\bar{x}\cdot\bar{y}}{\sum_{i=1}^{n}x_i^2-n\bar{x}^2},$$

$$a=\bar{y}-b\bar{x}$$

求得，这样，回归直线方程就建立起来了.

为了计算和书写方便，引入下述记号：

$$L_{xx}=\sum_{i=1}^{n}x_i^2-n\bar{x}^2,$$

$$L_{yy}=\sum_{i=1}^{n}y_i^2-n\bar{y}^2,$$

$$L_{xy}=\sum_{i=1}^{n}x_iy_i-n\bar{x}\cdot\bar{y},$$

这样，回归系数的估计值可写成

$$b=\frac{L_{xy}}{L_{xx}},$$

$$a=\bar{y}-b\bar{x}.$$

可以看到，为了求出回归系数 a，b，只需求出 $\bar{x}$，$\bar{y}$，$\sum_{i=1}^{n}x_iy_i$，$\sum_{i=1}^{n}x_i^2$ 就可以了.

例2　求例1中生产费用 Y 对产量 x 的回归直线方程.

解　为了简单起见，将有关数据列于表7-2中.

表7-2

序号	x_i	y_i	x_i^2	y_i^2	x_iy_i
1	5	6	25	36	30
2	10	10	100	100	100
3	15	10	225	100	150
4	20	13	400	169	260
5	30	16	900	256	480
6	40	17	1600	289	680
7	50	19	2500	361	950
8	60	23	3600	529	1380
9	70	25	4900	625	1750
10	90	29	8100	841	2610
11	120	46	14400	2116	5520
合计	510	214	36750	5422	13910

由表7-2可以算出

$$\bar{x}=\frac{510}{11}，\quad \bar{y}=\frac{214}{11}，\quad \sum_{i=1}^{n}x_iy_i=13910，\quad \sum_{i=1}^{n}x_i^{2}=36750，$$

代入公式，得

$$b=\frac{L_{xy}}{L_{xx}}=\frac{13910-11\times\frac{510}{11}\times\frac{214}{11}}{36750-11\times\left(\frac{510}{11}\right)^2}\approx 0.304,$$

$$a=\frac{214}{11}-0.304\times\frac{510}{11}\approx 5.36.$$

所以，生产费用 Y 对产量 x 的回归直线方程为 $\hat{y}=5.36+0.304x$.

这里的回归系数 $b=0.304$，其意义为产量 x 每增加1个单位，生产费用 Y 平均增加0.304个单位.

习题7-1

1. 一元线性回归直线的数学模型是__________，确定回归系数 $a=$__________，$b=$__________.

2. 某种商品的产量 x 和单位成本 y 之间的数据统计如表7-3所示.

表7-3

产量 x/千件	2	4	5	6	8	10	12	14
单位成本 y/元	580	540	500	460	380	320	280	240

试确定 y 对 x 的回归直线方程.

3. 在硝酸钠的溶解度试验中，测得在不同温度 x（℃）下，溶解于100g水中的硝酸钠的质量 y（g）的数据如表7-4所示.

表7-4

温度 x/℃	0	4	10	15	21	29	36	51	68
质量 y/g	66.7	71	76.3	80.6	85.7	92.9	99.4	113.6	125.1

求 y 对 x 的回归直线方程.

4. 比萨斜塔是一大建筑奇迹，工程师为了稳固它做了大量的研究工作. 塔倾斜的测量值如表7-5所示.

表7-5

年份 x	1975	1976	1977	1978	1979	1980	1981	1982	1983	1984	1985	1986	1987
倾斜值 y	642	644	656	667	673	688	696	698	713	717	725	742	757

求 y 对 x 的回归直线方程.

第二节　回归直线方程的效果检验

从第一节求回归直线方程的过程可以看到，对任取的一组数据 (x_i, y_i) $(i=1, 2, \cdots, n)$，不管是否是线性关系，都可以利用最小二乘法求得 Y 对 x 的回归直线方程. 而只有当 Y 与 x 之间大致成线性关系时得到的回归直线方程才有意义，如果 Y 与 x 之间根本不存在线性关系，所得到的回归直线方程就毫无意义了. 因此，必须对求得的回归直线方程进行检验，判断 Y 与 x 之间是否是线性关系. 下面利用统计方法来检验所得到的回归直线方程的实际效果.

一、相关系数

定义　把 $r=\dfrac{\sum_{i=1}^{n}(x_i-\bar{x})(y_i-\bar{y})}{\sqrt{\sum_{i=1}^{n}(x_i-\bar{x})^2\sum_{i=1}^{n}(y_i-\bar{y})^2}}$ 所确定的值称为 Y 对 x 的相关系数，它反映的是 Y 和 x 之间线性关系的密切程度.

因为

$$L_{xx} = \sum_{i=1}^{n} x_i^2 - n\bar{x}^2 ,$$

$$L_{yy} = \sum_{i=1}^{n} y_i^2 - n\bar{y}^2 ,$$

$$L_{xy} = \sum_{i=1}^{n} x_i y_i - n\bar{x} \cdot \bar{y} ,$$

所以

$$r = \frac{L_{xy}}{\sqrt{L_{xx} L_{yy}}} .$$

把

$$a = \bar{y} - b\bar{x} , \quad b = \frac{\sum_{i=1}^{n} x_i y_i - n\bar{x} \cdot \bar{y}}{\sum_{i=1}^{n} x_i^2 - n\bar{x}^2}$$

代入 $Q = \sum_{i=1}^{n} [y_i - (a + bx_i)]^2$，整理可得

$$Q = \sum_{i=1}^{n} [y_i - (a + bx_i)]^2 = (1 - r^2) \sum_{i=1}^{n} (y_i - \bar{y})^2 .$$

因为 $Q \geqslant 0$，$\sum_{i=1}^{n} (y_i - \bar{y})^2 \geqslant 0$，所以 $1 - r^2 \geqslant 0$，即 $|r| \leqslant 1$.

下面根据 r 的取值范围来讨论 Y 与 x 之间线性关系的密切程度.

若 $r = 0$，即 $\sum_{i=1}^{n} (x_i - \bar{x})(y_i - \bar{y}) = 0$，由于

$$b = \frac{\sum_{i=1}^{n} x_i y_i - n\bar{x} \cdot \bar{y}}{\sum_{i=1}^{n} x_i^2 - n\bar{x}^2} = \frac{\sum_{i=1}^{n} (x_i - \bar{x})(y_i - \bar{y})}{\sum_{i=1}^{n} (x_i - \bar{x})^2} ,$$

因此 $b = 0$，此时回归直线 $\hat{y} = a + bx$ 与 x 轴平行，Y 与 x 无线性关系，如图7–3（1）、(2)所示.

若 $|r| = 1$，即 $Q = (1 - r^2) \sum_{i=1}^{n} (y_i - \bar{y})^2 = 0$，则 $y_i = \hat{y}_i$，此时所有的散点均在回归直线 $\hat{y} = a + bx$ 上，Y 与 x 之间是线性关系，如图7–3（3）、(4)所示.

若 $0 < |r| < 1$，Y 与 x 存在一定的线性关系，如图7–3（5）、(6)所示.

根据前两种情形可以推测，r 的绝对值越接近于1，散点就越靠近回归直线 $\hat{y} = a + bx$，这时 Y 与 x 的线性关系越密切. 但是，当 r 的绝对值大到一定程度时，才可以认为 Y 与 x 的线性关系密切，这时的线性关系称为显著的，所求的回归直线方程才有意义；否则，就可以认为线性关系是不显著的，所求的回归直线方程没有意义. 但 $|r|$ 大到何种程度，Y 与 x 的线性关系才算是显著的呢？也就是说，需要确定一个数值，当 $|r|$ 大于这个数值时，就认为线性关系是显著的，这个数值称为相关系数的临界

值. 在计算相关系数r的过程中发现，相关系数的临界值与样本容量n和给定的检验水平α有关，它可以按样本容量n和给定的检验水平α在附录二的相关系数检验表查得.

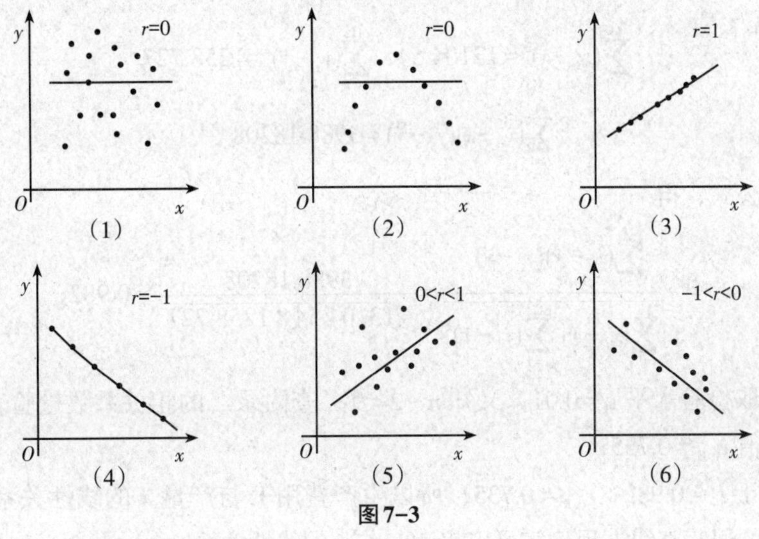

图7-3

判断Y与x线性相关的步骤如下：

（1）由相关系数公式计算 $r=\dfrac{\sum\limits_{i=1}^{n}(x_i-\bar{x})(y_i-\bar{y})}{\sqrt{\sum\limits_{i=1}^{n}(x_i-\bar{x})^2\sum\limits_{i=1}^{n}(y_i-\bar{y})^2}}=\dfrac{L_{xy}}{\sqrt{L_{xx}L_{yy}}}$；

（2）选取检验水平α，由附录二的相关系数检验表查出相应的相关系数的临界值r_α；

（3）判断结果：若$r>r_\alpha$，则认为Y与x的线性关系显著；若$r\leqslant r_\alpha$，则认为Y与x的线性关系不显著.

例1　对本章第一节例1中生产费用Y与产量x的线性关系的显著性进行检验.（检验水平$\alpha=0.01$）

解　（1）将有关数据列于表7-6中.

表7-6

序号	x_i	y_i	$x_i-\bar{x}$	$(x_i-\bar{x})^2$	$y_i-\bar{y}$	$(y_i-\bar{y})^2$	$(x_i-\bar{x})(y_i-\bar{y})$
1	5	6	−41.364	1710.980	−13.455	181.037	556.5526
2	10	10	−36.364	1322.340	−9.455	89.397	343.8216
3	15	10	−31.364	983.700	−9.455	89.397	296.5466
4	20	13	−26.364	695.060	−6.455	41.667	170.1796
5	30	16	−16.364	267.780	−3.455	11.937	56.53762
6	40	17	−6.364	40.500	−2.455	6.027	15.62362
7	50	19	3.636	13.220	−0.455	0.207	−1.65438
8	60	23	13.636	185.940	3.545	12.567	48.33962
9	70	25	23.636	558.660	5.545	30.747	131.0616
10	90	29	43.636	1904.100	9.545	91.107	416.5056
11	120	46	73.636	5422.260	26.545	704.637	1954.668
合计	510	214		13104.54		1258.727	3988.18208

因为

$$\bar{x}=\frac{510}{11}=46.364，\bar{y}=\frac{214}{11}=19.455,$$

$$\sum_{i=1}^{11}(x_i-\bar{x})^2=13104.54，\sum_{i=1}^{11}(y_i-\bar{y})^2=1258.727,$$

$$\sum_{i=1}^{11}(x_i-\bar{x})(y_i-\bar{y})=3988.18208，$$

由相关系数公式，得

$$r=\frac{\sum_{i=1}^{11}(x_i-\bar{x})(y_i-\bar{y})}{\sqrt{\sum_{i=1}^{11}(x_i-\bar{x})^2\sum_{i=1}^{11}(y_i-\bar{y})^2}}=\frac{3988.18208}{\sqrt{13104.54\times1258.727}}\approx0.982;$$

（2）选取检验水平 $\alpha=0.01$，又知 $n-2=9$，查附录二的相关系数检验表得到相关系数的临界值 $r_{0.01}=0.735$；

（3）由于 $r\approx0.982>r_{0.01}=0.735$，所以生产费用 Y 与产量 x 的线性关系是显著的. 因而所求得的回归直线方程确实可以表达 Y 与 x 的线性关系.

二、利用回归直线方程进行预测与控制

利用数理统计知识进行分析、讨论，能帮助实际工作者判明所建立的回归方程是否有效，然后利用得到的有效回归方程去解决预测和控制生产、优化生产工艺等问题. 它在工农业生产和科学研究等领域中均有着广泛的应用.

确定了两个变量的回归直线方程后，就可以利用它来解决生产和实验中的预测及控制问题. 所谓预测，就是对于任意一个给定的值 $x=x_0$，利用相应的值 $\hat{y}_0=a+bx_0$ 来推断在这一点的观测值 y_0 将落在什么范围；所谓控制，就是如何控制 x 的值，使随机变量 Y 落在指定的范围内. 实际上，这两个问题是一个问题的正反两种提法.

先看预测问题.

如果所得到的回归直线方程 $\hat{y}=a+bx$ 拟合得比较好，那么对于给定的任意一个 x_0，相应的观测值 y_0（是随机变量）应是以 $\hat{y}_0=a+bx_0$ 为分布中心的正态分布，即 $y_0\sim N(\hat{y}_0，\sigma^2)$，其中

$$\sigma=\sqrt{\frac{Q}{n-2}}=\sqrt{\frac{1-r^2}{n-2}\sum_{i=1}^{n}(y_i-\bar{y})^2}.$$

因为

$$L_{xx}=\sum_{i=1}^{n}x_i^2-n\bar{x}^2，$$

$$L_{yy}=\sum_{i=1}^{n}y_i^2-n\bar{y}^2，$$

$$L_{xy}=\sum_{i=1}^{n}x_iy_i-n\bar{x}\cdot\bar{y}，$$

$$r=\frac{L_{xy}}{\sqrt{L_{xx}L_{yy}}},$$

所以，Q 也可以写成 $Q=\frac{L_{xx}L_{yy}-L_{xy}^2}{L_{xx}}$，因此

$$\sigma=\sqrt{\frac{Q}{n-2}}=\sqrt{\frac{L_{xx}L_{yy}-L_{xy}^2}{L_{xx}(n-2)}}.$$

由正态分布可知，y_0 分别落在区间

$$(\hat{y}_0-\sigma,\ \hat{y}_0+\sigma),\ (\hat{y}_0-2\sigma,\ \hat{y}_0+2\sigma),\ (\hat{y}_0-3\sigma,\ \hat{y}_0+3\sigma)$$

内的概率是0.6826，0.9544，0.9974，把这三个区间分别叫作概率0.6826，0.9544，0.9974下的 y_0 的预测区间.

按以上不同的概率要求，在平面上作两条与回归直线平行的直线：

$$y=a+bx-k\sigma,\quad y=a+bx+k\sigma\quad(k=1,2,3),$$

如图7–4所示，k 的取值与已知概率有关. 例如，概率若是0.9544（或比较接近），k 应取2. 对于给定的 x_0 值，就能确定在相应概率下的 y_0 的预测区间 $(y_1,\ y_2)$.

关于控制问题，就是希望随机变量 Y 在给定的概率下落在区间 $(y_1,\ y_2)$ 之内. 求 x 的控制区间，这可以由图7–5中虚线所示的对应关系确定. 在不同的概率要求下，可以由

$$y_1=a+bx_1-k\sigma,$$
$$y_2=a+bx_2+k\sigma$$

解出 x_1，x_2，得到相应的控制区间.

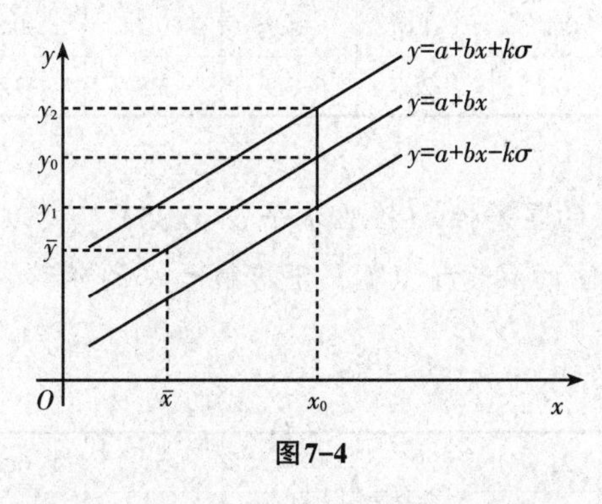

图7–4

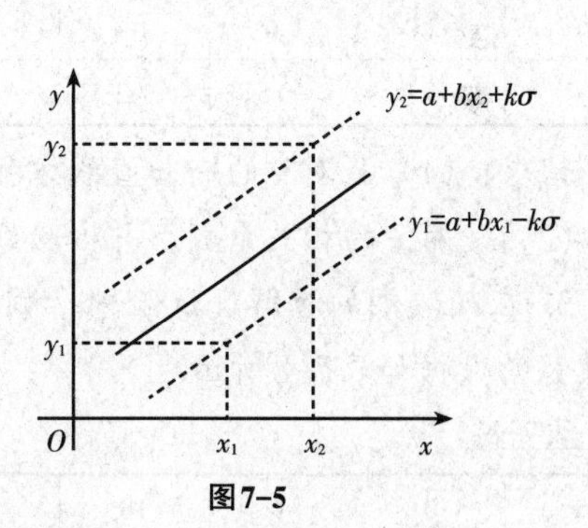

图7–5

例2　若概率取0.95，利用本章第一节中例1求出的回归直线方程：

（1）预测产量为60t时生产费用的范围；

（2）若要使生产费用在10万~20万元之间，试问产量应如何控制？

解　（1）由本节例1可知，$r=0.982$，$\sum_{i=1}^{11}(y_i-\bar{y})^2=1258.727$，$n=11$，代入，得

$$\sigma=\sqrt{\frac{1-r^2}{n-2}\sum_{i=1}^{11}(y_i-\bar{y})^2}=\sqrt{\frac{(1-0.982^2)\times1258.727}{11-2}}\approx2.234.$$

又因为$a=5.36$，$b=0.304$，$x=60$，于是

$$y_1=a+bx-2\sigma=5.36+0.304\times60-2\times2.234=19.13,$$

$$y_2=a+bx+2\sigma=5.36+0.304\times60+2\times2.234=28.07.$$

所以，当产量为60t时，以0.95的概率预计生产费用约在19.13万~28.07万元之间.

（2）当要求生产费用在10万~20万元之间时，已知概率为0.95，有

$$10=5.36+0.304x_1-2\times2.234,$$

$$20=5.36+0.304x_2+2\times2.234,$$

求得

$$x_1=29.96,\quad x_2=33.46.$$

这就是说，控制产量在29.96 ~ 33.46t时，有95%的把握使生产费用在10万~20万元之间.

习题7-2

1. 一元线性回归直线的相关性检验公式$r=$__________；当$r=0$时，Y与x是__________；当$r=\pm1$时，Y与x是__________；若$0<|r|<1$，Y与x存在__________.

2. 设x取固定值时，y为正态变量，x，y有如表7-7所示的观察数据.

表7-7

x	−2.0	0.6	1.4	1.3	0.1	−1.6	−1.7	0.7	−0.8
y	−6.1	−0.5	7.2	6.9	−0.2	−2.1	−3.9	3.8	−7.5

试求：（1）Y对x的回归直线方程；

（2）Y对x的相关系数，并检验线性关系的显著性.（检验水平$\alpha=0.05$）

3. 在硝酸钠的溶解度试验中，测得在不同的温度x（℃）下溶解于水的硝酸钠的份数Y的数据如表7-8所示.

表7-8

x	0	4	10	15	21	29	36	51	68
Y	66.7	71.0	76.3	80.6	85.7	92.9	99.4	113.6	125.1

试求Y对x的回归直线方程，并给出当$x_0=25$℃时，100份水中可溶解硝酸钠的份数的95%的预测区间.

4. 在钢中碳含量对于电阻的效应的研究中，得到如表7-9所示的数据.

表7-9

碳含量x/%	0.1	0.3	0.4	0.55	0.7	0.8	0.95
20℃时的电阻y/μΩ	15	18	19	21	22.6	23.8	26

（1）画出散点图，看图说明碳含量与电阻之间是否存在线性关系；

（2）求回归直线方程；

（3）求 Y 对 x 的相关系数，并检验线性关系的显著性（检验水平 $\alpha=0.01$）；

（4）求 $x=0.5$ 处电阻 y 的预测区间（$\alpha=0.01$）；

（5）求 $y=30$ 时，碳含量 x 应控制在多少？

复习题七

1. 填空题

（1）把 $r=\dfrac{\sum_{i=1}^{n}(x_i-\bar{x})(y_i-\bar{y})}{\sqrt{\sum_{i=1}^{n}(x_i-\bar{x})^2\sum_{i=1}^{n}(y_i-\bar{y})^2}}$ 称为 Y 对 x 的________，它反映的是 Y 和 x 之间____________的密切程度；

（2）设 x，y 的一组观测值为 $(x_i，y_i)(i=1，2，\cdots，11)$，计算知：$\bar{x}=\dfrac{510}{11}=46.364$，$\bar{y}=\dfrac{214}{11}=19.455$，$\sum_{i=1}^{11}(x_i-\bar{x})^2=13104.54$，$\sum_{i=1}^{11}(y_i-\bar{y})^2=1257.727$，$\sum_{i=1}^{11}(x_i-\bar{x})(y_i-\bar{y})=3988.18208$，则 Y 对 x 的相关系数 $r=$________.

（3）求回归直线方程 $\hat{y}=a+bx$ 的方法叫________；设 x，y 的一组观测值为 $(x_i，y_i)$ $(i=1，2，\cdots，11)$，计算知 $\bar{x}=\dfrac{510}{11}$，$\bar{y}=\dfrac{214}{11}$，$\sum_{i=1}^{11}x_iy_i=13910$，$\sum_{i=1}^{11}x_i^{\ 2}=36750$，则 $a=$________，$b=$________，回归直线方程是________.

2. 选择题

（1）设 Y 对 x 的相关系数为 r，当（　　）时，Y 对 x 的回归直线方程 $\hat{y}=a+bx$ 与 x 轴平行；

A. $|r|\leqslant 1$　　　B. $r=0$

C. $r=\pm 1$　　　D. $0<|r|\leqslant 1$

（2）当 Y 与 x 之间的线性相关系数 $|r|=1$ 时，下列结论正确的是（　　）.

A. Y 与 x 是线性关系　　　B. Y 与 x 存在一定的线性关系

C. Y 与 x 无线性关系　　　D. 无法判断 Y 与 x 的线性关系

3. 某工厂一年中每月产品的总成本 C（万元）与每月的产量 x（万件）的统计数据如表7-10所示.

表7-10

x/万件	1.08	1.12	1.19	1.28	1.36	1.48	1.59	1.68	1.80	1.87	1.98	2.07
C/万元	2.25	2.37	2.40	2.55	2.64	2.75	2.92	3.03	3.34	3.26	3.36	3.50

试求总成本 C 对产量 x 的回归直线方程，并对其线性关系进行相关性检验.（检验水平 $\alpha=0.05$）

4. 炼钢是一个铁水脱碳的过程. 用 x 表示全部炉料熔化完毕时铁水的含碳量，用 y（单位：min）表示炉料熔化成铁水直至出钢的冶炼时间. 现检测某炼钢厂的17炉料，数据如表7-11所示.

表7-11

编号	含碳量 x /%	冶炼时间 y /min
1	1.80	200
2	1.04	100
3	1.34	135
4	1.41	125
5	2.04	235
6	1.50	170
7	1.20	125
8	1.50	135
9	1.47	155
10	1.45	165
11	1.41	135
12	1.44	160
13	1.90	190
14	1.90	210
15	1.61	145
16	1.65	195
17	1.54	150

（1）建立 y 对 x 的回归直线方程；

（2）检验 y 与 x 之间的线性相关关系的显著性（给定检验水平 $\alpha=0.05$）；

（3）当 $x=1.43$ 时，求 y 的预测值.

5. 某企业固定资产投资总额与实现利税的数据（单位：万元）如表7-12所示.

表7-12

年份	1994	1995	1996	1997	1998	1999	2000	2001	2002	2003
投资总额 x /万元	23.8	27.6	31.6	32.4	33.7	34.9	43.2	52.8	63.8	73.4
实现利税 y /万元	41.4	51.8	61.7	67.9	68.7	77.5	95.9	137.4	155.0	175.0

（1）求 y 对 x 的回归直线方程；

（2）检验 y 与 x 之间的线性相关关系的显著性（给定检验水平 $\alpha=0.05$）；

（3）当 $x=85$ 万元时，求 y 的预测值及95%的预测区间；

（4）要使2004年的利税在2003年的基础上增长速度不超过8%，资产投资应控制在什么规模？

6. 表7-13列出了某地同龄婴儿的身高的数据.

表7-13

年龄 x/月	18	19	20	21	22	23	24	25	26	27	28	29
身高 y/cm	76.1	77	78.1	78.2	78.8	79.7	79.9	81.1	81.2	81.8	82.8	83.5

（1）画出散点图；

（2）求 y 对 x 的回归直线方程；

（3）检验 y 与 x 之间的线性相关关系的显著性（给定检验水平 $\alpha=0.05$）；

（4）当 $x=29$ 月时，求 y 的95%的预测区间.

习 题 答 案

预备知识检测题

1.（1） $m=4$；（2） $n=8$；（3） $C_{12}^2=66$；（4）60；（5） $A_4^2=12$；（6） $C_5^2=10$；

（7）8，15；（8） $6!=720$；（9）6；

（10）

$4!$	C_5^2	C_5^4	A_5^2	A_5^1	C_5^5	$A_5^2C_5^3$	$2!+C_4^2$
24	10	5	20	5	1	200	8

（11） $n=6$；（12） $n=7$；（13）24.

2. $n=15$.

3.（1） $A_3^2=6$；（2） $A_{100}^3=970200$；（3） $A_5^5=120$；（4） $C_6^3=20$；（5） $C_4^3=4$；

（6） $C_6^2\times C_3^1=45$；（7） $4!=24$.

4.（1）216；（2）120；（3）20.

5. 60.

6.（1）12；（2）16.

7. 28.

8.（1）1716；（2）280；（3）1568；（4）504000.

9. 24.

10.（1）56；（2）35；（3）21.

11.（1）161700；（2）9506；（3）9604；（4）57036.

习题1–1

1.（1）事件A与B同时发生的事件，称为A与B的交事件（或积事件）；

（2）随机事件（简称为事件）；

（3）基本事件空间，记作 Ω；

（4）事件B包含事件A，记作 $A\subseteq B$ 或 $B\supseteq A$；

（5）事件A与B互斥（或称互不相容），记作 $A\cap B=\varnothing$ 或 $AB=\varnothing$；

（6）$(A\cup B)\cup C=A\cup(B\cup C)$，$(A\cap B)\cap C=A\cap(B\cap C)$；

（7）$\overline{A\cup B}=\overline{A}\cap\overline{B}$，$\overline{A\cap B}=\overline{A}\cup\overline{B}$.

2.（1）√；（2）×；（3）√；（4）×；（5）√；（6）×.

3.（1）$\overline{A}B\overline{C}$；（2）$A\overline{B}C$；（3）$A\cup B\cup C$；（4）$ABC$；

（5）$AB\cup AC\cup BC$ 或 $ABC\cup AB\overline{C}\cup A\overline{B}C\cup\overline{A}BC$；（6）$A\overline{B}\overline{C}\cup\overline{A}B\overline{C}\cup\overline{A}\overline{B}C$；

（7）$A\overline{BC}$；（8）$AB\overline{C}$；（9）$\overline{A}\overline{B}\overline{C}$；

（10）$\overline{A}\cup\overline{B}\cup\overline{C}$ 或 $AB\overline{C}\cup A\overline{B}C\cup\overline{A}BC\cup A\overline{B}\overline{C}\cup\overline{A}B\overline{C}\cup\overline{A}\overline{B}C\cup\overline{A}\overline{B}\overline{C}$.

4.（1）必然事件；（2）随机事件；（3）不可能事件；（4）随机事件；（5）随机事件.

5.（1）B包含A；（2）A包含B；（3）A包含B和C.

6. $\overline{A}=\{$甲产品滞销，乙产品畅销$\}\cup\{$甲产品畅销，乙产品畅销$\}\cup\{$甲产品滞销，乙产品滞销$\}$.

7. 试验的所有基本事件有{3个白色球，1个红色球、2个白色球，2个红色球、1个白色球，3个红色球}.

8. $A\cup B$代表必然事件，AB代表不可能事件.

9.（1）$\overline{A}\cup B$代表事件B和事件$\overline{A}$至少有一个发生；

（2）$\overline{A}\cup\overline{B}$代表事件$\overline{A}$和事件$\overline{B}$至少有一个发生；

（3）$\overline{A}\cap B$代表事件B和事件$\overline{A}$同时发生；

（4）$\overline{A}\,\overline{B}$代表事件$\overline{A}$和事件$\overline{B}$同时发生；

（5）$\overline{A}A$代表不可能事件；

（6）$\overline{A\cup B}$代表事件$\overline{A}$和事件$\overline{B}$同时发生.

10. $A_1A_2\cup B$

11. $B=A_1A_2$；$C=\overline{A_1}\,\overline{A_2}$；$D=A_1\overline{A_2}\cup\overline{A_1}A_2$；$E=A_1\cup A_2$；$B$和$C$互不相容，$C$和$D$互不相容，$C$和$E$相对立；$B$和$D$互不相容.

习题1-2

1.（1）$0\leqslant P(A)\leqslant 1$；（2）$P(A)=\dfrac{A\text{包含的基本事件的个数}}{\text{基本事件的总数}}=\dfrac{m}{n}$.

2.（1）D；（2）A.

3.（1）×；（2）×；（3）√；（4）√；（5）√.

4.（1）2/5；（2）3/5.

5.（1）0.49；（2）0.21；（3）0.42；（4）0.7.

6. $P(A)=1/14$；$P(B)=8/21$；$P(C)=19/42$.

7. 41/96.

8. 2/7.

9. $1/n$.

10. $\dfrac{16}{33}$.

11. $1/60$.

习题1-3

1. (1) $P(A)+P(B)-P(AB)$；(2) $P(AB)|P(B)$，表示在B成立的情况下，事件A成立的概率；(3) $P(AB)=P(B|A)P(A)$；(4) $\dfrac{P(A)}{P(B)}$, 1；(5) 独立；(6) $P(A)$，$P(B)$.

2. (1) C；(2) B；(3) B；(4) D.

3. 6/7.

4. 4/7，2/3.

5. 0.0345.

6. 0.9733.

7. (1) 0.029；(2) 0.01；(3) 0.02；(4) 0.345.

8. $1-0.05^2$.

9. (1) 0.216；(2) 0.432；(3) 0.288；(4) 0.064.

10. 0.328.

11. 0.986.

12. (1) $C_8^4\left(\dfrac{1}{3}\right)^4\times\left(\dfrac{2}{3}\right)^4=0.1707$；(2) $1-C_8^7\left(\dfrac{1}{3}\right)^7\times\left(\dfrac{2}{3}\right)^1-C_8^8\left(\dfrac{1}{3}\right)^8=0.9974$.

复习题一

1. (1) ABC；$\overline{A}\,\overline{B}\,\overline{C}$；(2) $24/5^4$；(3) 0.04；(4) $P\left(\overline{A}|\overline{B}\right)=0.6$；(5) 1/5；
(6) 2/5；(7) 0；(8) 0.94.

2. (1) D；(2) D；(3) B；(4) A；(5) C；(6) D；(7) C；(8) D.

3. $A\overline{B}=\{2\}$；$\overline{A}\cup B=\{1,3,4,5,6,7,8,9,10\}$；$\overline{\overline{A}B}=\{2,3,4,5\}$；
$\overline{A\overline{BC}}=\{1,3,4,5,6,7,8,9,10\}$；$\overline{A(B\cup C)}=\{1,2,5,6,7,8,9,10\}$.

4. $A\overline{B}=\varnothing$；$\overline{A}\cap B=\left\{\dfrac{1}{4}\leqslant x\leqslant\dfrac{1}{2}\right\}\cup\left\{1<x\leqslant\dfrac{3}{2}\right\}$；$\overline{\overline{A}B}=\left\{\dfrac{1}{4}\leqslant x\leqslant\dfrac{3}{2}\right\}$；
$\overline{AB}=\left\{0<x\leqslant\dfrac{1}{2}\right\}\cup\{1<x<2\}$.

5. (1) $A\overline{B}\overline{C}$；(2) $A\cup B\cup C$；(3) $\overline{ABC}$；(4) $\overline{A}\cup\overline{B}\cup\overline{C}$；(5) $AB\cup AC\cup BC$.

6. (1) 25/63；(2) 2/9；(3) 1/2.

7.（1） $P(A+B)=0.45$；（2） $P(A|B)=\frac{1}{3}$；（3） $P(B|AB)=1$；（4） $P(A|A\cup B)=\frac{5}{9}$.

8.（1） $P=\frac{3}{32}$；（2） $P=\frac{1}{64}$.

9.（1） $P=0.998$；（2） $P=0.4$.

10.（1）0.98（2）$P=0.27$；（3）$P=0.23$.

11.（1） $P=C_{100}^{80}\times 0.8^{80}\times 0.2^{20}$；（2） $P=0.99$.

12. $P=0.321$.

习题2-1

1.（1）离散型和连续型.（2） $P\{\xi=k\}=\frac{\lambda^k}{k!}e^{-\lambda}(\lambda>0;\ k=0，1，2，\cdots，n，\cdots)$. $P\{\xi=0\}=e^{-\lambda}$； $P\{\xi=2\}=\frac{\lambda^2 e^{-\lambda}}{2}$. （3） $P\{X=3\}=\frac{1}{6}$. （4）两点分布，二项分布，泊松分布.

（5）

ξ	0	1
p_k	p	$1-p$

（6）二项分布. $P_n(k)=C_n^k p^k q^{n-k}$ $(k=0，1，2，\cdots，n)$. 其中， $p=P(A)$ 是事件A发生的概率， $q=1-p$； $P_{10}(2)=C_{10}^2 p^2 q^8$； $P_{10}(0)=q^{10}$.

2.（1）是；（2）否；（3）否；（4）是.

3.

ξ	-2	1	2
p_k	$\frac{1}{3}$	$\frac{1}{2}$	$\frac{1}{6}$

4.（1）

ξ	0	1	2
p_k	$\frac{1}{9}$	$\frac{4}{9}$	$\frac{4}{9}$

（2）

ξ	0	1	2
p_k	$\frac{1}{15}$	$\frac{8}{15}$	$\frac{2}{5}$

5. $P\{\eta<4\}=0.3$， $P\{\eta\geqslant 4\}=0.7$， $P\{\eta<3\}=0.3$.

6. $P\{\xi=k\}=\frac{0.5^k}{k!}e^{-0.5}(k=0，1，2，\cdots，n，\cdots)$， $P\{\xi\leqslant 1\}=0.9098$.

7.（1） $P\{X=k\}=C_5^k 0.6^k 0.4^{5-k}(k=0，1，2，3，4，5)$；（2） $P\{X\geqslant 2\}=0.913$.

8. $P=1-C_{20}^0 0.05^0\times 0.95^{20}-C_{20}^1 0.05^1\times 0.95^{19}-C_{20}^2 0.05^2\times 0.95^{18}=0.0755$.

9. $P\{\eta\geqslant 1\}=\frac{19}{27}$.

10. （1） $P\{X=k\}=C_3^k\left(\frac{2}{15}\right)^k\left(\frac{13}{15}\right)^{3-k}$ $(k=0，1，2，3)$；

（2）

ξ	0	1	2
p_k	$\frac{C_{13}^3}{C_{15}^3}$	$\frac{C_{13}^2C_2^1}{C_{15}^3}$	$\frac{C_{13}^1}{C_{15}^3}$

11. （1）

ξ	3	4	5	6	7
p_k	$\frac{1}{C_6^3}$	$\frac{6}{C_6^3}$	$\frac{6}{C_6^3}$	$\frac{6}{C_6^3}$	$\frac{1}{C_6^3}$

（2） $P\{4<X\leqslant 6\}=P\{4\leqslant X<6\}=\frac{3}{5}$，$P\{4<X<6\}=\frac{3}{10}$，$P\{4\leqslant X\leqslant 6\}=\frac{9}{10}$.

12. $P\{X\geqslant 4\}=\sum\limits_{k=4}^{7}C_7^k 0.6^k 0.4^{7-k}=0.71$.

13.

ξ	1	2	3	4
p_k	$\frac{5}{8}$	$\frac{9}{32}$	$\frac{21}{256}$	$\frac{3}{256}$

习题2–2

1. （1）1；（2）0；（3） $F'(x)=f(x)$；$\int_{-\infty}^{x}f(x)\mathrm{d}x$；$F(b)-F(a)$；

（4） $0\leqslant F(x)\leqslant 1$，$F(-\infty)=0$；$F(+\infty)=1$；（5）2；（6） $f(x)=\begin{cases}\frac{1}{b-a}, & a\leqslant x\leqslant b,\\ 0, & 其他.\end{cases}$

2. （1）B；（2）A；（3）C；（4）C；（5）B；（6）C.

3. （1） $A=\frac{1}{2}$ 与 $B=\frac{1}{\pi}$；（2） $P\{-1\leqslant\xi\leqslant 1\}=1$，$P\{\xi\leqslant 0\}=\frac{1}{2}$，$P\{\xi\geqslant 2\}=0$.

4. （1） $k=\frac{1}{2}$；（2） $P\{0\leqslant\xi\leqslant 1\}=\frac{1}{2}-\frac{1}{2\mathrm{e}}$，$P\{\xi>0\}=\frac{1}{2}$，$P\{\xi\leqslant 1\}=1-\frac{1}{2\mathrm{e}}$.

5. （1） $a=\frac{1}{2}$；（2） $P\left\{-2<\xi<\frac{1}{2}\right\}=0$，$P\{\xi\leqslant 2\}=\frac{1}{2}$.

6. $f(x)=\begin{cases}\frac{1}{10}, & 0\leqslant x\leqslant 10,\\ 0, & 其他,\end{cases}$ $P\{\xi<3\}=\frac{3}{10}$.

7. （1） $P\{\xi<1.45\}=0.9265$；（2） $P\{\xi>0.72\}=0.2358$；（3） $P\{\xi<1.25\}=0.8994$；

（4） $P\{-1<\xi<0.55\}=0.5501$.

8. （1） $P\{\xi<2.5\}=0.5675$；（2） $P\{\xi<-2.5\}=0.0668$；（3） $P\{-2.5<\xi<2.5\}=0.5007$.

9.（1）否；（2）是.

习题2-3

1.（1）D；（2）A.

2. $F(x)=P\{\xi\leqslant x\}=\begin{cases}0, & x<-1,\\ \frac{1}{6}, & -1\leqslant x<0,\\ \frac{2}{3}, & 0\leqslant x<2,\\ 1, & x\geqslant 2,\end{cases}$ $P\{\xi\leqslant 1\}=\frac{2}{3}$， $P\{-2<\xi\leqslant 1\}=\frac{2}{3}$， $P\left\{0\leqslant\xi\leqslant\frac{1}{2}\right\}=\frac{1}{2}$,

$P\{0<\xi<3\}=\frac{1}{3}$.

3.（1） $k=2$；（2） $F(x)=\begin{cases}0, & x<0,\\ x^2, & 0\leqslant x<1,\\ 1, & x\geqslant 1;\end{cases}$

（3） $P\left\{\frac{1}{2}<\xi\leqslant 1\right\}=\frac{3}{4}$， $P\left\{\xi\leqslant\frac{1}{3}\right\}=\frac{1}{9}$， $P\left\{\xi\geqslant\frac{1}{4}\right\}=\frac{15}{16}$.

4.（1） $F(x)=\begin{cases}0, & x<0,\\ \frac{x^3}{8}, & 0\leqslant x<2,\\ 1, & x\geqslant 2;\end{cases}$ （2）图略.

5.（1） $f(x)=\begin{cases}\frac{1}{x}, & 1\leqslant x\leqslant \mathrm{e},\\ 0, & \text{其他};\end{cases}$ （2） $P\left\{\frac{1}{2}<\xi\leqslant 1\right\}=0$，$P\{0<\xi\leqslant 3\}=1$，$P\{\xi\geqslant 2\}=1-\ln 2$.

6.（1） $\begin{cases}A=\frac{1}{2},\\ B=\frac{1}{\pi};\end{cases}$ （2） $f(x)=\begin{cases}\frac{1}{\pi\sqrt{a^2-x^2}}, & -a<x<a,\\ 0, & \text{其他}.\end{cases}$

习题2-4

1.（1）

ξ^2	0	1	4
p_k	$\frac{1}{5}$	$\frac{7}{30}$	$\frac{17}{30}$

（2）

$2\xi+1$	-3	-1	1	3	5
p_k	$\frac{1}{5}$	$\frac{1}{6}$	$\frac{1}{5}$	$\frac{1}{15}$	$\frac{11}{30}$

2. （1） $f_\eta(y)=\begin{cases}\frac{1}{2}, & 1\leqslant y\leqslant 3,\\ 0, & \text{其他};\end{cases}$ （2） $f_Y(y)=\begin{cases}\frac{1}{y}, & 1<y\leqslant \mathrm{e},\\ 0, & \text{其他}.\end{cases}$

3. $f_\eta(y)=\begin{cases}\dfrac{1}{2\sqrt{y}}\mathrm{e}^{-\sqrt{y}}, & y>0;\\ 0, & y\leqslant 0.\end{cases}$

4. $f_\eta(y)=\begin{cases}\dfrac{2}{\pi\sqrt{1-y^2}}, & 0<y<1;\\ 0, & \text{其他}.\end{cases}$

5. $f_W(y)=\begin{cases}\dfrac{\sqrt{2}}{8\sqrt{y}}, & 162<y<242;\\ 0, & \text{其他}.\end{cases}$

6. $f_\eta(y)=\dfrac{1}{3}\dfrac{f(\sqrt[3]{y})}{\sqrt[3]{y^2}}(y\neq 0)$.

*习题2–5

1. （1）联合密度 $f(x, y)=\begin{cases}\dfrac{1}{(b-a)(d-c)}, & a\leqslant x\leqslant b,\ c\leqslant y\leqslant d,\\ 0, & \text{其他},\end{cases}$

边缘密度 $f_X(x)=\begin{cases}\dfrac{1}{b-a}, & a\leqslant x\leqslant b,\\ 0, & \text{其他},\end{cases}$ $f_Y(y)=\begin{cases}\dfrac{1}{d-c}, & c\leqslant y\leqslant d,\\ 0, & \text{其他};\end{cases}$

（2） X 和 Y 相互独立.

2. （1） $c=\dfrac{3}{\pi R^3}$；（2） $\dfrac{3r^2}{R^2}\left(1-\dfrac{2r}{3R}\right)$.

3.

X \ Y	0	1	2	p_X
0	$\frac{1}{7}$	$\frac{2}{7}$	$\frac{1}{21}$	$\frac{10}{21}$
1	$\frac{2}{7}$	$\frac{4}{21}$	0	$\frac{10}{21}$
2	$\frac{1}{21}$	0	0	$\frac{1}{21}$
p_Y	$\frac{10}{21}$	$\frac{10}{21}$	$\frac{1}{21}$	1

4. $F_X(x)=\begin{cases}1-\mathrm{e}^{-x}, & x>0,\\ 0, & \text{其他}.\end{cases}$ $F_Y(x)=\begin{cases}1-\mathrm{e}^{-y}, & y>0,\\ 0, & \text{其他}.\end{cases}$

5. $f_X(x)=\begin{cases}2.4x^2(2-x), & 0\leqslant x\leqslant 1,\\ 0, & \text{其他}.\end{cases}$ $f_Y(y)=\begin{cases}2.4y(3-4y+y^2), & 0\leqslant y\leqslant 1,\\ 0, & \text{其他}.\end{cases}$

6.（1） X_1， X_2 的联合密度 $f(x_1, x_2)=\begin{cases}4e^{-2(x_1+x_2)}, & x_1>0，x_2>0, \\ 0, & \text{其他};\end{cases}$

（2） $P\left\{\frac{1}{2}<X_1<1，0.7<X_2<1.2\right\}=e^{-4.4}-2e^{-3.4}+e^{-2.4}\approx 0.036$.

复习题二

1.（1） $1-(1-p)^n$ ；（2） $\frac{1}{2e}$ ；（3） $c=\frac{1}{2}$ ；（4） $P\{0<\xi<2\}=0.017$； $P\{\xi\geqslant -1\}=0.0793$；

（5） $\frac{1}{6e}$ ；（6） $f(x)=\begin{cases}\frac{1}{5}, & -1<x<4, \\ 0, & \text{其他};\end{cases}$ （7） $a=\frac{1}{2}$ ； $P\{\xi\geqslant -1\}=1$ ； $P\{\xi<2\}=\frac{1}{4}$.

2.（1）C；（2）B；（3）A；（4）D.

3.（1）分布律为

ξ	0	1
P	0.5	0.5

（2）分布函数 $F(x)=P\{\xi\leqslant x\}=\begin{cases}0, & x<0, \\ \frac{1}{2}, & 0\leqslant x<1, \\ 1, & x\geqslant 1,\end{cases}$ 图像略.

4.

ξ	3	4	5
P	0.1	0.3	0.6

5. $P\{x=i\}=0.8\times 0.2^{i-1}(i=1，2，\cdots)$.

6.（1） $A=1.2$ ；（2） $F(x)=P\{\xi\leqslant x\}=\begin{cases}0, & x<-1, \\ 0.2x, & -1\leqslant x<0, \\ 0.2x+0.6x^2, & 0\leqslant x<1, \\ 1, & x\geqslant 1;\end{cases}$ （3）0.25.

7. $P\{\xi=k\}=C_5^k 0.1^k 0.9^{5-k}(k=0，1，2，3，4，5)$.

8.（1） $A=\frac{1}{6}$ ；（2）分布律为

$\xi^2+2\xi$	0	3	8
P	$\frac{1}{3}$	$\frac{1}{2}$	$\frac{1}{6}$

（3） $F(x)=P\{\xi\leqslant x\}=\begin{cases}0, & x<0, \\ \frac{1}{3}, & 0\leqslant x<1, \\ \frac{5}{6}, & 1\leqslant x<2, \\ 1, & x\geqslant 2.\end{cases}$

9.（1） $P_{10}(k)=C_{10}^k 0.2^k 0.8^{10-k}(k=0，1，2，\cdots，10)$ ；（2）2；（3） $P\{\xi\leqslant 1\}=0.3758$ ；

（4） $P\{\xi>4\}=0.0328$.

10. $P\{0.1\leqslant\xi<1.5\}=0.3934$； $P\{-0.1\leqslant\xi<1.5\}=0.4730$； $P\{-1.5\leqslant\xi<0.1\}=0.4730$.

11.（1）3；（2） $\frac{7}{64}$；（3） $\frac{1}{27}$；（4） $\frac{19}{27}$.

12. 0.6065.

13. 密度函数 $f(x)=\begin{cases}\frac{1}{5}, & 0\leqslant x\leqslant 5,\\ 0, & 其他;\end{cases}$ 分布函数 $F(x)=P\{\xi\leqslant x\}=\begin{cases}0, & x<0,\\ \frac{x}{5}, & 0\leqslant x<5,\\ 1, & x\geqslant 5.\end{cases}$

14.（1）0.9886；（2）111.84.

15. $A=1$； $F(x)=\begin{cases}-e^{-x}+1, & x\geqslant 0,\\ 0, & x<0.\end{cases}$

16.（1） $\frac{5}{27}$；（2） $\eta\sim B\left(10,\frac{5}{27}\right)$；（3）0.2998.

17.（1） $f_\eta(y)=\begin{cases}1, & 0\leqslant y\leqslant 1,\\ 0, & 其他;\end{cases}$ （2） $f_\eta(y)=\begin{cases}\frac{1}{\sqrt{y}}e^{-2\sqrt{y}}, & y>0,\\ 0, & 其他.\end{cases}$

18.（1） $F(x,\ y)=\begin{cases}(1-e^{-2x})(1-e^{-y}), & x>0,\ y>0,\\ 0, & 其他;\end{cases}$

（2） $f_X(x)=\begin{cases}2e^{-2x}, & x>0,\\ 0, & 其他,\end{cases}$ $f_Y(y)=\begin{cases}e^{-y}, & y>0,\\ 0, & 其他;\end{cases}$

（3） $\frac{1}{3}$；（4）相互独立.

19.（1） $c=\frac{21}{4}$；（2）0.15；（3） $f_X(x)=\begin{cases}\frac{21}{8}x^2(1-x^4), & -1\leqslant x\leqslant 1,\\ 0, & 其他,\end{cases}$ $f_Y(y)=\begin{cases}\frac{7}{2}y^{\frac{5}{2}}, & 0\leqslant y\leqslant 1,\\ 0, & 其他.\end{cases}$

20.（1） $f(x,\ y)=\begin{cases}\frac{1}{2}e^{-\frac{y}{2}}, & 0<x<1,\ y>0,\\ 0, & 其他;\end{cases}$ （2） $1-\sqrt{2\pi}[\Phi(1)-\Phi(0)]=0.1445$.

21. 不独立.

习题3–1

1.（1） $E(\xi)=3$； $E(\xi^2)=11$； $E(\xi+2)^2=27$；（2） $E(\xi\eta)=16$；（3） $E(\xi)=4$；（4） $p=0.24$.

2.（1）√；（2）√.

3. 2.06.

4. 5.28元.

5. 0.

6.（1）$E(2\xi-3)=1.2$；（2）$E(\xi^2)=5.3$；（3）$E(\xi^2+2)=7.3$.

7. 10年.

8. $E(X)=\frac{ka^2}{3}$.

9. $E(\xi)=8.784$.

习题3-2

1.（1）$D(\xi)=2$；$D(3\xi+100)=18$；（2）$D(\xi+\eta)=10$；（3）$D(\xi)=\frac{1}{3}$.

2.（1）D；（2）D；（3）D；（4）B；（5）A；（6）A.

3.（1）×；（2）√；（3）×.

4.（1）$P\{\xi=1\}=0.7$；（2）$D(\xi)=0.21$；（3）$D(2\xi-1)=0.84$.

5.（1）$f(x)=\begin{cases}\frac{1}{2}, & 1\leqslant x\leqslant 3,\\ 0, & \text{其他};\end{cases}$（2）$D(\xi)=\frac{1}{3}$；（3）$D(2\xi+1)=\frac{4}{3}$.

6.（1）$a=0.1$；（2）$D(\xi)=1.2$；（3）$D(1-3\xi)=10.8$.

7.（1）$D(\xi)=\frac{1}{18}$；（2）$D(\eta)=\frac{1}{162}$.

8.（1）$E\left(\frac{1}{n}\sum_{i=1}^{n}\xi_i\right)=\mu$；（2）$D\left(\frac{1}{n}\sum_{i=1}^{n}\xi_i\right)=\frac{\sigma^2}{n}$.

*习题3-3

1. 略.

2. 略.

3. $\frac{3}{5}$.

4. $E(X)=\frac{2}{3}$，$E(Y)=0$，$Cov(X, Y)=\rho_{XY}=0$.

5. $E(X)=E(Y)=\frac{7}{6}$，$Cov(X, Y)=-\frac{1}{36}$，$\rho_{XY}=-\frac{1}{11}$，$D(X+Y)=\frac{5}{9}$.

*习题3-4

1. 0.8944.

2.（1）0.1802；（2）$n=443$.

3. 0.9525.

4. 254.

5.（1）0.0003；注：$\phi(3.39)=0.9997$（2）0.5.

复习题三

1.（1）A；（2）C；（3）C；（4）D；（5）D；（6）B；（7）B；（8）A；（9）D；（10）C.

2.（1）$a=\frac{1}{3}$；（2）$E(\xi)=\frac{13}{6}$；（3）$D(\xi)=\frac{17}{36}$.

3.（1）$E(\xi)=\frac{13}{8}$；（2）$E(\xi^2)=\frac{41}{8}$；（3）$E(-2\xi+1)=-\frac{9}{4}$；（4）$D(\xi)=\frac{159}{64}$.

4. $k=3$，$\alpha=2$，$D(\xi)=\frac{3}{80}$.

5. 期望是0.3，方差是0.3191.

6. 期望是2.1，方差是0.63.

7. $E(\xi^2)=\frac{\pi^2}{3}$；$E(\sin\xi)=\frac{2}{\pi}$.

8. 期望是0.9，方差是0.61.

9. 期望是35，标准差是$\sqrt{550}=23.45$.

10. $E(3\xi-\eta+1)=2$，$D(\eta-2\xi)=12$.

11.（1）0.0770；（2）$P\{\bar{X}<2\}=0.1515$.

12.（1）0.8968；（2）0.7498.

13.（1）0.8944；（2）≈ 1.

14. 略.

15. $E(X)=E(Y)=1$，$E(XY)=1$，$Cov(X, Y)=\rho_{XY}=0$，$D(X+Y)=\frac{3}{2}$.

16. $E(X)=E(Y)=\frac{2}{3}$，$E(XY)=\frac{4}{9}$，$Cov(X, Y)=0$，$\rho_{XY}=0$，$D(X+Y)=\frac{1}{9}$.

习题4–1

1.（1）$\bar{X}\sim N\left(\mu, \frac{\sigma^2}{n}\right)$；$U\sim N(0, 1)$；（2）A、B、C、F、H是统计量，D、E、G、I不是统计量；（3）1；10；9；（4）2；0.01；（5）12；0.9；9；（6）随机性；代表性.

2.（1）D；（2）B.

3. 9；0.04；4.

4.（1）0.8293；（2）0.2628.

5.（1）0.9918；（2）0.8904；（3）97.

习题4–2

1.（1）23.2，21.0；（2）2.76，1.78；（3）5.39，0.311.

2.（1）30.6；（2）5.229；（3）1.3968；（4）−1.3968；（5）4.15；（6）9.15.

3.（1）B；（2）A；（3）B.

4.（1）$U \sim \chi^2(4)$，$W \sim \chi^2(3)$；（2）0.85，0.85.

5. 0.75.

复习题四

1. 2.39，0.0008222，0.02867.

2.（1）（2）（4）（5）是统计量，（3）（6）（7）不是统计量.

3.（1）$U=\dfrac{\bar{x}-\mu}{\sigma/\sqrt{n}} \sim N(0,\ 1)$；（2）$T=\dfrac{\bar{x}-\mu}{S/\sqrt{n}} \sim t(n-1)$；（3）$\dfrac{(n-1)S^2}{\sigma^2} \sim \chi^2(n-1)$；

（4）$\chi^2(10)$；（5）$N(0,\ 1)$；（6）$t(9)$；（7）$N\left(\mu,\ \dfrac{\sigma^2}{10}\right)$.

4.（1）0.849；（2）25.

5.（1）0.90；（2）0.9587.

6.（1）0.6744；（2）0.1.

7. 0.8.

8. 0.95.

习题5−1

1. 11；1.1111；1.0541.

2. 12.4.

3. 13.

4.（1）A_1，A_2都是无偏估计量；（2）用统计量A_2估计最有效.

5. $\hat{\mu}_2=\dfrac{1}{3}x_1+\dfrac{1}{3}x_2+\dfrac{1}{3}x_3$最有效.

6.（1）C、D；（2）A、C、D.

习题5−2

1.（1）$U=\dfrac{\bar{x}-\mu}{\sigma/\sqrt{n}}$，服从$N(0,\ 1)$；（2）$T=\dfrac{\bar{x}-\mu}{S/\sqrt{n}}$，服从$t(n-1)$；

（3）$\chi^2=\dfrac{(n-1)S^2}{\sigma^2}$，服从$\chi^2(n-1)$；（4）$F=\dfrac{S_1^2/\sigma_1^2}{S_2^2\sigma_2^2}$，服从$F(n_1-1,\ n_2-1)$.

2.（1）置信区间是［2879.13，3234.20］；（2）置信区间是［2862.09，3251.24］.

3. 置信区间是［4.4134，4.5546］.
4. μ 的可靠性为95%的置信区间是［1485.7，1514.3］；σ 的可靠性为95%的置信区间是［189.2446，1333.3333］.
5. 当 $n \geqslant 15.37\dfrac{\sigma^2}{D^2}$ 时，置信区间的长度不超过 D.
6. （1）［0.1590，23.9567］；（2）［−0.001，0.005］.

*习题5-3

1. 11.5459.
2. （1）1466.57；（2）1494.14.
3. （1）12.22；（2）1.835.

复习题五

1. 前五年：21.814，1.812，1.346；后五年：19.73，2.526，1.589.
2. 当 $k_1 = k_2 = \dfrac{1}{2}$ 时，$k_1x_1 + k_2x_2$ 是 μ 的最有效估计量.
3. 当 $k_1 = -\dfrac{-2}{2\times 3} = \dfrac{1}{3}$ 时，$k_2 = \dfrac{2}{3}$，此时，$(3k_1^2 - 2k_1 + 1)D(\hat{\theta}_2) = \dfrac{2}{3}D(\hat{\theta}_2)$ 最小，即 $D(k_1\hat{\theta}_1 + k_2\hat{\theta}_2)$ 最小，即估计量 $\dfrac{1}{3}\hat{\theta}_1 + \dfrac{2}{3}\hat{\theta}_2$ 最好.
4. $\hat{\theta} = -\dfrac{4}{\ln 0.06}$.
5. λ 的估计值是2.
6. 1147，7578.89.
7. 证明：因为

$$E(\hat{\sigma}^2) = E\left[\frac{1}{n}\sum_{i=1}^{n}(x_i - \mu)^2\right] = \frac{1}{n}\sum_{i=1}^{n}E\left[(x_i - \mu)^2\right] = \frac{1}{n}\sum_{i=1}^{n}D(x_i) = \frac{1}{n}\times nD(x_i) = \sigma^2,$$

所以，$\hat{\sigma}^2 = \dfrac{1}{n}\sum\limits_{i=1}^{n}(x_i - \mu)^2$ 为 σ^2 的无偏估计量.

8. $\hat{p} = \bar{x}$.
9. $\hat{\mu} = \bar{x}$，$\hat{\sigma}^2 = \dfrac{1}{n}\sum\limits_{i=1}^{n}(x_i - \bar{x})^2$.
10. 当 $\alpha = 0.01$ 时，置信区间为［14.89，15.02］；当 $\alpha = 0.05$ 时，置信区间为［14.90，15.00］.
11. ［420.299，429.7］；［34.35，159.37］.
12. （1）（0.155，3.04）；（2）1.9568；（3）0.0612.

习题6–1

1. 参数假设检验的基本思想方法是“小概率事件在一次试验中几乎不可能发生”原则. 参数假设检验的主要步骤是：（1）提出假设；（2）引入统计量，查表确定临界值；（3）给出接受域和拒绝域；（4）根据样本值，作出判断.
2. 拒绝假设 H_0： $\mu=310$，即所估产量不正确.
3. 当 $\alpha=0.05$ 时，拒绝假设 H_0: $\mu=2500$; 当 $\alpha=0.01$ 时，接受假设 H_0: $\mu=2500$.
4. 接受假设 H_0: $\mu=8.32\%$.
5. 拒绝假设 H_0: $\mu=10.5$.
6. 拒绝假设 H_0: $\sigma^2=0.048^2$，即在检验水平 α=0.10下，这一天纤度的总体标准差不正常.
7. 接受假设 H_0: $\sigma^2=5000$，即认为这批电池的寿命的波动性比以往增大得不太明显.
8. 接受假设 H_0: $\sigma^2>375^2$.
9. 拒绝假设 H_0: $\mu<560$，即认为折断力大于560.
10. 拒绝假设 H_0: $\frac{\sigma_1^2}{\sigma_2^2}\leqslant 1$，即新生女婴体重的方差1月不比7月的小.

*习题6–2

1. 拒绝假设 H_0，认为处理会影响蛋的孵化率.
2. 接受假设 H_0，认为一个月中特大地震的次数服从泊松分布.
3. 接受假设 H_0，认为男子的收缩压 X 服从正态分布.

复习题六

1. （1）A；（2）D；（3）D.
2. 有显著性差异.
3. 接受假设，包装机正常.
4. 接受假设，即精度没有变差.
5. 接受假设.
6. 接受假设.
7. 接受假设.
8. 接受假设.

习题7–1

1. $\hat{y}=a+bx$ ，$b=\dfrac{\sum\limits_{i=1}^{n}x_iy_i-n\bar{x}\cdot\bar{y}}{\sum\limits_{i=1}^{n}x_i^2-n\bar{x}^2}$ ，$a=\bar{y}-b\bar{x}$.

2. $\hat{y}$ =642.93−30.22 x .

3. $\hat{y}$ =67.52+0.87 x .

4. $\hat{y}$ =−17769.23+9.32 x .

习题7–2

1. $r=\dfrac{\sum\limits_{i=1}^{n}(x_i-\bar{x})(y_i-\bar{y})}{\sqrt{\sum\limits_{i=1}^{n}(x_i-\bar{x})^2\sum\limits_{i=1}^{n}(y_i-\bar{y})^2}}=\dfrac{L_{xy}}{\sqrt{L_{xx}L_{yy}}}$ ；线性无关；线性相关；一定的线性关系.

2. （1） $\hat{y}=0.49+3.46x$；（2）$r=0.866$，所以 Y 与 x 的线性关系显著.

3. （1） $\hat{y}$ =67.52+0.87 x ；（2）当 x_0 =25℃时，100份水中可溶解硝酸钠的份数的95%的预测区间在87.39~91.15份之间.

4. （1）是；（2） $\hat{y}=13.96+12.55x$；（3）0.999，线性关系显著；（4）[19.68，20.79]；（5）1.28.

复习题七

1. （1）相关系数；线性关系；（2）0.982；（3）最小二乘法； $a=5.36$ ； $b=0.304$ ；$\hat{y}=5.36+0.304x$.

2. （1）B；（2）A.

3. $\hat{y}=0.93+1.256\,x$. Y 与 x 的线性关系显著.

4. （1） $\hat{y}$ =−34.38+126.52 x ；（2）线性相关关系显著；（3）当 $x=1.43$ 时， y 的预测值是146.54.

5. （1） $\hat{y}$ =−23.54+2.799 x ；（2）线性关系显著；（3）当 $x=85$ 时，y的预测值是214.375，95%的预测区间是[203.065，225.685]；（4）[82.83，83.855].

6. （1）略；（2） $\hat{y}$ =64.928+0.635 x ；（3）Y与x的线性关系显著；（4）[82.69，83.99].

参 考 文 献

[1] 盛骤，谢式千，潘承毅. 概率论与数理统计［M］. 4版. 北京：高等教育出版社，2008.

[2] 同济大学概率统计教研组. 概率统计［M］. 4版. 上海：同济大学出版社，2013.

[3] 华东师范大学数学系. 概率论与数理统计习题集［M］. 北京：人民教育出版社，1982.

[4] 石业娇，尹丽芸. 高等数学［M］. 北京：中国农业出版社，2013.

[5] 复旦大学数学系. 概率论：第一册［M］. 北京：高等教育出版社，1979.

[6] 王福保. 概率论与数理统计［M］. 上海：同济大学出版社，1984.

[7] 叶惠民. 工程数学［M］. 南京：东南大学出版社，2003.

[8] 潘承毅，何迎晖. 数理统计的原理和方法［M］. 上海：同济大学出版社，1993.

[9] 何迎晖，闵华玲. 数理统计［M］. 北京：高等教育出版社，1989.

附录一

重点知识结构图

一、概率论重点知识结构图

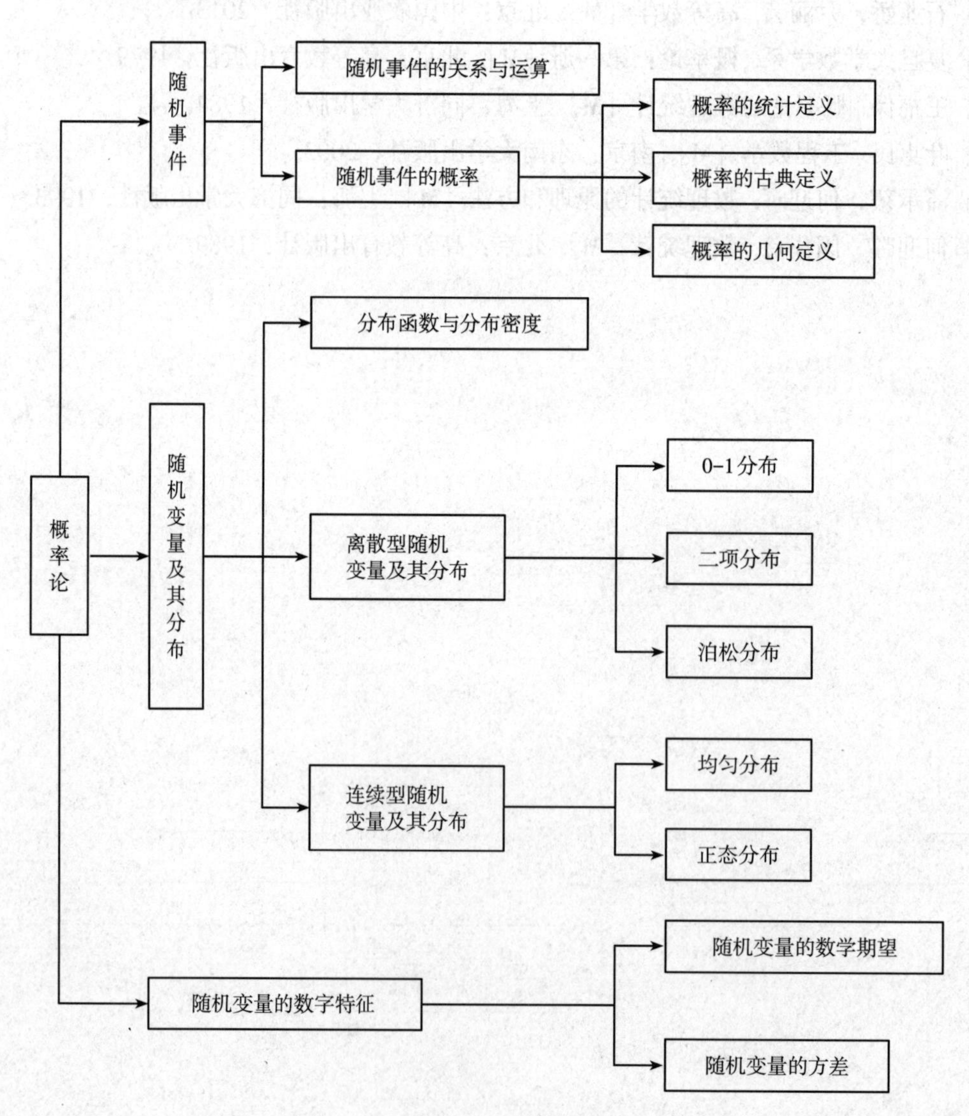

二、数理统计重点知识结构图

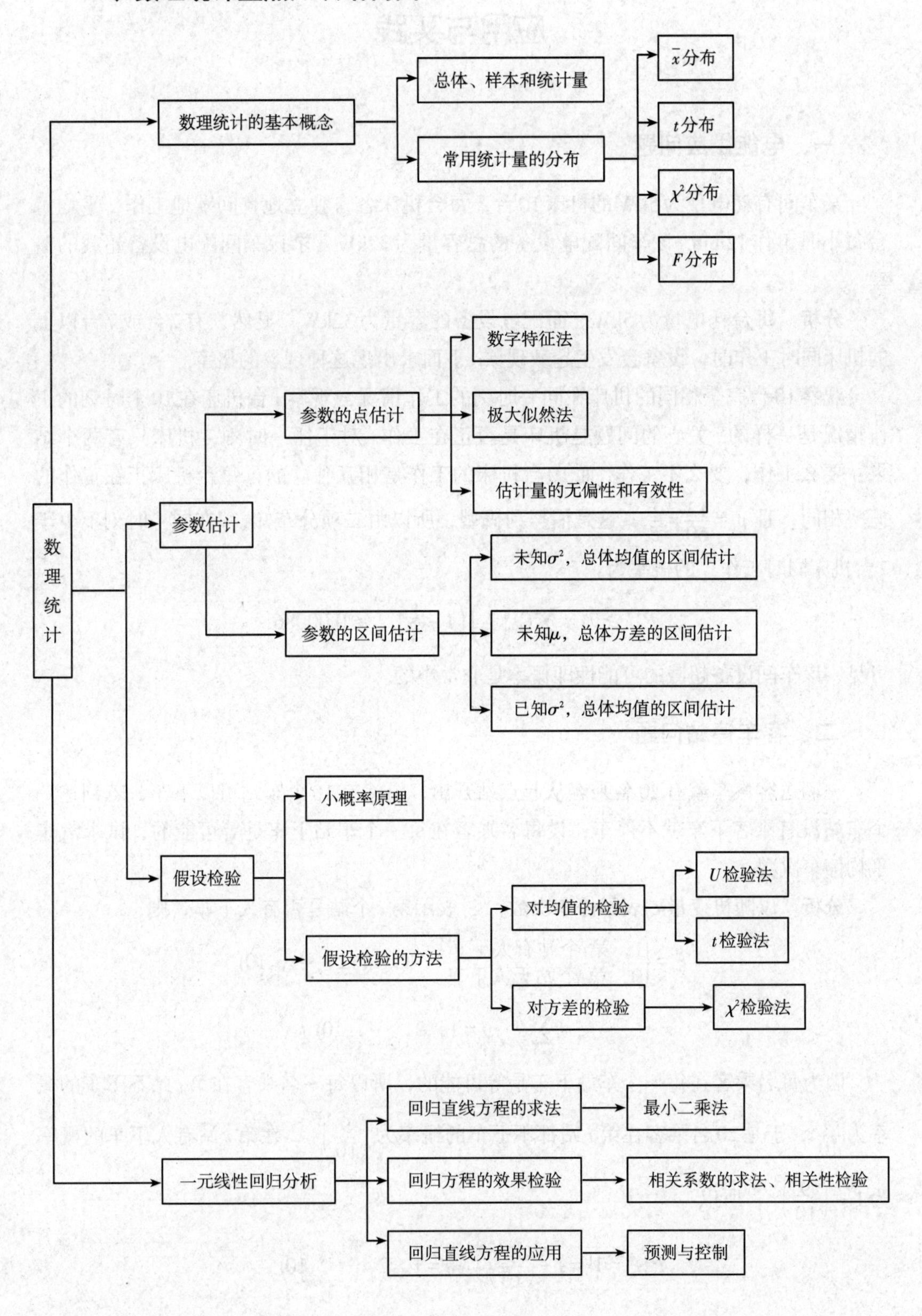

应用与实践

一、电能供应问题

某车间有耗电量为5kW的机床10台，每台机床各自独立地且间歇地工作，平均每台每小时工作12min. 该车间配电设备的总容量为32kW，求该车间配电设备超载的概率.

分析 每台耗电量为5kW，而配电设备的容量为32kW，显然，有7台或7台以上的机床同时工作时，设备会发生超载现象. 下面求出现这种现象的概率.

观察10台完全相同的机床在同一时刻的工作情况与观察1台机床在10个时刻的工作情况是一样的. 关心的问题是机床是否正在工作. 对于任一时刻，机床只有两个结果：要么工作，要么不工作. 而10台机床的工作是相互独立的，每台机床正在工作的概率相同，且 $p_i=\frac{12}{60}=\frac{1}{5}$ ，这是伯努利概型，所以由二项分布知，“在同一时刻不少于7台机床同时工作”的概率为

$$P\{k\geqslant 7\}=\sum_{k=7}^{10}\mathrm{C}_{10}^{k}\left(\frac{1}{5}\right)^{k}\left(1-\frac{1}{5}\right)^{10-k}\approx 0.00086.$$

可见，该车间设备超载的可能性即概率是非常小的.

二、客车停站问题

一辆送客汽车载有20名乘客从起点站开出，沿途有10个车站可以下车，若到达一个车站没有乘客下车就不停车，设每名乘客在每一个车站下车是等可能的，试求汽车平均停车次数.

分析 以随机变量 ξ 表示停车次数，ξ_i 表示第 i 个站是否有人下车，则

$$\xi_i=\begin{cases}1，\text{第}i\text{个站有人下车}；\\0，\text{第}i\text{个站无人下车}.\end{cases}\quad (i=1，2，\cdots，10)$$

$$\xi=\sum_{i=1}^{10}\xi_i\quad (i=1，2，\cdots，10).$$

因为每名乘客在每一个车站下车是等可能的，所以每一名乘客在第 i 站不下车的概率为 $\frac{9}{10}$ ，于是20名乘客在第 i 站都不下车的概率为 $\left(\frac{9}{10}\right)^{20}$ ，在第 i 站有人下车的概率为 $1-\left(\frac{9}{10}\right)^{20}$ ，所以

$$P\{\xi_i=1\}=1-\left(\frac{9}{10}\right)^{20}\quad (i=1，2，\cdots，10)，$$

$$P\{\xi_i=0\}=\left(\frac{9}{10}\right)^{20}.$$

于是

$$E(\xi_i)=0\times\left(\frac{9}{10}\right)^{20}+1\times\left[1-\left(\frac{9}{10}\right)^{20}\right]=1-\left(\frac{9}{10}\right)^{20},$$

从而得汽车平均停车次数为

$$E(\xi)=E\left(\sum_{i=1}^{10}\xi_i\right)=\sum_{i=1}^{10}E(\xi_i)=\sum_{i=1}^{10}\left[1-\left(\frac{9}{10}\right)^{20}\right]=10\times\left[1-\left(\frac{9}{10}\right)^{20}\right]=8.787.$$

三、质量控制

质量控制是指运用科学技术和统计方法控制生产过程，促使产品符合使用者的要求，目的是将不合格品消灭于出现之前. 生产过程不是一个一成不变的过程，生产过程中各种因素的作用，使产品质量特性值或大或小地波动着. 造成波动的原因有两类：一类是由随机的因素造成的，这种由随机因素造成的变化通常是可以接受的，它不危及所规定的质量标准；另一类是由于非随机的（即确定的）因素造成的，它们可能是机器的严重故障、工人的操作不当、原材料的质量不好、错误的机器调试等，这一类因素可能使产品质量特性值超出允许波动的范围. 当质量特性值的波动仅仅是由随机因素引起时，称过程“处于控制中”；若是由非随机因素引起的，则称过程超出了控制，此时需要找出问题的原因并及时改正.

因此，需要将生产过程中的质量特性值的变化情况记录下来，以便随时掌握产品质量的动态信息. 用来观察、记录和控制质量的点图称为控制图. 控制图能用于判明何时过程超出了控制.

下面介绍两种常用的控制图.

1. $\overline{X}$ 控制图

例1 一水质监控机构对某供水公司所供应的水每周取5个水样，并测定有毒物质浓度的均值，如附录表1-1所示.

附录表1-1

周数	1	2	3	4	5	6	7	8	9	10	11	12
样本均值 / $\times10^{-6}$	5.2	4.9	5.5	5.4	4.8	4.6	5.5	4.7	5.1	4.5	5.8	5.6

水中有毒物质的浓度 X 是一个随机变量. 设 $X\sim N(5,\ 0.25)$，试作出 $\overline{X}$ 的 3σ 的控制图，并判断对于所述期间水中有毒物质的浓度是否属于正常情况.

解 由题意知

$$n=5,\quad \mu_0=5,\quad \sigma=0.5,\quad \frac{3\sigma}{\sqrt{n}}=0.671.$$

控制下限LCL = 5 - 0.671 = 4.329，控制上限UCL = 5 + 0.671 = 5.671. 将样本均值以圆点描在 $\overline{X}$ 控制图上，如附录图1-1所示. 由附录图1-1可知，在第11周时，水中有毒物质的浓度超出了控制上限，其他各周浓度正常.

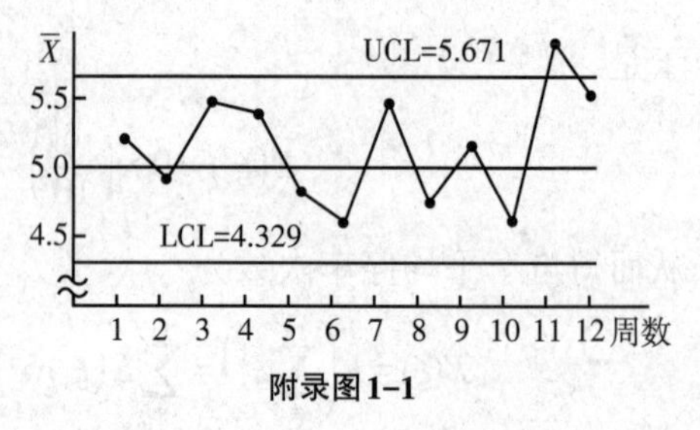

附录图1-1

2. 不合格品数的控制图

设产品的不合格率 p 已知，取一批产品，分成若干小组，各小组的产品数均为 n，对产品进行测试. 设各产品是否为不合格品相互独立. 以 X 表示 n 只产品中的不合格品数，X 是个随机变量，且 $X \sim B(n, p)$. 由中心极限定理，当 n 充分大时

$$\frac{X-np}{\sqrt{np(1-p)}} \overset{\text{近似}}{\sim} N(0,1),$$

即得 X 的 3σ 控制图的控制下限和控制上限分别是

$$\text{LCL}=np-3\sqrt{np(1-p)},\ \text{UCL}=np+3\sqrt{np(1-p)}.$$

例2 从一自动生产螺丝的机器所生产的螺丝中相继取200只螺丝作为一个样本. 根据历史数据可知次品率是0.07，各产品是否合格相互独立. 若附录表1-2中的数据表示20个样本（每个样本有200只螺丝）中的不合格螺丝数，能否判明收集这些数据时生产过程已超出控制?

附录表1-2

样本序号	样本容量	不合格品数	样本序号	样本容量	不合格品数
1	200	23	11	200	4
2	200	22	12	200	13
3	200	12	13	200	17
4	200	13	14	200	5
5	200	15	15	200	9
6	200	11	16	200	5
7	200	25	17	200	19
8	200	16	18	200	7
9	200	23	19	200	22
10	200	14	20	200	17

解 由题意知

$$n=200,\ p=0.07,\ np=14,\ 3\sigma=3\sqrt{np(1-p)}=10.825,$$

因而

$$LCL = 14 - 10.825 = 3.175,$$

$$UCL = 14 + 10.825 = 24.825.$$

作不合格品数 X 的控制图，如附录图 1-2 所示.

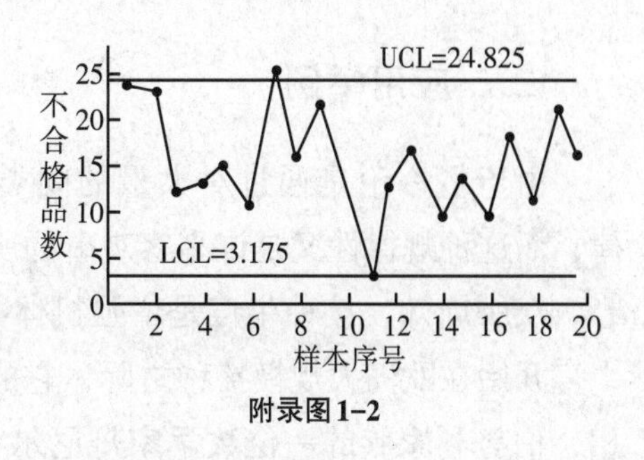

附录图 1-2

由附录图 1-2 可以看到，第 7 个样本超出了控制上限 UCL，表明在该点超出了控制，其他各点处均属正常.

阅读材料

一、保险业推动了概率论的发展

概率论的研究虽来源于对赌博问题的研究，但促使它迅速发展的直接动力却是来自保险业的需要. 18 世纪的欧洲，工商业迅速发展，一门崭新的事业——保险业开始兴起. 保险公司为了获取丰厚的利润，必须预先确定火灾、水灾、死亡等意外事件发生的概率，据此来确定保险价格. 例如，某保险公司人寿保险的价格是这样确定的，先对各种年龄死亡的人数进行统计，得到附录表 1-3.

附录表 1-3

年 龄	活到该年龄的人数	在该年龄死亡的人数
30	85441	720
40	78106	765
50	69804	962
60	57917	15426

由此可以看出，对于一个 40 岁的人来说，他当年死亡的概率是 $765 \div 78106 \approx 0.0098$，若有 10000 个 40 岁的人参加保险，每人付 a 元的保险金，死亡可得 b 元人寿保险金，预期这 10000 个人中的死亡数是 $10000 \times 0.0098 = 9.8$ 人，因此，保险公司需付出 $9.8b$ 元人寿保险金，其收支差额为 $10000a - 9.8b$，这就是公司的利润. 由此可见，保险公司获得利润的关键在于事先能较准确地确定出所保险项目中危险发生的概率.

但是，实际保险问题中蕴含着错综复杂的干扰因素，例如人寿保险中的死亡概率常常受到自杀、谋杀、车祸等非正常死亡因素的干扰，不便于人们探求其一般规律，而赌博中的抛掷骰子就成了较为理想的模型. 因此，从这类问题着手去探求偶然现象中的数学关系，这就是概率论的基本内容. 由此可见，概率问题的研究常常和大量的数据统计联系在一起. 所以，概率和数理统计就构成了研究偶然现象的或然数学的主要内容.

二、应用举例

由于概率论是通过对大量的同类型随机现象的研究，从中揭示出某种确定的规律，而这种规律性又是许多客观事物所具有的，因此，概率论有着极其广泛的应用.

众所周知，接种牛痘是增强机体抵抗力、预防天花等疾病的有效方法，然而，当牛痘开始在欧洲大规模接种之际，它的副作用却引起了人们的争议. 为了探求事情的真相，伯努利家族的一位数学家丹尼尔·伯努利根据大量的统计数据，应用概率论的方法，得出了接种牛痘能延长人的平均寿命3年的结论，从而消除了人们的恐惧与怀疑，为这一杰出的医学成果在世界范围内普及扫除了障碍.

另一个有趣的例子是对男女婴儿出生率的研究. 一般人或许会认为，生男生女的可能性是相等的，事实并非如此，一般说来，男婴的出生率要比女婴高一些. 最先发现并研究这一现象的不是生理学家，而是数学家. 法国数学家拉普拉斯曾成功地将许多数学知识应用于各个领域，1814年他出版了《概率论的哲学探讨》一书，书中根据伦敦、彼得堡、柏林以及法国的统计资料，研究了生男生女的概率问题. 拉普拉斯发现，在10年间，这些地区的男女出生数之比总是在51.2：48.8左右摆动，但通过对巴黎地区40年间的调查却发现了一些微小的差别，二者的比值是51.02：48.98. 为了弄清这一点，拉普拉斯又特地作了实地调查，发现巴黎地区“重女轻男”，有抛弃男婴的恶俗这一非自然因素，当然会影响统计规律. 为什么男婴的出生率会略高于女婴呢？拉普拉斯从概率的观点解释说：这是因为含X染色体的精子与含Y染色体的精子进入卵子的机会不完全相同.

值得我们自豪的是，我国数学家在概率论的应用方面也有杰出的成绩. 如王梓坤教授在地震预报方面创立了“随机转移”“相关区”等方法，成功地预报了1976年四川松潘地震. 他先后发布地震预报24次，准确的和比较准确的17次，因而多次受到嘉奖.

总之，由于随机现象在现实世界中大量存在，随着科学技术和社会实践的发展，以概率论为基础的或然数学很快发展起来，并越来越显示出它巨大的威力.

三、天才稀少，美人难得

人类几乎所有的精神和物理特征都呈正态分布. 在统计学中要用到一些曲线，其中最重要的一种曲线就是正态曲线. 这条曲线大约在1720年由法国数学家棣莫弗（Abraham de Moivre，1667—1754）所发现. 正态曲线有很大的普适性，它可以用来描述自然科学与社会科学中的许多现象. 它的函数表达式的标准形式是

$$y=\frac{1}{\sqrt{2\pi}}\mathrm{e}^{-\frac{x^2}{2}},$$

其中含有三个任意常数：$\sqrt{2}$，π，e. 它的图形如附录图1-3所示.

正态曲线有三个主要特征：

（1）曲线关于y轴对称；

（2）曲线下的面积为1；

（3）曲线在x轴的上方，以x轴为渐近线.

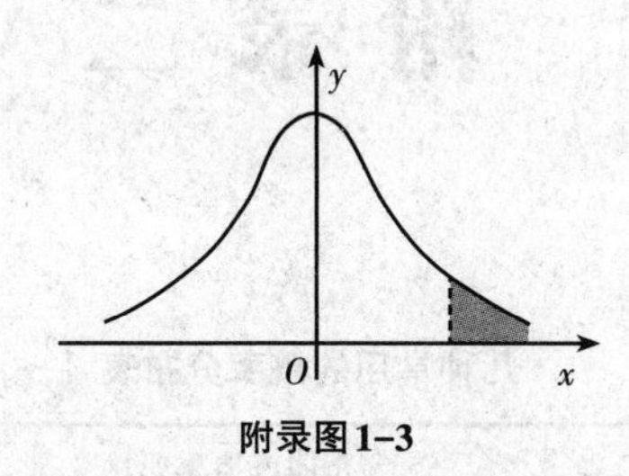

附录图1–3

正态曲线的一般公式是

$$y=N(\mu,\ \sigma)=\frac{1}{\sigma\sqrt{2\pi}}\mathrm{e}^{-\frac{(x-\mu)^2}{2\sigma^2}},$$

这是一族曲线，其形状随参数μ，σ的不同而不同，如附录图1–4所示. 附录图1–4中，曲线的最高点和对称轴移到了平行于y轴的直线$x=\mu$的地方；σ表示曲线的宽度，点落在区间$(\mu-\sigma,\ \mu+\sigma)$的概率大约是0.68；$\frac{1}{\sigma\sqrt{2\pi}}$叫正规化系数，它保证了曲线下的面积为1.

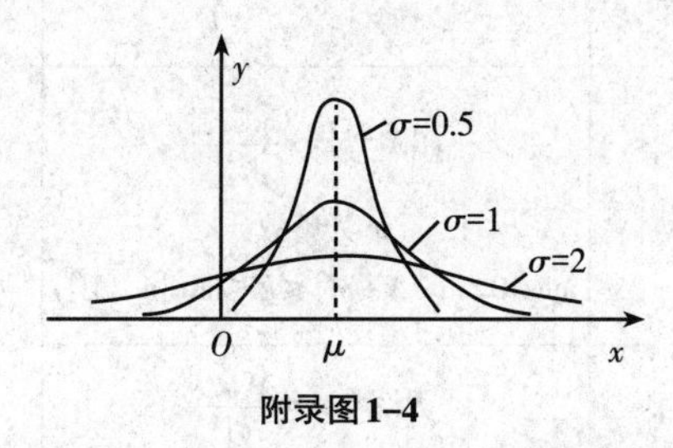

附录图1–4

确定正态曲线下两个确定值之间的面积是十分重要的，它表示某些事件发生的概率.

大约在1833年，比利时统计学家凯特勒打算用正态曲线来研究人的特征和能力的分布. 在上千次的测量之后，他发现，人类几乎所有的精神和物理特征都呈正态分布，如身高、体重、腿长、脑的质量、智力等，所有这些特征在一个“民族”之内，总是呈正态分布. 这件事具有重大意义. 充斥着偶然性的世界是一个纷乱的世界，正态曲线为这个纷乱的世界建立了一定的秩序. 所有的人就像面包一样，都是从同一个模子里制造出来的，不同之处仅仅在于在创造过程中发生了某些意外的变化. 由此可见，天才稀少，美人难得，因为要把身体的各个部位安排得恰到好处，其概率是很小的.

附 录 二

附录表2-1　几种常用的概率分布表（一）

分布	参数	分布律或概率密度	数学期望	方差
0-1分布	$0<p<1$	$P\{X=k\}=p^k(1-p)^{1-k}$ $(k=0,1)$	p	$p(1-p)$
二项分布	$n\geqslant1$ $0<p<1$	$P\{X=k\}=\mathrm{C}_n^k p^k(1-p)^{n-k}$ $(k=0,1,\cdots,n)$	np	$np(1-p)$
负二项分布（巴斯卡分布）	$r\geqslant1$ $0<p<1$	$P\{X=k\}=\mathrm{C}_{k-1}^{r-1}p^r(1-p)^{k-r}$ $(k=r,r+1,\cdots)$	$\dfrac{r}{p}$	$\dfrac{r(1-p)}{p^2}$
几何分布	$0<p<1$	$P\{X=k\}=(1-p)p^{k-1}p$ $(k=1,2,\cdots)$	$\dfrac{1}{p}$	$\dfrac{1-p}{p^2}$
超几何分布	N,M,n $(M\leqslant N,n\leqslant N)$	$P\{X=k\}=\dfrac{\mathrm{C}_M^k\mathrm{C}_{N-M}^{n-k}}{\mathrm{C}_N^k}$ （k为整数， $\max\{0,n-N+M\}\leqslant k\leqslant\min\{n,M\}$）	$\dfrac{nM}{N}$	$\dfrac{nM}{N}\left(1-\dfrac{M}{N}\right)\left(\dfrac{N-n}{N-1}\right)$
泊松分布	$\lambda>0$	$P\{X=k\}=\dfrac{\lambda^k e^{-\lambda}}{k!}$ $(k=0,1,2,\cdots)$	λ	λ
均匀分布	$a<b$	$f(x)=\begin{cases}\dfrac{1}{b-a}, & a<x<b,\\ 0, & \text{其他}\end{cases}$	$\dfrac{a+b}{2}$	$\dfrac{(b-a)^2}{12}$

附录表2-2　几种常用的概率分布表（二）

分布	参数	分布律或概率密度	数学期望	方差
正态分布	$\mu>0$ $\sigma>0$	$f(x)=\dfrac{1}{\sqrt{2\pi}\sigma}e^{-(x-\mu)^2/(2\sigma^2)}$	μ	σ^2
Γ分布	$\alpha>0$ $\beta>0$	$f(x)=\begin{cases}\dfrac{1}{\beta\Gamma(\alpha)}x^{\alpha-1}, & x>0,\\ 0, & \text{其他}\end{cases}$	$\alpha\beta$	$\alpha\beta^2$
指数分布（负指数分布）	$\theta>0$	$f(x)=\begin{cases}\dfrac{1}{\theta}e^{-x/\theta}, & x>0,\\ 0, & \text{其他}\end{cases}$	θ	θ^2

续附录表 2-2

分 布	参 数	分布律或概率密度	数学期望	方 差
χ^2 分布	$n \geqslant 1$	$f(x)=\begin{cases}\dfrac{1}{2^{n/s}\Gamma(n/2)}x^{n/2-1}\mathrm{e}^{-x/2}, & x>0;\\ 0, & \text{其他}\end{cases}$	n	$2n$
韦布尔分布	$\eta>0$ $\beta>0$	$f(x)=\begin{cases}\dfrac{\beta}{\eta}\left(\dfrac{x}{\eta}\right)^{\beta-1}\mathrm{e}^{-\left(\frac{x}{\eta}\right)^{\beta}}, & x>0;\\ 0, & \text{其他}\end{cases}$	$\eta\Gamma\left(\dfrac{1}{\beta}+1\right)$	$\eta^2\left\{\Gamma\left(\dfrac{2}{\beta}+1\right)-\left[\Gamma\left(\dfrac{1}{\beta}+1\right)\right]^2\right\}$
瑞利分布	$\sigma>0$	$f(x)=\begin{cases}\dfrac{x}{\sigma^2}\mathrm{e}^{-x^2/(2\sigma^2)}, & x>0;\\ 0, & \text{其他}\end{cases}$	$\sqrt{\dfrac{\pi}{2}}\sigma$	$\dfrac{4-\pi}{2}\sigma^2$

附录表 2-3　　几种常用的概率分布表（三）

分 布	参 数	分布律或概率密度	数学期望	方 差
β 分布	$a>0$ $\beta>0$	$f(x)=\begin{cases}\dfrac{\Gamma(a+\beta)}{\Gamma(a)\Gamma(\beta)}x^{n-1}(1-x)^{\beta-1}, & 0<x<1;\\ 0, & \text{其他}\end{cases}$	$\dfrac{\alpha}{\alpha+\beta}$	$\dfrac{\alpha\beta}{(\alpha+\beta)^2(\alpha+\beta+1)}$
对数正态分布	μ $\sigma>0$	$f(x)=\begin{cases}\dfrac{1}{\sqrt{2\pi}\sigma x}\mathrm{e}^{-(\ln x-\mu)^2/(2x^2)}, & x>0;\\ 0, & \text{其他}\end{cases}$	$\mathrm{e}^{\sigma}+\dfrac{\sigma^2}{2}$	$\mathrm{e}^{2\mu+\sigma^2}(\mathrm{e}^{\sigma^2}-1)$
柯西分布	a $\lambda>0$	$f(x)=\dfrac{1}{\pi}\dfrac{1}{\lambda^2+(x-a)^2}$	不存在	不存在
t 分布	$n \geqslant 1$	$f(x)=\dfrac{\Gamma\left(\dfrac{n+1}{2}\right)}{\sqrt{n\pi}\Gamma(n/2)}\left(1+\dfrac{x^2}{n}\right)^{-(n+1)/2}$	$0(n>1)$	$\dfrac{n}{n-2}(n>2)$
F 分布	n_1，n_2	$f(x)=\begin{cases}\dfrac{\Gamma[(n_1+n_2)/2]}{\Gamma(n_1/2)\Gamma(n_2/2)}\left(\dfrac{n_1}{n_2}\right)\left(\dfrac{n_1}{n_2}\right)^{n_1/2-1}\times\\ \left(1+\dfrac{n_1}{n_2}x\right)-(n_1+n_2)/2, & x>0,\\ 0, & \text{其他}\end{cases}$	$\dfrac{n_2}{n_2-2}$ $(n_2>2)$	$\dfrac{2n_2^2(n_1+n_2-2)}{n_1(n_2-2)^2(n_2-4)}$ $(n_2>4)$

附录表 2-4　　泊松分布表

$$P\{\xi=k\}=\frac{\lambda^k}{k!}\mathrm{e}^{-\lambda}\quad(\lambda>0;\ k=0,\ 1,\ 2,\ \cdots,\ n,\ \cdots)$$

x	λ								
	0.1	0.2	0.3	0.4	0.5	0.6	0.7	0.8	0.9
0	0.9048	0.8187	0.7408	0.6730	0.6065	0.5488	0.4966	0.4493	0.4066
1	0.9953	0.9825	0.9631	0.9384	0.9098	0.8781	0.8442	0.8088	0.7725
2	0.9998	0.9989	0.9961	0.9921	0.9856	0.9769	0.9659	0.9526	0.9371
3	1.0000	0.9999	0.9997	0.9992	0.9982	0.9966	0.9942	0.9909	0.9865
4		1.0000	1.0000	0.9990	0.9998	0.9996	0.9992	0.9986	0.9977
5				1.0000	1.0000	1.0000	0.9999	0.9998	0.9997
6							1.0000	1.0000	1.0000

续附录表2-4

x	λ								
	1.0	1.5	2.0	2.5	3.0	3.5	4.0	4.5	5.0
0	0.3679	0.2231	0.1353	0.0821	0.0498	0.0302	0.0183	0.0111	0.0067
1	0.7358	0.5578	0.4060	0.2873	0.1991	0.1359	0.0916	0.0611	0.0404
2	0.9197	0.8088	0.6767	0.5438	0.4232	0.3208	0.2381	0.1736	0.1247
3	0.9810	0.9344	0.8571	0.7576	0.6472	0.5366	0.4335	0.3423	0.2650
4	0.9963	0.9814	0.9473	0.8912	0.8153	0.7254	0.6288	0.5321	0.4405
5	0.9994	0.9955	0.9834	0.9580	0.9161	0.8576	0.7851	0.7029	0.6160
6	0.9999	0.9991	0.9955	0.9858	0.9665	0.9347	0.8893	0.8311	0.7622
7	1.0000	0.9998	0.9989	0.9958	0.9881	0.9733	0.9489	0.9434	0.8666
8		1.0000	0.9998	0.9989	0.9962	0.9901	0.9786	0.9597	0.9319
9			1.0000	0.9997	0.9989	0.9967	0.9919	0.9829	0.9682
10				0.9999	0.9997	0.9990	0.9972	0.9933	0.9863
11				1.0000	0.9999	0.9997	0.9991	0.9976	0.9945
12					1.0000	0.9999	0.9997	0.9992	0.9980

x	λ								
	5.5	6.0	6.5	7.0	7.5	8.0	8.5	9.0	9.5
0	0.0041	0.0025	0.0015	0.0009	0.0006	0.0003	0.0002	0.0001	0.0001
1	0.0266	0.0174	0.0113	0.0073	0.0047	0.0030	0.0019	0.0012	0.0008
2	0.0884	0.0620	0.0430	0.0296	0.0203	0.0138	0.0093	0.0062	0.0042
3	0.2017	0.1512	0.1118	0.0818	0.0591	0.0424	0.0301	0.0212	0.0149
4	0.3575	0.2851	0.2237	0.1730	0.1321	0.0996	0.0744	0.0550	0.0403
5	0.5289	0.4457	0.3690	0.3007	0.2414	0.1912	0.1496	0.1157	0.0885
6	0.6860	0.6063	0.5265	0.4497	0.3782	0.3134	0.2562	0.2068	0.1649
7	0.8095	0.7440	0.6728	0.5987	0.5246	0.4530	0.3856	0.3239	0.2687
8	0.8944	0.8472	0.7916	0.7291	0.6620	0.5925	0.5231	0.4557	0.3918
9	0.9462	0.9161	0.8774	0.8305	0.7764	0.7166	0.6530	0.5874	0.5218
10	0.9747	0.9574	0.9332	0.9015	0.8622	0.8159	0.7634	0.7060	0.6453
11	0.9890	0.9799	0.9661	0.9466	0.9208	0.8881	0.8487	0.8030	0.7520
12	0.9955	0.9912	0.9840	0.9730	0.9573	0.9362	0.9091	0.8758	0.8364
13	0.9983	0.9964	0.9929	0.9872	0.9784	0.9658	0.9486	0.9261	0.8981
14	0.9994	0.9986	0.9970	0.9943	0.9897	0.9827	0.9726	0.9585	0.9400
15	0.9998	0.9995	0.9988	0.9976	0.9954	0.9918	0.9862	0.9780	0.9665
16	0.9999	0.9998	0.9996	0.9990	0.9980	0.9963	0.9934	0.9889	0.9823
17	1.0000	0.9999	0.9998	0.9996	0.9992	0.9984	0.9970	0.9947	0.9911
18		1.0000	0.9999	0.9999	0.9997	0.9994	0.9987	0.9976	0.9957
19			1.0000	1.0000	0.9999	0.9997	0.9995	0.9989	0.9980
20					1.0000	0.9999	0.9998	0.9996	0.9991

续附录表 2-4

x	λ								
	10.0	11.0	12.0	13.0	14.0	15.0	16.0	17.0	18.0
0	0.0000	0.0000	0.0000						
1	0.0005	0.0002	0.0001	0.0000	0.0000				
2	0.0028	0.0012	0.0005	0.0002	0.0001	0.0000	0.0000		
3	0.0103	0.0049	0.0023	0.0010	0.0005	0.0002	0.0001	0.0000	0.0000
4	0.0293	0.0151	0.0076	0.0037	0.0018	0.0009	0.0004	0.0002	0.0000
5	0.0671	0.0375	0.0203	0.0107	0.0055	0.0028	0.0014	0.0007	0.0003
6	0.1301	0.0786	0.0458	0.259	0.0142	0.0076	0.0040	0.0021	0.0010
7	0.2202	0.1432	0.0895	0.0540	0.0316	0.0180	0.0100	0.0054	0.0029
8	0.3328	0.2320	0.1550	0.0998	0.0621	0.0374	0.0220	0.0126	0.0073
9	0.4579	0.3405	0.2424	0.1658	0.1094	0.0699	0.0433	0.0261	0.0154
10	0.5830	0.4599	0.3472	0.2517	0.1757	0.1185	0.0774	0.0491	0.0304
11	0.6968	0.5793	0.4616	0.3532	0.2600	0.1848	0.1270	0.0847	0.0549
12	0.7916	0.6887	0.5760	0.4631	0.3585	0.2676	0.1931	0.1350	0.0917
13	0.8645	0.7813	0.6815	0.5730	0.4644	0.3632	0.2745	0.2009	0.1426
14	0.9165	0.8540	0.7720	0.6751	0.5704	0.4657	0.3675	0.2808	0.2081
15	0.9513	0.9074	0.8444	0.7636	0.6694	0.5681	0.4667	0.3715	0.2867
16	0.9730	0.9441	0.8987	0.8355	0.7559	0.6641	0.5660	0.4677	0.3750
17	0.9857	0.9678	0.9370	0.8905	0.8272	0.7489	0.6593	0.5640	0.4686
18	0.9928	0.9823	0.9626	0.9302	0.8826	0.8195	0.7423	0.6550	0.5622
19	0.9965	0.9907	0.9787	0.9573	0.9235	0.8752	0.8122	0.7363	0.6509
20	0.9984	0.9953	0.9884	0.9750	0.9521	0.9170	0.8682	0.8055	0.7302
21	0.9993	0.9977	0.9939	0.9859	0.9712	0.9469	0.9108	0.8615	0.7991
22	0.9997	0.9990	0.9970	0.9924	0.9833	0.9673	0.9418	0.9047	0.8551
23	0.9999	0.9995	0.9985	0.9960	0.9907	0.9805	0.9633	0.9367	0.8989
24	1.0000	0.9998	0.9993	0.9980	0.9950	0.9888	0.9777	0.9594	0.9317
25		0.9999	0.9997	0.9990	0.9974	0.9938	0.9869	0.9748	0.9554
26		1.0000	0.9999	0.9995	0.9987	0.9967	0.9925	0.9848	0.9718
27			0.9999	0.9998	0.9994	0.9983	0.9959	0.9912	0.9827
28			1.0000	0.9999	0.9997	0.9991	0.9978	0.9950	0.9897
29				1.0000	0.9999	0.9996	0.9989	0.9973	0.9941
30					0.9999	0.9998	0.9994	0.9986	0.9967
31					1.0000	0.9999	0.9997	0.9993	0.9982
32						1.0000	0.9999	0.9996	0.9990
33							0.9990	0.9998	0.9995
34							1.0000	0.9999	0.9998
35								1.0000	0.9999
36									0.9999
37									1.0000

附录表 2-5

标准正态分布表

$$\Phi(x)=P\{\xi<x\}=\int_{-\infty}^{x}\frac{1}{\sqrt{2\pi}}\mathrm{e}^{-\frac{t^2}{2}}\mathrm{d}t$$

x	0.00	0.01	0.02	0.03	0.04	0.05	0.06	0.07	0.08	0.09
0.0	0.5000	0.5040	0.5080	0.5120	0.5160	0.5199	0.5239	0.5279	0.5319	0.5359
0.1	0.5398	0.5438	0.5478	0.5517	0.5557	0.5596	0.5636	0.5675	0.5714	0.5753
0.2	0.5793	0.5832	0.5871	0.5910	0.5948	0.5987	0.6026	0.6064	0.6103	0.6141
0.3	0.6179	0.6217	0.6255	0.6293	0.6331	0.6368	0.6406	0.6443	0.6480	0.6517
0.4	0.6554	0.6591	0.6628	0.6664	0.6700	0.6736	0.6772	0.6808	0.6844	0.6879
0.5	0.6915	0.6950	0.6985	0.7019	0.7054	0.7088	0.7123	0.7157	0.7190	0.7224
0.6	0.7257	0.7291	0.7324	0.7357	0.7389	0.7422	0.7454	0.7486	0.7517	0.7549
0.7	0.7580	0.7611	0.7642	0.7673	0.7703	0.7734	0.7764	0.7794	0.7823	0.7852
0.8	0.7881	0.7910	0.7939	0.7967	0.7995	0.8023	0.8051	0.8078	0.8106	0.8133
0.9	0.8159	0.8186	0.8212	0.8238	0.8264	0.8289	0.8315	0.8340	0.8365	0.8389
1.0	0.8413	0.8438	0.8461	0.8485	0.8508	0.8531	0.8554	0.8577	0.8599	0.8621
1.1	0.8643	0.8665	0.8686	0.8708	0.8729	0.8749	0.8770	0.8790	0.8810	0.8830
1.2	0.8849	0.8869	0.8888	0.8907	0.8925	0.8944	0.8962	0.8980	0.8997	0.9015
1.3	0.9032	0.9049	0.9066	0.9082	0.9099	0.9115	0.9131	0.9147	0.9162	0.9177
1.4	0.9192	0.9207	0.9222	0.9236	0.9251	0.9265	0.9278	0.9292	0.9306	0.9319
1.5	0.9332	0.9345	0.9357	0.9370	0.9382	0.9394	0.9406	0.9418	0.9430	0.9441
1.6	0.9452	0.9463	0.9474	0.9484	0.9495	0.9505	0.9515	0.9525	0.9535	0.9545
1.7	0.9554	0.9564	0.9573	0.9582	0.9591	0.9599	0.9608	0.9616	0.9625	0.9633
1.8	0.9641	0.9648	0.9656	0.9664	0.9671	0.9678	0.9686	0.9693	0.9700	0.9706
1.9	0.9713	0.9719	0.9726	0.9732	0.9738	0.9744	0.9750	0.9756	0.9762	0.9767
2.0	0.9772	0.9778	0.9783	0.9788	0.9793	0.9798	0.9803	0.9808	0.9812	0.9817
2.1	0.9821	0.9826	0.9830	0.9834	0.9838	0.9842	0.9846	0.9850	0.9854	0.9857
2.2	0.9861	0.9864	0.9868	0.9871	0.9874	0.9878	0.9881	0.9884	0.9887	0.9890
2.3	0.9893	0.9896	0.9898	0.9901	0.9904	0.9906	0.9909	0.9911	0.9913	0.9916
2.4	0.9918	0.9920	0.9922	0.9925	0.9927	0.9929	0.9931	0.9932	0.9934	0.9936
2.5	0.9938	0.9940	0.9941	0.9943	0.9945	0.9946	0.9948	0.9949	0.9951	0.9952
2.6	0.9953	0.9955	0.9956	0.9957	0.9959	0.9960	0.9961	0.9962	0.9963	0.9964
2.7	0.9965	0.9966	0.9967	0.9968	0.9969	0.9970	0.9971	0.9972	0.9973	0.9974
2.8	0.9974	0.9975	0.9976	0.9977	0.9977	0.9978	0.9979	0.9979	0.9980	0.9981
2.9	0.9981	0.9982	0.9982	0.9983	0.9984	0.9984	0.9985	0.9985	0.9986	0.9986
3.0	0.9987	0.9990	0.9993	0.9995	0.9997	0.9998	0.9998	0.9999	0.9999	1.0000

附录表 2-6 **t 分布的临界值表**

$$P\{t(n) > t_{\alpha}(n)\} = \alpha$$

n \ α	0.25	0.10	0.05	0.025	0.01	0.005
1	1.0000	3.0777	6.3138	12.7062	31.8207	63.6574
2	0.8165	1.8856	2.9200	4.3027	6.9646	9.9248
3	0.7649	1.6377	2.3534	3.1824	4.5407	5.8409
4	0.7407	1.5332	2.1318	2.7764	3.7496	4.6041
5	0.7267	1.4759	2.0150	2.5706	3.3649	4.0322
6	0.7176	1.4398	1.9432	2.4469	3.1427	3.7074
7	0.7111	1.4149	1.8946	2.3646	2.9980	3.4995
8	0.7064	1.3968	1.8595	2.3060	2.8965	3.3554
9	0.7027	1.3830	1.8331	2.2622	2.8214	3.2498
10	0.6998	1.3722	1.8125	2.2281	2.7638	3.1693
11	0.6974	1.3634	1.7959	2.2010	2.7181	3.1058
12	0.6955	1.3562	1.7823	2.1788	2.6810	3.0545
13	0.6938	1.3502	1.7709	2.1604	2.6503	3.0123
14	0.6924	1.3450	1.7613	2.1448	2.6245	2.9768
15	0.6912	1.3406	1.7531	2.1315	2.6025	2.9467
16	0.6901	1.3368	1.7459	2.1199	2.5835	2.9208
17	0.6892	1.3334	1.7396	2.1098	2.5669	2.8982
18	0.6884	1.3304	1.7341	2.1009	2.5524	2.8784
19	0.6876	1.3277	1.7291	2.0930	2.5395	2.8609
20	0.6870	1.3253	1.7247	2.0860	2.5280	2.8453
21	0.6864	1.3232	1.7207	2.0796	2.5177	2.8314
22	0.6858	1.3212	1.7171	2.0739	2.5083	2.8188
23	0.6853	1.3195	1.7139	2.0687	2.4999	2.8073
24	0.6848	1.3178	1.7109	2.0639	2.4922	2.7969
25	0.6844	1.3163	1.7081	2.0595	2.4851	2.7874
26	0.6840	1.3150	1.7056	2.0555	2.4786	2.7787
27	0.6837	1.3137	1.7033	2.0518	2.4727	2.7707
28	0.6834	1.3125	1.7011	2.0484	2.4671	2.7633
29	0.6830	1.3114	1.6991	2.0452	2.4620	2.7564
30	0.6828	1.3104	1.6973	2.0423	2.4573	2.7500
31	0.6825	1.3095	1.6955	2.0395	2.4528	2.7440
32	0.6822	1.3086	1.6939	2.0369	2.4487	2.7385
33	0.6820	1.3077	1.6924	2.0345	2.4448	2.7333
34	0.6818	1.3070	1.6909	2.0322	2.4411	2.7284
35	0.6816	1.3062	1.6896	2.0301	2.4377	2.7238
36	0.6814	1.3055	1.6883	2.0281	2.4345	2.7195
37	0.6812	1.3049	1.6871	2.0262	2.4314	2.7154
38	0.6810	1.3042	1.6860	2.0244	2.4286	2.7116
39	0.6808	1.3036	1.6849	2.0227	2.4258	2.7079
40	0.6807	1.3031	1.6839	2.0211	2.4233	2.7045
41	0.6805	1.3025	1.6829	2.0195	2.4208	2.7012
42	0.6804	1.3020	1.6820	2.0181	2.4185	2.6981
43	0.6802	1.3016	1.6811	2.0167	2.4263	2.6951
44	0.6801	1.3011	1.6802	2.0154	2.4141	2.6923
45	0.6800	1.3006	1.6794	2.0141	2.4121	2.6896

附录表 2-7 χ^2 分布的临界值表

$$P\{\chi^2(n) > \chi_\alpha^2(n)\} = \alpha$$

n \ α	0.995	0.99	0.975	0.95	0.90	0.75	0.25	0.10	0.05	0.025	0.01	0.005
1	—	—	0.001	0.004	0.016	0.102	1.323	2.706	3.841	5.024	6.635	7.879
2	0.010	0.020	0.051	0.103	0.211	0.575	2.773	4.605	5.991	7.378	9.210	10.597
3	0.072	0.115	0.216	0.352	0.584	1.213	4.108	6.251	7.815	9.384	11.345	12.838
4	0.207	0.297	0.484	0.711	1.064	1.923	5.385	7.779	9.488	11.143	13.277	14.860
5	0.412	0.554	0.831	1.145	1.610	2.675	6.626	9.236	11.071	12.833	15.086	16.750
6	0.676	0.872	1.237	1.635	2.204	3.455	7.841	10.645	12.592	14.449	16.812	18.548
7	0.989	1.239	1.690	2.167	2.833	4.255	9.037	12.017	14.067	16.013	18.475	20.278
8	1.344	1.646	2.180	2.733	3.490	5.071	10.219	13.362	15.507	17.535	20.090	21.955
9	1.735	2.088	2.700	3.325	4.186	5.899	11.389	14.684	16.919	19.023	21.666	23.589
10	2.156	2.558	3.247	3.940	4.865	6.737	12.549	15.987	18.307	20.483	23.209	25.188
11	2.603	3.053	3.816	4.575	5.578	7.584	13.701	17.275	19.675	21.920	24.725	26.757
12	3.074	3.571	4.404	5.226	6.304	8.438	14.845	18.549	21.026	23.337	26.217	28.299
13	3.565	4.107	5.009	5.892	7.042	9.299	15.984	19.812	22.362	24.736	27.688	29.819
14	4.075	4.660	5.629	6.571	7.790	10.165	17.117	21.064	23.685	26.119	29.141	31.319
15	4.601	5.229	6.262	7.261	8.547	11.037	18.245	22.307	24.996	27.488	30.578	32.801
16	5.142	5.812	6.908	7.962	9.312	11.912	19.369	23.542	26.296	28.845	32.000	34.267
17	5.697	6.408	7.564	8.672	10.085	12.792	20.489	24.769	27.587	30.191	33.409	35.718
18	6.265	7.015	8.231	9.390	10.865	13.675	21.605	25.989	28.869	31.526	34.805	37.156
19	6.844	7.633	8.907	10.117	11.651	14.562	22.718	27.204	30.144	32.852	36.191	38.582
20	7.434	8.260	9.591	10.851	12.443	15.452	23.828	28.412	31.410	34.170	37.566	39.997
21	8.034	8.897	10.283	11.591	13.240	16.344	24.935	29.615	32.671	35.479	38.932	41.401
22	8.643	9.542	10.982	12.338	14.042	17.240	26.039	30.813	33.924	36.781	40.289	42.796
23	9.260	10.196	11.689	13.091	14.848	18.137	27.141	32.007	35.172	38.076	41.638	44.181
24	9.886	10.856	12.401	13.848	15.659	19.037	28.241	33.196	36.415	39.364	42.980	45.559
25	10.520	11.524	13.120	14.611	16.473	19.939	29.339	34.382	37.652	40.646	44.314	46.928
26	11.160	12.198	13.844	15.379	17.292	20.843	30.435	35.563	38.885	41.923	45.642	48.290
27	11.808	12.879	14.573	16.151	18.114	21.749	31.528	36.741	40.113	43.194	46.963	49.645
28	12.461	13.565	15.308	16.982	18.939	22.657	32.620	37.916	41.337	44.461	48.278	50.993
29	13.121	14.257	16.047	17.708	19.768	23.567	33.711	39.087	42.557	45.722	49.588	52.336
30	13.787	14.954	16.791	18.493	20.599	24.478	34.800	40.256	43.773	46.979	50.892	53.672
31	14.458	15.655	17.539	19.281	21.434	25.390	35.887	41.422	44.985	48.232	52.191	55.003
32	15.134	16.362	18.291	20.072	22.271	26.304	36.973	42.585	46.194	49.480	53.486	56.328
33	15.815	17.074	19.047	20.867	23.110	27.219	38.058	43.745	47.400	50.725	54.776	57.648
34	16.501	17.789	19.806	21.664	23.952	28.136	39.141	44.903	48.602	51.966	56.061	58.964
35	17.192	18.509	20.569	22.465	24.797	29.054	40.223	46.059	49.802	53.203	57.342	60.275
36	17.887	19.233	21.336	23.269	25.643	29.973	41.304	47.212	50.998	54.437	58.619	61.581
37	18.586	19.960	22.106	24.075	26.492	30.893	42.383	48.363	52.192	55.668	59.892	62.883
38	19.289	20.691	22.878	24.884	27.343	31.815	43.462	49.513	53.384	56.896	61.612	64.181
39	19.996	21.426	23.654	25.695	28.196	32.737	44.539	50.660	54.572	58.120	62.428	65.476
40	20.707	22.164	24.433	26.509	29.051	33.660	45.616	41.805	55.758	59.342	63.691	66.766
41	21.421	22.906	25.215	27.326	29.907	34.585	46.692	52.949	56.942	60.561	64.950	68.053
42	22.138	23.650	25.999	28.144	30.765	35.510	47.766	54.090	58.124	61.777	66.206	69.336
43	22.859	24.398	26.785	28.965	31.625	36.436	48.840	55.230	59.304	62.990	67.459	70.616
44	23.584	25.148	27.575	29.787	32.487	37.363	49.913	56.369	60.481	64.201	68.710	71.893
45	24.311	25.901	28.366	30.612	33.350	38.291	50.985	57.505	61.656	65.410	69.957	73.166

附录表2-8

F 分布的临界值表（$\alpha=0.05$）

$$P\{F(n)>F_{\alpha}(n)\}=\alpha=0.05$$

n_2 \ n_1	1	2	3	4	5	6	7	8	9	10	12	15	20	24	30	40	60	120	+∞
1	161	200	216	255	230	234	237	239	241	242	244	246	248	249	250	251	252	253	254
2	18.5	19.0	19.2	19.2	19.3	19.3	19.4	19.4	19.4	19.4	19.4	19.4	19.4	19.5	19.5	19.5	19.5	19.5	19.5
3	10.1	9.55	9.28	9.12	9.01	8.94	8.89	8.85	8.81	8.79	8.74	8.70	8.66	8.64	8.62	8.59	8.57	8.55	8.53
4	7.71	6.94	6.59	6.39	6.26	6.16	6.09	6.04	6.00	5.96	5.91	5.86	5.80	5.77	5.75	5.72	5.69	5.66	5.63
5	6.61	5.79	5.41	5.19	5.05	4.95	4.88	4.82	4.77	4.74	4.68	4.62	4.56	4.53	4.50	4.46	4.43	4.40	4.36
6	5.99	5.14	4.76	4.53	4.39	4.28	4.21	4.15	4.10	4.06	4.00	3.94	3.87	3.84	3.81	3.77	3.74	3.70	3.67
7	5.59	4.74	4.35	4.12	3.97	3.87	3.79	3.73	3.68	3.64	3.57	3.51	3.44	3.41	3.38	3.34	3.30	3.27	3.23
8	5.32	4.46	4.07	3.84	3.69	3.58	3.50	3.44	3.39	3.35	3.28	3.22	3.15	3.12	3.08	3.04	3.01	2.97	2.93
9	5.12	4.26	3.86	3.63	3.48	3.37	3.29	3.23	3.18	3.14	3.07	3.01	2.94	2.90	2.86	2.83	2.79	2.75	2.71
10	4.96	4.10	3.71	3.48	3.33	3.22	3.14	3.07	3.02	2.98	2.91	2.85	2.77	2.74	2.70	2.66	2.62	2.58	2.54
11	4.84	3.98	3.59	3.36	3.20	3.09	3.01	2.95	2.90	2.85	2.79	2.72	2.65	2.61	2.57	2.53	2.49	2.45	2.40
12	4.75	3.89	3.49	3.26	3.11	3.00	2.91	2.85	2.80	2.75	2.69	2.62	2.54	2.51	2.47	2.43	2.38	2.34	2.30
13	4.67	3.81	3.41	3.18	3.03	2.92	283	2.77	2.71	2.67	2.60	2.53	2.46	2.42	2.38	2.34	2.30	2.25	2.21
14		3.74	3.34	3.11	2.96	2.85	2.76	2.70	2.5	2.60	2.53	2.46	2.39	2.35	2.31	2.27	2.22	2.18	2.13
15	4.54	3.68	3.29	3.06	2.90	2.79	2.71	2.64	2.59	2.54	2.48	2.40	2.33	2.29	2.25	2.20	2.16	2.11	2.07
16	4.49	3.63	3.24	3.01	2.85	2.74	2.66	2.59	2.54	2.49	2.42	2.35	2.28	2.24	2.19	2.15	2.11	2.06	2.01
17	4.45	3.59	3.20	2.96	2.81	2.70	2.61	2.55	2.49	2.45	2.38	2.31	2.23	2.19	2.15	2.10	2.06	2.01	1.96
18	4.41	3.55	3.16	2.93	2.77	2.66	2.58	2.51	2.46	2.41	2.34	2.27	2.19	2.15	2.11	2.06	2.02	1.97	1.92
19	4.38	3.52	3.13	2.90	2.74	2.63	2.54	2.48	2.42	2.38	2.31	2.23	2.16	2.11	2.07	2.03	1.98	1.93	1.88
20	4.35	3.49	3.10	2.87	2.71	2.60	2.51	2.45	2.39	2.35	2.28	2.20	2.12	2.08	2.04	1.99	1.95	1.90	1.84
21	4.32	3.47	3.07	2.84	2.68	2.57	2.49	2.42	2.37	2.32	2.25	2.18	2.10	2.05	2.01	1.96	1.92	1.87	1.81
22	4.30	3.44	3.05	2.82	2.66	2.55	2.46	2.40	2.34	2.30	2.23	2.15	2.07	2.03	1.98	1.94	1.89	1.84	1.78
23	4.28	3.42	3.03	2.80	2.64	2.53	2.44	2.37	2.32	2.27	2.20	2.13	2.05	2.01	1.96	1.91	1.86	1.81	1.76
24	4.26	3.40	3.01	2.78	2.62	2.51	2.42	2.36	2.30	2.25	2.18	2.11	2.03	1.98	1.94	1.89	1.84	1.79	1.73
25	4.24	3.39	2.99	2.76	2.60	2.49	2.40	2.34	2.28	2.24	2.16	2.09	2.01	1.96	1.92	1.87	1.82	1.77	1.71
26	4.23	3.37	2.98	2.74	2.59	2.47	2.39	2.32	2.27	2.22	2.15	2.07	1.99	1.95	1.90	1.85	1.80	1.75	1.69
27	4.21	3.35	2.96	2.73	2.57	2.46	2.37	2.31	2.25	2.20	2.13	2.06	1.97	1.93	1.88	1.84	1.79	1.73	1.67
28	4.20	3.34	2.95	2.71	2.56	2.45	2.36	2.29	2.24	2.19	2.12	2.04	1.96	1.91	1.82	1.82	1.77	1.71	1.65
29	4.18	3.33	2.93	2.70	2.55	2.43	2.35	2.28	2.22	2.18	2.10	2.03	1.94	1.90	1.81	1.81	1.75	1.70	1.64
30	4.17	3.32	2.92	2.69	2.53	2.42	2.33	2.27	2.21	2.16	2.09	2.01	1.93	1.89	1.79	1.79	1.74	1.68	1.62
40	4.08	3.23	2.84	2.61	2.45	2.34	2.25	2.18	2.12	2.08	2.00	1.92	1.84	1.79	1.74	1.69	1.64	1.58	1.51
60	4.00	3.15	2.76	2.53	2.37	2.25	2.17	2.10	2.04	1.99	1.92	1.84	1.75	1.70	1.65	1.59	1.53	1.47	1.39
120	3.92	3.07	2.68	2.45	2.29	2.17	2.09	2.02	1.96	1.91	1.83	1.75	1.66	1.61	1.55	1.50	1.43	1.35	1.25
+∞	3.84	3.00	2.60	2.37	2.21	2.10	2.01	1.94	1.88	1.83	1.75	1.67	1.57	1.52	1.46	1.39	1.32	1.22	1.00

附录表 2-9 **F 分布的临界值表（$\alpha=0.025$）**

$$P\{F(n)>F_\alpha(n)\}=\alpha=0.025$$

n_2 \ n_1	1	2	3	4	5	6	7	8	9	10	12	15	20	24	30	40	60	120	+∞
1	648	800	864	900	922	937	948	957	963	959	977	985	993	997	1000	1010	1010	1010	1020
2	38.5	39.0	39.2	39.2	39.3	39.3	39.4	39.4	39.4	39.4	39.4	39.4	39.4	39.5	39.5	39.5	39.5	39.5	39.5
3	17.4	16.0	15.4	15.1	14.9	14.7	14.6	14.5	14.5	14.4	14.3	14.3	14.2	14.1	14.1	14.0	14.0	13.9	13.9
4	12.2	10.6	9.98	9.60	9.36	9.20	9.07	8.98	8.90	8.84	8.75	8.66	8.56	8.51	8.46	8.41	8.36	8.31	8.26
5	10.0	8.43	7.76	7.39	7.15	6.98	6.85	6.76	6.68	6.62	6.52	6.43	6.33	6.28	6.23	6.18	6.12	6.07	6.02
6	8.81	7.26	6.60	6.23	5.99	5.82	5.70	5.60	5.52	5.46	5.37	5.27	5.17	5.12	5.07	5.01	4.96	4.90	4.85
7	8.07	6.54	5.89	5.52	5.29	5.12	4.99	4.90	4.82	4.76	4.67	4.57	4.47	4.42	4.36	4.31	4.25	4.20	4.14
8	7.57	6.06	5.42	5.05	4.82	4.65	4.53	4.43	4.36	4.30	4.20	4.10	4.00	3.95	3.89	3.84	3.78	3.73	3.67
9	7.21	5.71	5.08	4.72	4.48	4.32	4.20	4.10	4.03	3.96	3.87	3.77	3.67	3.61	3.56	3.51	3.45	3.39	3.33
10	6.94	5.46	4.83	4.47	4.24	4.07	3.95	3.85	3.78	3.72	3.62	3.52	3.42	3.37	3.31	3.26	3.20	3.14	3.08
11	6.72	5.26	4.63	4.28	4.04	3.88	3.76	3.66	3.59	3.53	3.43	3.33	3.23	3.17	3.12	3.06	3.00	2.94	2.88
12	6.55	5.10	4.47	4.12	3.89	3.73	3.61	3.51	3.44	3.37	3.28	3.18	3.07	3.02	2.96	2.91	2.85	2.79	2.72
13	6.41	4.97	4.35	4.00	3.77	3.60	3.48	3.39	3.31	3.25	3.15	3.05	2.95	2.89	2.84	2.78	2.72	2.66	2.60
14	6.30	4.86	4.24	3.89	3.66	3.50	3.38	3.29	3.21	3.15	3.05	2.95	2.84	2.79	2.73	2.67	2.61	2.55	2.49
15	6.20	4.77	4.15	3.80	3.58	341	3.29	3.20	3.12	3.06	2.96	2.86	2.76	2.70	2.64	2.59	2.52	2.46	2.40
16	6.12	4.69	4.08	3.73	3.50	3.34	3.22	3.12	3.05	2.99	2.89	2.79	2.68	2.63	2.57	2.51	2.45	2.38	2.32
17	6.04	4.62	4.01	3.66	3.44	3.28	3.16	3.06	2.98	2.92	2.82	2.72	2.62	2.56	2.50	2.44	2.38	2.32	2.25
18	5.98	4.56	3.95	3.61	3.38	3.22	3.10	3.01	2.93	2.87	2.77	2.67	2.56	2.50	2.44	2.38	2.32	2.26	2.19
19	5.92	4.51	3.90	3.56	3.33	3.17	3.05	2.96	2.88	2.82	2.72	2.62	2.51	2.45	2.39	2.33	2.27	2.20	2.13
20	5.87	4.46	3.86	3.51	3.29	3.13	3.01	2.91	2.84	2.77	2.68	2.57	2.46	2.41	2.35	2.29	2.22	2.16	2.09
21	5.83	4.42	3.82	3.48	3.25	3.09	2.97	2.87	2.80	273	2.64	2.53	2.42	2.37	2.31	2.25	2.18	2.11	2.04
22	5.79	4.38	3.78	3.44	3.22	3.05	2.93	2.84	2.76	2.70	2.60	2.50	2.39	2.33	2.27	2.21	2.14	2.08	2.00
23	5.75	4.35	3.75	3.41	3.18	3.02	2.90	2.81	2.73	2.67	2.57	2.47	2.36	2.30	2.24	2.18	2.11	2.04	1.97
24	5.72	4.32	3.72	3.38	3.15	2.99	2.87	2.78	2.70	2.64	2.54	2.44	2.33	2.27	2.21	2.15	2.08	2.01	1.94
25	5.69	4.29	3.69	3.35	3.13	2.97	2.85	2.75	2.68	2.61	2.51	2.41	2.30	2.24	2.18	2.12	2.05	1.98	1.91
26	5.66	4.27	3.67	3.33	3.10	2.94	2.82	2.73	2.65	2.59	2.49	2.39	2.28	2.22	2.16	2.09	2.03	1.95	1.88
27	5.63	4.24	3.65	3.31	3.08	2.92	2.80	2.71	2.63	2.57	2.47	2.36	2.25	2.19	2.13	2.07	2.00	1.93	1.85
28	5.61	4.22	3.63	3.29	3.06	2.90	2.78	2.69	2.61	2.55	2.45	2.34	2.23	2.17	2.11	2.05	1.98	1.91	1.83
29	5.59	4.20	3.61	3.27	3.04	2.88	2.76	2.67	2.59	2.53	2.43	2.32	2.21	2.15	2.09	2.03	1.96	1.89	1.81
30	5.57	4.18	3.59	3.25	303	2.87	2.75	2.65	2.57	2.51	2.41	2.31	2.20	2.14	2.07	2.01	1.94	1.87	1.79
40	5.42	4.05	3.46	3.13	2.90	2.74	2.62	2.53	2.45	2.39	2.29	2.18	2.07	2.01	1.94	1.88	1.80	1.72	1.64
60	5.29	3.93	3.34	3.01	2.79	2.63	2.51	2.41	2.33	2.27	2.17	2.06	1.94	1.88	1.82	1.74	1.67	1.58	1.48
120	5.15	3.80	3.23	2.89	2.67	2.52	2.39	2.30	2.22	2.16	2.05	1.94	1.82	1.76	1.69	1.61	1.53	1.43	1.31
+∞	5.02	3.69	3.12	2.79	2.57	2.41	2.29	2.19	2.11	2.05	1.94	1.83	1.71	1.64	1.57	1.48	1.39	1.27	1.00

附录表 2-10　　**F 分布的临界值表（$\alpha=0.005$）**

$$P\{F(n)>F_\alpha(n)\}=\alpha=0.005$$

n_2 \ n_1	1	2	3	4	5	6	7	8	9	10	12	15	20	24	30	40	60	120	+∞
1	16200	20000	21600	22500	23100	23400	23700	23900	24100	24200	24400	24600	24800	24900	25000	25100	25300	25400	25500
2	199	199	1.99	199	199	199	199	199	199	199	199	199	199	199	199	199	199	199	200
3	55.6	49.8	47.5	46.2	45.4	44.8	44.4	44.1	43.9	43.7	43.4	43.1	42.8	42.6	42.5	42.3	42.1	42.0	41.8
4	31.3	26.3	24.3	23.2	22.5	22.0	21.6	21.4	21.1	21.0	20.7	20.4	20.2	20.0	19.9	19.8	19.6	19.5	19.3
5	22.8	18.3	1.65	15.6	14.9	14.5	14.2	14.0	13.8	13.6	13.4	13.1	12.9	12.8	12.7	12.5	12.4	12.3	12.1
6	18.6	14.5	12.9	12.0	11.5	11.1	10.8	10.6	10.4	10.3	10.0	9.81	9.59	9.47	9.36	9.24	9.12	9.00	8.88
7	16.2	12.4	10.9	10.1	9.52	9.16	8.89	8.68	8.51	8.38	8.18	7.97	7.75	7.65	7.53	7.42	7.31	7.19	7.08
8	14.7	11.0	9.60	8.81	8.30	7.95	7.69	7.50	7.34	7.21	7.01	6.81	6.61	6.50	6.40	6.29	6.18	6.06	5.95
9	13.6	10.1	8.72	7.96	7.47	7.13	6.88	6.69	6.54	6.42	6.23	6.03	5.83	5.73	5.62	5.52	5.41	5.30	5.19
10	12.8	9.43	8.08	7.34	6.87	6.54	6.30	6.12	5.97	5.85	5.66	5.47	5.27	5.17	5.07	4.97	4.86	4.75	4.64
11	12.2	8.91	7.60	6.88	6.42	6.10	5.86	5.68	5.54	5.42	5.24	5.05	4.86	4.76	4.65	4.55	4.44	4.34	4.23
12	11.8	8.51	7.23	6.52	6.07	5.76	5.52	5.35	5.20	5.09	4.91	4.72	4.53	4.43	4.33	4.23	4.12	4.01	3.90
13	11.4	8.19	6.93	6.23	5.79	5.48	5.25	5.08	4.94	4.82	4.64	4.46	4.27	4.17	4.07	3.97	3.87	3.76	3.65
14	11.1	7.92	6.68	6.00	5.56	5.26	5.03	4.86	4.72	4.60	4.43	4.25	4.06	3.96	3.86	3.76	3.66	3.55	3.44
15	10.8	7.70	6.48	5.80	5.37	5.07	4.85	4.67	4.54	4.42	4.25	4.07	3.88	3.79	3.69	3.58	3.48	3.37	3.26
16	10.6	7.51	6.30	5.64	5.21	4.91	4.69	4.52	4.38	4.27	4.10	3.92	3.73	3.64	3.54	3.44	3.33	3.22	3.11
17	10.4	7.35	6.16	5.50	5.07	4.78	4.56	4.39	4.25	4.14	3.97	3.79	3.61	3.51	3.41	3.31	3.21	3.10	2.98
18	10.2	7.21	6.03	5.37	4.96	4.66	4.44	4.28	4.14	4.03	3.86	3.68	3.50	3.40	3.30	3.20	3.10	2.99	2.87
19	10.1	7.09	5.92	5.27	4.85	4.56	4.34	4.18	4.04	3.93	3.76	3.59	3.40	3.31	3.21	3.11	3.00	2.89	2.78
20	9.94	6.99	5.82	5.17	4.76	4.47	4.26	4.09	3.96	3.85	3.68	3.50	3.32	3.22	3.12	3.02	2.92	2.81	2.69
21	9.83	6.89	5.73	5.09	4.68	4.39	4.18	4.01	3.88	3.77	3.60	3.43	3.24	3.15	3.05	2.95	2.84	2.73	2.61
22	9.73	6.81	5.65	5.02	4.61	4.32	4.11	3.94	3.81	3.70	3.54	3.36	3.18	3.08	2.98	2.88	2.77	2.66	2.55
23	9.63	6.73	5.58	4.95	4.54	4.26	4.05	3.88	3.75	3.64	3.47	3.30	3.12	3.02	2.92	2.82	2.71	2.60	2.48
24	9.55	6.66	5.52	4.89	4.49	4.20	3.99	3.83	3.69	3.59	3.42	3.25	3.06	2.97	2.87	2.77	2.66	2.55	2.43
25	9.48	6.60	5.46	4.84	4.43	4.15	3.94	3.78	3.64	3.54	3.37	3.20	3.01	2.92	2.82	2.72	2.61	2.50	2.38
26	9.41	6.54	5.41	4.79	4.38	4.10	3.89	3.73	3.60	3.49	3.33	3.15	2.97	2.87	2.77	2.67	2.56	2.45	2.33
27	9.34	6.49	5.36	4.74	4.34	4.06	3.85	3.69	3.56	3.45	3.28	3.11	2.93	2.83	2.73	2.63	2.52	2.41	2.29
28	9.28	6.44	5.32	4.70	4.30	4.02	3.81	3.65	3.52	3.41	3.25	3.07	2.89	2.79	2.69	2.59	2.48	2.37	2.25
29	9.23	6.40	5.28	4.66	4.26	3.98	3.77	3.61	3.48	3.38	3.21	3.04	2.86	2.76	2.66	2.56	2.45	2.33	2.21
30	9.18	6.35	5.24	4.62	4.23	3.95	3.74	3.58	3.45	3.34	3.18	3.01	2.82	2.73	2.63	2.52	2.42	2.30	2.18
40	8.83	6.07	4.98	4.37	3.99	3.71	3.51	3.35	3.22	3.12	2.95	2.78	2.60	2.50	2.40	2.30	2.18	2.06	1.93
60	8.49	5.79	4.73	4.14	3.76	3.49	3.29	3.13	3.01	2.90	2.74	2.57	2.39	2.29	2.19	2.08	1.96	1.83	1.69
120	8.18	5.54	4.50	3.92	3.55	3.28	3.09	2.93	2.81	2.71	2.54	2.37	2.19	2.09	1.98	1.87	1.75	1.61	1.43
+∞	7.88	5.30	4.28	3.72	3.35	3.09	2.90	2.74	2.62	2.52	2.36	2.19	2.00	1.90	1.79	1.67	1.53	1.36	1.00

附录表 2-11

F 分布的临界值表（$\alpha=0.01$）

$$P\{F(n)>F_{\alpha}(n)\}=\alpha=0.01$$

n_2 \ n_1	1	2	3	4	5	6	7	8	9	10	12	15	20	24	30	40	60	120	+∞
1	4050	5000	5400	5620	5760	5860	5930	5980	6020	6060	110	6160	6210	6230	6260	6290	6310	6340	6370
2	98.5	99.0	99.2	99.2	99.3	99.3	99.4	99.4	99.4	99.4	99.4	99.4	99.4	99.5	99.5	99.5	99.5	99.5	99.5
3	34.1	30.8	29.5	28.7	28.2	27.9	27.7	27.5	27.3	27.2	27.1	26.9	26.7	26.6	26.5	26.4	26.3	26.2	26.1
4	21.2	18.0	16.7	16.0	15.5	15.2	15.0	14.8	14.7	14.5	14.4	14.2	14.0	13.9	13.8	13.7	13.7	13.6	13.5
5	16.3	13.3	12.1	11.4	11.0	10.7	10.5	10.3	10.2	10.1	9.89	9.72	9.55	9.47	9.38	9.29	9.20	9.11	9.02
6	13.7	10.9	9.78	9.15	8.75	8.47	8.26	8.10	7.98	7.87	7.72	7.56	7.40	7.31	7.23	7.14	7.06	6.97	6.88
7	12.2	9.55	8.45	7.85	7.46	7.19	6.99	6.84	6.72	6.62	6.47	6.31	6.16	6.07	5.99	5.91	5.82	5.74	5.65
8	11.3	8.65	7.59	7.01	6.63	6.37	6.18	6.03	5.91	5.81	5.67	5.52	5.36	5.28	5.20	5.12	5.03	4.95	4.86
9	10.6	8.02	6.99	6.42	6.06	5.80	5.61	5.47	5.35	5.26	5.11	4.96	4.81	4.73	4.65	4.57	4.48	4.40	4.31
10	10.0	7.56	6.55	5.99	5.64	5.39	5.20	5.06	4.94	4.85	4.71	4.56	4.41	4.33	4.25	4.17	4.08	4.00	3.91
11	9.65	7.21	6.22	5.67	5.32	5.07	4.89	4.74	4.63	4.54	4.40	4.25	4.10	4.02	3.94	3.86	3.78	3.69	3.60
12	9.33	6.93	5.95	5.41	5.06	4.82	4.64	4.50	4.39	4.30	4.16	4.01	3.86	3.78	3.70	3.62	3.54	3.45	3.36
13	9.07	6.70	5.74	5.21	4.86	4.62	4.44	4.30	4.19	4.10	3.96	3.82	3.66	3.59	3.51	3.43	3.34	3.25	3.17
14	8.86	6.51	5.56	5.04	4.69	4.46	4.28	4.14	4.03	3.94	3.80	3.66	3.51	3.43	3.35	3.27	3.18	3.09	3.00
15	8.68	6.36	5.42	4.89	4.56	4.32	4.14	4.00	3.89	3.80	3.67	3.52	3.37	3.29	3.21	3.13	3.05	2.96	2.87
16	8.53	6.23	5.29	4.77	4.44	4.20	4.03	3.89	3.78	3.69	3.55	3.41	3.26	3.18	3.10	3.02	2.93	2.84	2.75
17	8.40	6.11	5.18	4.67	4.34	4.10	3.93	3.79	3.68	3.59	3.46	3.31	3.16	3.08	3.00	2.92	2.83	2.75	2.65
18	8.29	6.01	5.09	4.58	4.25	4.01	3.84	3.71	3.60	3.51	3.37	3.23	3.08	3.00	2.92	2.84	2.75	2.66	2.57
19	8.18	5.93	5.01	4.50	4.17	3.94	3.77	3.63	3.52	3.43	3.30	3.15	3.00	2.92	2.84	2.76	2.67	2.58	2.49
20	8.10	5.85	4.94	4.43	4.10	3.87	3.70	3.56	3.46	3.37	3.23	3.09	2.94	2.86	2.78	2.69	2.61	2.52	2.42
21	8.02	5.78	4.87	4.37	4.04	3.81	3.64	3.51	3.40	3.31	3.17	3.03	2.88	2.80	2.72	2.64	2.55	2.46	2.36
22	7.95	5.72	4.82	4.31	3.99	3.76	3.59	3.45	3.35	3.26	3.12	2.98	2.83	2.75	2.67	2.58	2.50	2.40	2.31
23	7.88	5.66	4.76	4.26	3.94	3.71	3.54	3.41	3.30	3.21	3.07	2.93	2.78	2.70	2.62	2.54	2.45	2.35	2.26
24	7.82	5.61	4.72	4.22	3.90	3.67	3.50	3.36	3.26	3.17	3.03	2.89	2.74	2.66	2.58	2.49	2.40	2.31	2.21
25	7.77	5.57	4.68	4.18	3.85	3.63	3.46	3.32	3.22	3.13	2.99	2.85	2.70	2.62	2.54	2.45	2.36	2.27	2.17
26	7.72	5.53	4.64	4.14	3.82	3.59	3.42	3.29	3.18	3.09	2.96	2.81	2.66	2.58	2.50	2.42	2.33	2.23	2.13
27	7.68	5.49	4.60	4.11	3.78	3.56	3.39	3.26	3.15	3.06	2.93	2.78	2.63	2.55	2.47	2.38	2.29	2.20	2.10
28	7.64	5.45	4.57	4.07	3.75	3.53	3.36	3.23	3.12	3.03	2.90	2.75	2.60	2.52	2.44	2.35	2.26	2.17	2.06
29	7.60	5.42	4.54	4.04	3.73	3.50	3.33	3.20	3.09	3.00	2.87	2.73	2.57	2.49	2.41	2.33	2.23	2.14	2.03
30	7.56	5.39	4.51	4.02	3.70	3.47	3.30	3.17	3.07	2.98	2.84	2.70	2.55	2.47	2.39	2.30	2.21	2.11	2.01
40	7.31	5.18	4.31	3.83	3.51	3.29	3.12	2.99	2.89	2.80	2.66	2.52	2.37	2.29	2.20	2.11	2.02	1.92	1.80
60	7.08	4.98	4.13	3.65	3.34	3.12	2.95	2.82	2.72	2.63	2.50	2.35	2.20	2.12	2.03	1.94	1.84	1.73	1.60
120	6.85	4.79	3.95	3.48	3.17	2.96	2.79	2.66	2.56	2.47	2.34	2.19	2.03	1.95	1.86	1.76	1.66	1.53	1.38
+∞	6.63	4.61	3.78	3.32	3.02	2.80	2.64	2.51	2.41	2.32	2.18	2.04	1.88	1.79	1.70	1.59	1.47	1.32	1.00

附录表2-12

F 分布的临界值表（$\alpha=0.1$）

$$P\{F(n)>F_{\alpha}(n)\}=\alpha=0.1$$

n_2 \ n_1	1	2	3	4	5	6	7	8	9	10	12	15	20	24	30	40	60	120	+∞
1	39.86	49.50	53.59	55.83	57.24	58.20	58.91	59.44	59.86	60.19	60.71	61.22	61.74	62.00	62.26	62.53	62.79	63.06	63.33
2	8.53	9.00	9.16	9.24	9.29	9.33	9.35	9.37	9.38	9.39	9.41	9.42	9.44	9.45	9.46	9.47	9.47	9.48	9.49
3	5.54	5.46	5.39	5.34	5.31	5.28	5.27	5.25	5.24	5.23	5.22	5.20	5.18	5.18	5.17	5.16	5.15	5.14	5.13
4	4.54	4.32	4.19	4.11	4.05	4.01	3.98	3.95	3.94	3.92	3.90	3.87	3.84	3.83	3.82	3.80	3.79	3.78	3.76
5	4.06	3.78	3.62	3.52	3.45	3.40	3.37	3.34	3.32	3.30	3.27	3.24	3.21	3.19	3.17	3.16	3.14	3.12	3.10
6	3.78	3.46	3.29	3.18	3.11	3.05	3.01	2.98	2.96	2.94	2.90	2.87	2.84	2.82	2.80	2.78	2.76	2.74	2.72
7	3.59	3.26	3.07	2.96	2.88	2.83	2.78	2.75	2.72	2.70	2.67	2.63	2.59	2.58	2.56	2.54	2.51	2.49	2.47
8	3.46	3.11	2.92	2.81	2.73	2.67	2.62	2.59	2.56	2.54	2.50	2.46	2.42	2.40	2.38	2.36	2.34	2.32	2.29
9	3.36	3.01	2.81	2.69	2.61	2.55	2.51	2.47	2.44	2.42	2.38	2.34	2.30	2.28	2.25	2.23	2.21	2.18	2.16
10	3.29	2.92	2.73	2.61	2.52	2.46	2.41	2.38	2.35	2.32	2.28	2.24	2.24	2.18	2.16	2.13	2.11	2.08	2.06
11	3.23	2.86	2.66	2.54	2.45	2.39	2.34	2.30	2.27	2.25	2.21	2.17	2.17	2.10	2.08	2.05	2.03	2.00	1.97
12	3.18	2.81	2.61	2.48	2.39	2.33	2.28	2.24	2.21	2.19	2.15	2.10	2.10	2.04	2.01	1.99	1.96	1.93	1.90
13	3.14	2.76	2.56	2.43	2.35	2.28	2.23	2.20	2.16	2.14	2.10	2.05	2.05	1.98	1.96	1.93	1.90	1.88	1.85
14	3.10	2.73	2.52	2.39	2.31	2.24	2.19	2.15	2.12	2.10	2.05	2.01	2.01	1.94	1.91	1.89	1.86	1.83	1.80
15	3.07	2.70	2.49	2.36	2.27	2.21	2.16	2.12	2.09	2.06	2.02	1.97	1.97	1.90	1.87	1.85	1.82	1.79	1.76
16	3.05	2.67	2.46	2.33	2.24	2.18	2.13	2.09	2.06	2.03	1.99	1.94	1.94	1.87	1.84	1.81	1.78	1.75	1.72
17	3.03	2.64	2.44	2.31	2.22	2.15	2.10	2.06	2.03	2.00	1.96	1.91	1.91	1.84	1.81	1.78	1.75	1.72	1.69
18	3.01	2.62	2.42	2.29	2.20	2.13	2.08	2.04	2.00	1.98	1.93	1.89	1.89	1.81	1.78	1.75	1.72	1.69	1.66
19	2.99	2.61	2.40	2.27	2.18	2.11	2.06	2.02	1.98	1.96	1.91	1.86	1.86	1.79	1.76	1.73	1.70	1.67	1.63
20	2.97	2.59	2.38	2.25	2.16	2.09	2.04	2.00	1.96	1.94	1.89	1.84	1.84	1.77	1.74	1.71	1.68	1.64	1.61
21	2.96	2.57	2.36	2.23	2.14	2.08	2.02	1.98	1.95	1.92	1.87	1.83	1.83	1.75	1.72	1.69	1.66	1.62	1.59
22	2.95	2.56	2.34	2.22	2.13	2.06	2.01	1.97	1.93	1.90	1.86	1.81	1.81	1.73	1.70	1.67	1.64	1.60	1.57
23	2.94	2.55	2.33	2.21	2.11	2.05	1.99	1.95	1.92	1.89	1.84	1.80	1.80	1.72	1.69	1.66	1.62	1.59	1.55
24	2.93	2.54		2.19	2.10	2.04	1.98	1.94	1.91	1.88	1.83	1.78	1.78	1.70	1.67	1.64	1.61	1.57	1.53
25	2.92	2.53	2.32	2.18	2.09	2.02	1.97	1.93	1.89	1.87	1.82	1.77	1.77	1.69	1.66	1.63	1.59	1.56	1.52
26	2.91	2.52	2.31	2.17	2.08	2.01	1.96	1.92	1.88	1.86	1.81	1.76	1.76	1.68	1.65	1.61	1.58	1.54	1.50
27	2.90	2.51	2.30	2.17	2.07	2.00	1.95	1.91	1.87	1.85	1.80	1.75	1.75	1.67	1.64	1.60	1.57	1.53	1.49
28	2.89	2.50	2.29	2.16	2.06	2.00	1.94	1.90	1.87	1.84	1.79	1.74	1.74	1.66	1.63	1.59	1.56	1.52	1.48
29	2.89	2.50	2.28	2.15	2.06	1.99	1.93	1.89	1.86	1.83	1.78	1.73	1.73	1.65	1.62	1.58	1.55	1.51	1.47
30	2.88	2.49	2.28	2.14	2.05	1.98	1.93	1.88	1.85	1.82	1.77	1.72	1.72	1.67	1.61	1.57	1.54	1.50	1.46
40	2.84	2.44	2.23	2.09	2.00	1.93	1.87	1.83	1.79	1.76	1.71	1.66	1.66	1.61	1.54	1.51	1.47	1.42	1.38
60	2.79	2.39	2.18	2.04	1.95	1.87	1.82	1.77	1.74	1.71	1.66	1.60	1.60	1.54	1.48	1.44	1.40	1.35	1.29
120	2.75	2.35	213	1.99	1.90	1.82	1.77	1.72	1.68	1.65	1.60	1.55	1.55	1.48	1.41	1.37	1.32	1.26	1.19
+∞	2.71	2.30	2.08	1.94	1.85	1.77	1.72	1.67	1.63	1.60	1.55	1.49	1.49	1.42	1.34	1.30	1.24	1.17	1.00

附录表2-13 **相关系数检验表**

$n-2$	α		$n-2$	α	
	0.05	0.01		0.05	0.01
1	0.997	1.000	24	0.388	0.496
2	0.950	0.990	25	0.381	0.487
3	0.878	0.959	26	0.374	0.478
4	0.811	0.917	27	0.367	0.470
5	0.754	0.874	28	0.361	0.463
6	0.707	0.834	29	0.355	0.456
7	0.666	0.798	30	0.349	0.449
8	0.632	0.765	35	0.325	0.418
9	0.602	0.735	40	0.304	0.393
10	0.576	0.708	45	0.288	0.372
11	0.553	0.684	50	0.273	0.354
12	0.532	0.661	60	0.250	0.325
13	0.514	0.641	70	0.232	0.302
14	0.497	0.623	80	0.217	0.283
15	0.482	0.606	90	0.205	0.267
16	0.468	0.590	100	0.195	0.254
17	0.456	0.575	125	0.174	0.228
18	0.444	0.561	150	0.159	0.208
19	0.433	0.549	200	0.138	0.181
20	0.423	0.537	300	0.113	0.148
21	0.413	0.526	400	0.098	0.128
22	0.404	0.515	500	0.088	0.115
23	0.396	0.505	1000	0.062	0.081